Mass Customization und Kundenintegration

Neue Wege zum innovativen Produkt

Begleitdienst zu diesem Buch:
www.symposion.de/masscustom

Herausgegeben von
Frank T. Piller und Christof M. Stotko

symposion

Impressum

Herausgeber
Frank T. Piller
Christof M. Stotko

Projektentwicklung
Markus Klietmann,
Symposion Publishing

Lektorat
Markus Klietmann,
Symposion Publishing

Satz
Iris Koch,
Symposion Publishing

Druck
Akadémiai Druckerei
Martonvásár

Umschlaggestaltung
MeseDesign/MetaDesign

1. Auflage 2003

Printed in Hungary

Begleitdienst zu diesem Buch
www.symposion.de/masscustom

Redaktionelle Post bitte an
Symposion Publishing GmbH
Werdener Straße 4
40227 Düsseldorf

Die Deutsche Bibliothek – CIP-Einheitsaufnahme
Mass Customization und Kundenintegration
Neue Wege zum innovativen Produkt
Hrsg.: Frank T. Piller und Christof M. Stotko
Düsseldorf: Symposion Publishing, 2003.
ISBN: 3-936608-05-9

Mass Customization und Kundenintegration

Neue Wege zum innovativen Produkt

www.symposion.de/masscustom

Über dieses Buch
Mass Customization bietet neue Wege zu innovativen Produkten. Das Buch entwickelt ein ganzheitliches Konzept für die erfolgreiche Realisation einer effizienten kundenindividuellen Produktion. Als Fortführung des Mass-Customization-Konzepts stellen die Autoren einen neuen Wertschöpfungsansatz vor: Open Innovation, die Integration der Kunden in die Produktentwicklung. Open Innovation und Mass Customization bieten – richtig implementiert und genutzt – Chancen, das kreative Potenzial der Kunden Gewinn bringend zu nutzen.

Die beiliegende CD-ROM und der Begleitdienst im Internet (www.symposion.de/masscustom) unterstützen bei der Auswahl vertiefender Expertenkapitel und lehrreicher Fallstudien.

Über Symposion
Symposion ist ein Fachverlag für Management-Wissen und veröffentlicht Bücher, Loseblattwerke und digitale Fachbibliotheken. Zu jeder Publikation gibt es einen informativen Begleitdienst im Internet.

Das gedruckte Programm steht größtenteils auch online zur Verfügung – über das Verlagsportal kann sich der Leser Fachinformation nach eigenen Wünschen zusammenstellen, vom einzelnen Kapitel bis hin zum Individualbuch. Wissen ist damit blitzschnell verfügbar – jederzeit, praktisch überall und zu einem attraktiven Preis.

www.symposion.de

Expertenkapitel und Fallstudien – Gutschein für Ihre individuelle Auswahl

Im Anhang ab Seite 275 finden Sie einen Überblick über den Teil des Buches, den Sie selbst individuell zusammenstellen können. Aufgeführt sind die Abstracts von Expertenkapiteln und Fallstudien, die Sie sich auf der Internetseite des Verlags unter www.symposion.de/masscustom konfigurieren, herunterladen und ausdrucken können. Beigelegt finden Sie in diesem Buch einen Gutschein im Wert von 15 Euro, den Sie zu diesem Zweck einlösen können. Bestellungen, die über den Gutscheinbetrag von 15 Euro hinausgehen, sind kostenpflichtig.

Die CD, die diesem Buch ebenfalls beiliegt, gibt Ihnen dabei Hilfestellung bei der Konfiguration Ihres individuellen Buches.

Mass Customization und Kundenintegration
Neue Wege zum innovativen Produkt

Mit Beiträgen von
Frank T. Piller, Ralf Reichwald, Falk-Hayo Sanders,
Christian Schaller, Christof M. Stotko

Die Herausgeber

Dr. Frank Thomas Piller
forscht seit vielen Jahren intensiv über Mass Customization und neue Möglichkeiten durch Einbezug der Kunden in die Wertschöpfung. Oft zitiert in Wirtschaftswoche, manager magazin, The Economist, Financial Times und anderen Medien gilt er als einer der führenden Experten für Mass Customization, CRM und Personalisierungsstrategien. Als Partner der Unternehmensberatung Think Consult hilft Dr. Piller Unternehmen auf dem Weg zu dauerhafter Kundenbindung auf Basis individueller Produkte und Leistungen. Sein Newsletter zum Thema „Mass Customization und CRM“ (über: www.mass-customization.de) erreicht inzwischen mehr als 2500 europäische Entscheider und Meinungsführer in diesem Bereich.

Dr. Piller ist Dozent im MBA-Studiengang an der Technischen Universität München und Lehrbeauftragter an etlichen internationalen Universitäten. Seine Forschungsgebiete liegen in den Bereichen innovative Wettbewerbsstrategien, Technologie- und Innovationsmanagement und strategisches Marketing. Er ist Autor mehrerer Bücher sowie zahlreicher Fachbeiträge und Studien zur Thematik. Dr. Piller ist Gründungsmitglied der „European Academy of Management“ und Mitglied weiterer wissenschaftlicher Verbände.

Kontakt:
piller@wi.tum.de,
www.aib.ws.tum.de/piller,

Christof M. Stotko
(Dipl. Wirtsch.-Ing.) ist wissenschaftlicher Mitarbeiter am Lehrstuhl für Allgemeine und Industrielle Betriebswirtschaftslehre von Prof. Dr. Dr. h. c. Ralf Reichwald an der Technischen Universität München. In der Research Group Mass Customization dieses Lehrstuhls verfolgt er seinen Forschungsschwerpunkt kundenindividuelle Massenfertigung als Projektleiter des DFG-Sonderforschungsbereiches 582 „Kundenindividuelle Massenfertigung in dezentralen Mini-Fabriken“ (www.sfb582.de). In seiner Dissertation untersucht er darüber hinaus die Anwendung von Mass Customization im Bereich von Investitionsgütern als Maßnahme zur Erreichung von Kosteneffizienz.

Vor seiner Tätigkeit als Wissenschaftlicher Mitarbeiter war Herr Stotko mehrere Jahre als Berater für die Automobilindustrie bei der IBM Deutschland GmbH und Roland Berger Strategy Consultants tätig. Herr Stotko hat Wirtschaftsingenieurwesen an der Universität Kaiserslautern, der Queen's University (Kanada) und an der TU Dresden studiert.

Kontakt:
stotko@wi.tum.de,
www.prof-reichwald.org

Die Autoren unterhalten eine ausführliche Web-Site zum Thema Mass Customization und Kundenintegration:
www.mass-customization.de

Herausforderung Kundenintegration

Geleitwort von Ralf Reichwald

In den letzten Jahren wurde viel zum Thema Mass Customization geschrieben. Ein Blick in das Literaturverzeichnis dieses Buches wird dies bestätigen können. Viele dieser Arbeiten liefern die theoretische Fundierung, die Mass Customization für Wissenschaft und Praxis erst interessant gemacht und weiteren Forschungsbedarf ausgelöst hat. Diese Aufnahme des Konzeptes der kundenindividuellen Massenproduktion bescheinigt, dass Mass Customization als ein eigenständiges wirtschaftlich tragfähiges Managementkonzept angesehen wird. Nun geht es um die Umsetzung, die viele Unsicherheiten aufwirft, denn neben den Erfolgsmeldungen hat es in den letzten Jahren auch „Pleiten" von Mass-Customization-Pionieren gegeben. Im „Research Center Mass Customization" meines Lehrstuhls an der Technischen Universität München (TUM) sind die Autoren den Gründen für das Scheitern nachgegangen. Die Analyse führte uns zu dem Schluss, dass einerseits grundlegende Handlungsprinzipien erfolgreichen Wirtschaftens missachtet wurden, dass aber andererseits häufig ein falsches Verständnis von Mass Customization besteht. So wird zum Beispiel die Individualisierung zu sehr in den Vordergrund gestellt, ohne auf die tatsächlichen Bedürfnisse der Kunden zu achten. Deshalb wurde das vorliegende Werk insbesondere mit dem Ziel konzipiert, ein Buch für die Umsetzung von Mass Customization zu sein. Dazu unterscheiden die Autoren vier Gestaltungsebenen von Mass Customization.

- ⇨ Definition des Sortiments,
- ⇨ Gestaltung der Kundeninteraktion,
- ⇨ Einsatz von Mass Customization als Mittel zur Kundenbindung,
- ⇨ Systematisierung der neuen Kostenstrukturen.

Doch Mass Customization ist nur eine Form der Kundenintegration. Die Autoren zeigen auf, wie das Konzept von Open Innovation die

Kunden in die Produktentwicklung integriert und damit eine erfolgversprechende Alternative bzw. Ergänzung zu bestehenden Verfahren der Marktforschung schafft. Open Innovation und Mass Customization ergänzen sich und bauen aufeinander auf. Doch während der Gedanke von Mass Customization inzwischen weite Rezeption in Wissenschaft und Praxis gefunden hat, steht eine „user driven innovation“, wie sie Open Innovation propagiert, erst am Anfang.

Die theoretische Fundierung dieses Buches wurde maßgeblich durch Forschungsarbeiten im Rahmen des DFG-Sonderforschungsbereichs 582 „Marktnahe Produktion kundenindividueller Produkte in dezentralen Mini-Fabriken“ bereichert (für nähere Informationen www.sfb582.de). In diesem langfristig angelegten Sonderforschungsbereich (Start 2001) arbeiten mehr als 20 TUM-Wissenschaftler an der Entwicklung von Prinzipien und technischen Verfahren für eine effiziente kundenindividuelle Produktion, die in unmittelbarer Nähe der Abnehmer stattfindet. Produktion und Vertrieb werden in „Mini-Fabriken“ kombiniert und schaffen so neue Wertschöpfungsstrukturen.

Der Kunde als Wertschöpfungspartner und neue Formen der Kundenintegration wie Mass Customization oder Open Innovation bieten ein spannendes Feld mit vielen Ertragspotenzialen für Wissenschaft und Unternehmenspraxis. Ich wünsche den Autoren, dass dieses Buch in Wissenschaft und Praxis eine positive Aufnahme findet.

Prof. Dr. Dr. h. c. Ralf Reichwald
Technische Universität München
Lehrstuhl für Allg. und Industrielle Betriebswirtschaftslehre
www.prof-reichwald.org

Individuelles Lesevergnügen

VORWORT VON FRANK T. PILLER UND CHRISTOF M. STOTKO

Viel wurde bereits über Mass Customization geschrieben. Warum also noch ein weiteres Buch über Mass Customization? Wir werden diese Frage ausführlich in Kapitel zwei beantworten, aber soviel vorweg: Mass Customization ist ein immer noch junges, sehr dynamisches Konzept, das sich ständig weiterentwickelt. Das Buch soll in diesem Sinne aus einer umsetzungsorientierten und praxisbezogenen Sicht den neusten Stand der kundenindividuellen Massenproduktion vermitteln. Zum anderen geben wir einen Einblick in einen neuen Wertschöpfungsansatz, der Ideen von Mass Customization aufgreift und das Konzept ergänzt: Open Innovation, die Integration der Kunden in Innovationsprozesse unter Nutzung innovativer Tools.

Neu an diesem Buch ist aber vor allem, dass es in Herstellung und Vertrieb die in ihm beschriebene Maxime der Kundenintegration teilweise umsetzt. Fast 50 Prozent aller in den USA und Europa gedruckten und in die Vertriebskette platzierten Fachbücher werden nie gekauft, sondern landen im Reißwolf. Was für eine Verschwendung! Zum hohen Planungsrisiko der Verlage kommt noch die Unzufriedenheit der Leser hinzu, nicht das genau richtige Buch zu finden. Hiermit könnte – aus technischer Sicht – schon lange Schluss sein. Dieses Buch will einen Anfang setzen. Dazu erscheint es in mehreren Versionen: Zunächst die Standardausgabe, massenhaft hergestellt, aber über die beiliegende CD-ROM und im Internet individuell zu ergänzen. Verdeutlichen Sie sich die im Grundtext dargestellten Prinzipien durch die Fallstudien und Expertenkapitel, die Ihren Informationsbedarf am besten treffen. Eine zweite Version des Buches wird statt auf Lager („made-to-stock") komplett individuell „on-demand": Über den Internetkonfigurator auf der Seite www.symposion.de/masscustom kann der gesamte Text des Buches einzeln zusammengestellt geliefert werden. Der modulare Aufbau des Buchs erlaubt es, gezielt die aus persönlicher Sicht interessantesten Inhalte zu integrieren. Jeder Leser wird zum eigenen Editor.

Dieses Buch soll so gleichsam selbst der Beweis sein, dass die im Text konstatierten Mass-Customization-Theorien in der Praxis tatsächlich funktionieren. Doch diese Form der Kundenintegration soll kann erst der Anfang sein: Wir hoffen mit unserem Buch, einen intensiven Austausch mit unseren Lesern anzuregen – denn eine persönliche Kommunikation kann kein modernes Medium ersetzen. Diskutieren Sie mit uns Ihre Kalkulationsergebnisse, wie sich die Kostenstruktur durch eine Individualfertigung in Ihrem Unternehmen verändert (siehe Kapitel 7), treten Sie mit den Entrepreneuren in Kontakt, die im Mittelpunkt der Fallstudien stehen.

Zu Dank sind wir an erster Stelle unseren Autoren verpflichtet, die sich bereit erklärt haben, bei diesem Buchexperiment mitzuwirken und den modularen Aufbau des Buchs erst ermöglicht haben. Weiterhin möchten wir Nicole Kornacher und Steffen Wiedemann für die Recherche und Mitarbeit bei den Fallstudien und ihre redaktionelle Arbeit danken. Arzu Dede hat in der Schlussphase noch wertvolle Arbeiten geleistet. Der Symposion Verlag hat Mut bewiesen, als einer der ersten in der Verlagsbranche das Credo von Mass Customization auch in der Praxis umzusetzen. Vielleicht ist das ein Zeichen für die immer noch sehr konservative deutsche Fachbuchbranche, neue Wege zu beschreiten. Herrn Klietmann danken wir stellvertretend für das ganze Verlagsteam für die sehr angenehme und konstruktive Zusammenarbeit. Neue Ideen und Anregungen für neue Wege wünschen wir auch unseren Lesern. In diesem Sinne viel individuellen Lesespaß.

Dr. Frank T. Piller und Christof M. Stotko
Technische Universität München
Lehrstuhl für Allg. und Industrielle Betriebswirtschaftslehre
Research Group Mass Customization
Leopoldstrasse 139, 80804 München, Deutschland
Tel: +49/89/28 92 48 00
piller@ws.tum.de, stotko@ws.tum.de
www.mass-custzomization.de

1 Kundenintegration und Mass Customization: Ein Quiz

Bevor Sie mit dem Lesen beginnen, testen Sie Ihr Wissen über Mass Customization und andere Konzepte der Kundenintegration anhand der folgenden Fragen (nach einer Idee von [1]). Um dann Ihre Antworten zu überprüfen, schauen Sie in die angegebenen Kapitel.

Mass Customization ist die Dampfmaschine des Informationszeitalters.
☐ Richtig
☐ Falsch
Kapitel 2

Kundenintegration ist nur ein trendiger neuer Begriff für alte Konzepte wie Selbstbedienung oder Do-it-Yourself?
☐ Richtig
☐ Falsch
Kapitel 2 und 4

Kunden wollen Individualisierung vor allem, um sich von ihren Mitmenschen zu differenzieren.
☐ Richtig
☐ Falsch
Kapitel 3 und 5.2

Die Entscheidung, Mass Customization einzuführen, führt es mit sich, nur noch eine kleine Kundengruppe zu bedienen.
☐ Richtig
☐ Falsch
Kapitel 3 und 6

Die erfolgreichsten Neuprodukteinführungen sind die, bei denen Unternehmen sich auf ihr eigenes technisches Gespür verlassen haben.

☐ Richtig

☐ Falsch

Kapitel 4.4 und 5.3

Die Integration des Kunden in den Wertschöpfungsprozess eröffnet deutliche Kostensenkungspotenziale.

☐ Richtig

☐ Falsch

Kapitel 4 und 7

Das Open-Source-Prinzip funktioniert nur bei Software.

☐ Richtig

☐ Falsch

Kapitel 4 und 5.3

Mass Customization eröffnet die Möglichkeit, eng mit dem Kunden zu interagieren und somit Zugang zu sonst verborgenem Kundenwissen zu erlangen.

☐ Richtig

☐ Falsch

Kapitel 4, 7 und 8

Der Solution Space setzt die Grenzen eines Mass-Customization-Systems und wird ohne Mitwirkung der Kunden definiert.

☐ Richtig

☐ Falsch

Kapitel 5

Kundenindividuelle Produkte entstehen meist aus modularen Architekturen.
☐ Richtig
☐ Falsch
Kapitel 5.2

Für die Realisierung eines attraktiven Leistungsspektrums des Mass Customizers spielt die Auswahl der Zulieferer eine gewichtige Rolle.
☐ Richtig
☐ Falsch
Kapitel 5.2

Die Produktentwicklung eines Mass Customizers muss in der Lage sein, Potenziale zu entwickeln, aus denen Kunden ihre individuellen Produkte gestalten können.
☐ Richtig
☐ Falsch
Kapitel 5.2

Die Kooperation mit dem Handel stellt eines der kritischsten Gestaltungsfelder von Mass Customization dar.
☐ Richtig
☐ Falsch
Kapitel 5.3 und 6

Die Integration der Kunden während der Konfiguration verlangt hohe Ansprüche an eine vertrauensstiftende Gestaltung des Interaktionssystems.
☐ Richtig
☐ Falsch
Kapitel 5.3 und 8

Individualisierung und Kundenintegration schaffen neue Möglichkeiten, die Macht bestehender Marken zu brechen.
☐ Richtig
☐ Falsch
Kapitel 6

In ihren Grundzügen gilt die Marketingtheorie der Massengüter auch für individuelle Produkte.
☐ Richtig
☐ Falsch
Kapitel 6

Mass Customization eröffnet die Möglichkeit, den Preis des individuellen Produktes so festzulegen, dass die gesamte Zahlungsbereitschaft des Kunden abgeschöpft wird.
☐ Richtig
☐ Falsch
Kapitel 6.2

Kundenindividuelle Produkte müssen deutlich höhere Preise durchsetzen können, um profitabel zu sein.
☐ Richtig
☐ Falsch
Kapitel 6.2 und 7

Mass Customization konsequent umgesetzt heißt Vermeidung von Verschwendung in der Wertschöpfungskette.
☐ Richtig
☐ Falsch
Kapitel 7

Kundenloyalität ist eine logische Konsequenz von Kundenzufriedenheit.

☐ Richtig

☐ Falsch

Kapitel 8

Customer Relationship Management (CRM) führt, einmal richtig implementiert, automatisch zum Erfolg.

☐ Richtig

☐ Falsch

Kapitel 8

Mass Customization und traditionelle Massenproduktion können sich gegenseitig ergänzen.

☐ Richtig

☐ Falsch

Kapitel 7 und 8

Mass Customization kann bei den Kunden Wechselkosten aufbauen, die dazu führen, dass dieser einem Anbieter länger treu bleibt.

☐ Richtig

☐ Falsch

Kapitel 8

Service Customization ist einer echten Individualisierung auf der Produktebene immer unterlegen.

☐ Richtig

☐ Falsch

Kapitel 8 und 9

Gescheiterte Mass Customizer haben meist zu viele mögliche Varianten angeboten und so den Kunden überfordert.
☐ Richtig
☐ Falsch
Kapitel 9

Literatur

[1] Blattberg, Robert C. / Getz, Gary / Thomas, Jacquelyn *(2001): Customer equity: building and managing relationships as valuable assets, Boston: Harvard Business School Press 2001.*

2 Vom Faustkeil über das Fließband zur Mass Customization?

Warum ist Mass Customization ein spannendes Thema? Wie können weitere Formen der Kundenintegration wie Open Innovation neue Wertschöpfungsmöglichkeiten schaffen? Dieses Kapitel erklärt Ihnen den Aufbau dieses Buchs und ordnet die hier vorgestellten Konzepte in einen größeren Zusammenhang ein.

Stichworte: Alte vs. neue Wirtschaft (gemeinsame Grundprinzipien), Managementmode Mass Customization?, Wo liegen wirklich neue Potenziale von Mass Customization?, Open Innovation als Ergänzung von Mass Customization.

Frank T. Piller und Christof M. Stotko

Henry Ford hatte es ziemlich einfach. Er brauchte nur eine einzige bahnbrechende Wertschöpfungsidee, um damit ein ganzes Industrie-Imperium aufzubauen. Er musste sich dabei nicht groß um Konkurrenten kümmern, die buntere, leistungsfähigere oder billigere Imitationen seines Modells T irgendwo in einem weltweit verfügbaren Online-Shop anbieten. Seine Kunden forderten nicht ständig neue Ausstattungsversionen zum gleichbleibenden Preis. Seine Händler mussten nicht durch immer neue Verkaufsförderungsmaßnahmen animiert werden, sondern überboten sich im Gegenteil in ihrem Wunsch, vom Hersteller mehr Autos zugeteilt zu bekommen. Und sie verlangten auch keine stetig wachsende Modellpalette, sondern waren mit einem einzigen Grundtyp zufrieden.

Heutige Unternehmer müssen ständig neue Innovationen im Markt platzieren, dabei mit immer kürzeren Produktlebenszyklen fertig werden, Konkurrenten übertrumpfen, die ihre Produkte einfach verschenken und mit Kunden umgehen, die die Bedingungen der Marktbeziehung diktieren und immer individuellere Produkte fordern. So gesehen erscheinen heute viele Herausforderungen der industriellen Revolution als wohlstrukturiertes Problem. Unternehmer reagieren auf diese Herausforderungen durch neue Wertschöpfungssysteme und erproben neue Modelle der Organisation wirtschaftlichen Handelns, wie die hektische und stetig andauernde Reorganisationswelle zeigt. Die neuen Informations- und Kommunikationstechnologien bieten dabei weit reichende Potenziale für drastische Änderungen von Prozessen und Strukturen in Wirtschaft wie Gesellschaft. Sie beeinflussen so nicht nur jede Form industrieller Tätigkeit, sondern verändern auch die Kommunikation und Informationsverarbeitung im privaten und öffentlichen Bereich entsprechend stark [3, 5, 6]. Ähnlich wie vor 100 Jahren formt sich so derzeit ebenfalls ein neues Wertschöpfungssystem, das durch den Namen „Internet-Ökonomie“ jedoch nur unzureichend gekennzeichnet ist. Wir wollen jedoch an dieser Stelle nicht in eine Begriffsdiskussion einsteigen.

Alte vs. neue Wirtschaft – gemeinsame Grundprinzipien

Viel wichtiger ist, dass sowohl „alte“ wie auch „neue“ Wirtschaft eine wesentliche Gemeinsamkeit besitzen. Beide beruhen auf einem Set sich gegenseitig ergänzender Technologien und daraus abgeleiteter Arbeits- und Organisationsprozesse:

Die Industrielle Revolution von Henry Ford beruhte auf einem Set an komplementären Prozess-Innovationen, die ein neues Wirtschaften ermöglichen: Fließfertigungssysteme und damit einhergehende Konzepte effizienter Arbeitsteilung und Spezialisierung.

Die heutige „neue“ Wirtschaft beruht ebenfalls auf einem solchen Paket neuer Technologien: den Vernetzungseigenschaften moderner Computertechnologie und der damit möglichen Senkung der Transaktionskosten.

Von der Dampfmaschine zu Mass Customization

In beiden Fällen lagen zwischen Auftreten der Basistechnologie und deren wirtschaftlicher Wirkung etliche Jahre. So dauerte es zu Beginn des vergangenen Jahrhunderts sehr lange, bis aus den technologischen Ideen und neuen Organisationsstrukturen, die Taylor begründet und Ford implementiert hatte, wirtschaftliche Erfolge wurden: „Die Errungenschaften der ersten industriellen Revolution führten erst zu einem Marktdurchbruch, als es gelang, die Dampfmaschine auf Räder zu stellen und mit Hilfe der Eisenbahn und später den Verkehrsnetzen das Logistikproblem des Produktionsfaktors Maschine im Sinne der Massenfertigung zu lösen. Analog ist es erst mit dem Internet Mitte der 1990er Jahre gelungen, die „Dampfmaschine Computertechnologie“ auf „Räder zu stellen“ und damit den Startschuss zur Lösung des Logistikproblems des Produktionsfaktors Information und damit der Individualfertigung in Massenmärkten (Mass Customization) zu geben“ [9, S. 10].

Mass Customization als Brücke zwischen der ersten industriellen Revolution und der heutigen neuen Wirtschaft im Informationszeitalter? Mass Customization holt zwar nicht die Bedingungen Henry Fords wieder zurück. Doch versucht Mass Customization, unter herrschenden Wettbewerbsbedingungen und -restriktionen, die Effizienz einer Massenfertigung wieder näher zu bringen. Das heißt nicht, wieder starre Fertigungsprozesse einzuführen, sondern neue Kostensenkungs- und Wertsteigerungspotenziale zu nutzen, die die neuen Informationstechnologien erst ermöglichen. Ein wesentliches Grundprinzip ist dabei, dass die Kunden und Nutzer – und zwar jeder einzelne Kunde und Nutzer – wertstiftend in die Leistungsentwicklung und -erstellung einbezogen werden.

Managementmode Mass Customization?

Mass Customization hat sich in den letzten Jahren zu einem Modewort entwickelt. Der Ausdruck, erstmals 1987 von Davis [4] geprägt, ist ein Oxymoron, das die gegensätzlichen Begriffe „Mass Production“ und „Customization“ verbindet. Mass Customization verfolgt die Herstellung von Gütern und Dienstleistungen nach individuellen Kundenwünschen mit (nahezu) der Effizienz einer Massenproduktion. Seit Pine [8] mit seiner Buchveröffentlichung den Grundstein für die Diskussion um Mass Customization gelegt hat, sind unzählige Veröffentlichungen zu diesem Thema erschienen [6]. Dominiert in den meisten Beiträgen die Euphorie, werden nun verstärkt auch kritische Stimmen laut [1, 7, 10].

Seine Attraktivität und Popularität bezieht Mass Customization aus der spezifischen Kombination zweier Aspekte. Zum einen wird die simultane Verfolgung der für den Unternehmenserfolg maßgeblichen Zielgrößen Qualität und Kosten in Aussicht gestellt: ein höchstes Maß an Produktdifferenzierung durch Variantenreichtum bei minimalen Produktionskosten der Massenfertigung. Zum anderen wird das Konzept in den gegenwärtigen Trend einer engen informationellen Vernetzung mit dem Kunden als Basis eines Kundenbeziehungsmanagement (Customer Relationship Management) angekoppelt. In diesem Sinn verfolgt Mass Customization marktseitig die Ablösung der klassisch-tayloristischen Massenproduktion, ohne jedoch unternehmensintern deren Vorteile völlig aufzugeben.

Wo liegen wirklich neue Potenziale?

Eine wichtige Abgrenzung: Bei unserer nun fast schon eine Dekade andauernden Beschäftigung mit Mass Customization und ähnlichen Konzepten werden wir immer nach dem „Neuheitsgrad" gefragt. Wir werden auf diese Frage an verschiedenen Stellen dieses Buches eingehen (z.B. Kapitel 9). Soviel vorweg: Zwar sind viele der hier vorgestellten Prinzipien an sich nicht neu und auch bei klassischen Einzelfertigern schon zu finden. Jedoch glauben wir, dass in Bereichen, die bislang von einer Massenproduktion (bzw. Variantenfertigung) für einen anonymen Markt beherrscht waren, innovative Unternehmen Formen einer kundenintegrierten Wertschöpfung entwickelt haben, die anders sind und neue Chancen bieten (wichtig ist dabei aber zu betonen, dass diese Prinzipien herrschende Konzepte nicht ablösen, sondern nur ergänzen).

Deshalb sind viele unserer Beispiele und Argumentationen eher im Konsumgüterbereich angesiedelt. Jedoch wollen wir explizit keine Eingrenzung auf diesen Sektor machen. Denn zum einen gibt es ebenfalls im Industriegüterbereich eine Vielzahl von Transaktionen, die auf standardisierten Massenprodukten beruhen. Zum anderen sehen wir aber gerade auch für die Teile des Industriegüterbereichs, die in klassischer Einzelfertigung hochspezifische und kundenindividuelle Lösungen hervorbringen, noch erhebliche Effizienzpotenziale durch eine Orientierung an den Interaktionskonzepten von Mass Customization.

Warum noch ein Buch über Mass Customization?

Warum aber noch ein Buch über Mass Customization? Wir stellen heute fest, dass die Praxis trotz des auf den ersten Blick viel versprechenden Erscheinungsbildes des Konzepts nach einer zunächst positiven Aufnahme momentan eher zurückhaltend agiert. Auch haben inzwischen einige der Pionierunternehmen von Mass Customization ihren operativen Betrieb eingestellt. Andere, insbesondere große Markenartikler wie Adidas, Lands'End, Nike oder Procter&Gamble, verstärken aber ihre Aktivitäten. Die Mass-Customization-Landschaft zeigt so ein unstetes Bild. Deshalb wollen wir die bisherigen konzeptionellen Vorstellungen von Mass Customization hinsichtlich ihrer Praxisrelevanz und Umsetzbarkeit einer genaueren Prüfung unterziehen.

Dazu werden wir dieses Konzept erweitern und in einen größeren Zusammenhang stellen. Ebenfalls soll die Diskussion geschärft und darauf fokussiert werden, was das Konzept im Wesentlichen ausmacht. Wir legen im Gegensatz zu unseren früheren Büchern zum Thema den Schwerpunkt auf die Gestaltung eines Mass-Customization-Systems. Die bekannten drei Ebenen von Mass Customization – Differenzierungs-, Kosten- und Beziehungsebene – werden um eine vierte Ebene erweitert: die Potenzialgestaltung oder Festlegung des „Solution Space". Denn bislang verfügen noch zu wenige Unternehmen über nachhaltige und erfolgreiche Implementierungserfahrung. Hier soll dieses Buch eine konkrete Anleitung geben. Sie sollen nach der Lektüre in der Lage sein, Ihr eigenes Mass-Customization-Konzept zu entwerfen und Gewinn bringend umsetzen können.

Für fortgeschrittene Branchen im Bereich Mass Customization wie die Bekleidungsindustrie sehen wir heute einen deutlichen Fortschritt auf der „S-Kurve". Die Lern- und Erfahrungskurveneffekte beginnen zu greifen. Jedoch haben viele der heute führenden Unternehmen nicht selbst diese Erfahrungen gemacht, sondern von den Pionieren der ersten Stunde gelernt, von denen viele das Geschäft aufgeben mussten: GetCustom, Custom Foot, Creo Interactive oder Xaaaz sind Beispiele für sehr engagierte, kreative und innovative Unternehmen der Mass Customization, die es leider nicht geschafft haben, Anleger, Lieferanten, Handel und genügend Kunden für ihr Geschäftsmodell zu begeistern. Diese Pioniere mussten quasi das ganze System selbst erfinden, angefangen vom Business-Konzept über die Produktentwicklung, Fertigungstechnik, IT-Infrastruktur – und dann auch noch ihren eigenen Markt aufbauen. Damit bewahrheitet sich auch hier, dass eine First-Mover-Strategie nicht immer nur Vorteile bietet.

Open Innovation als Ergänzung von Mass Customization

Mass Customization ist allerdings nicht die einzige neue Form der Kundenintegration. So haben sich in letzter Zeit bei innovativen Pionieren neue Wertschöpfungsformen gezeigt, die Elemente der Mass Customization aufgreifen, aber dabei nicht auf einer individuellen Produktion beruhen, sondern durch eine individuelle Interaktion mit jedem Kunden auch trotz standardisierter Massenproduktion individuellen Nutzen ansprechen.

Ein sehr interessanter Bereich ist die Mitwirkung von Abnehmern in der Produktentwicklung. In Zeiten schnellen technologischen Wandels, immer weiter sinkender Produktlebenszyklen und der Herausforderung, beständig auf neue Trends reagieren zu müssen, kommt dem Innovations- und Technologiemanagement ein herausragender Erfolgsbeitrag zu. Hier schaffen es heute innovative Anbieter – in Übertragung des „Open Source"-Gedanken auf andere Bereiche – Kunden in die Produkt- und Prozessentwicklung einzubeziehen. Wir bezeichnen diesen Bereich mit dem Begriff Open Innovation (siehe Kapitel 4.4). Dabei geht es in erster Linie nicht um die Entwicklung kundenspezifischer

Lösungen, sondern um die Innovation marktfähiger Produkte und Leistungen, die dann einem großen Abnehmerkreis im bekannten System der Massen- bzw. Variantenfertigung angeboten werden.

Der Aufbau des Buchs

Ziel dieses Buchs ist, zu zeigen, welche Konzepte der Kundenintegration Mass Customization zu einem starken Instrument für das eigene Unternehmen machen können und wie diese Prinzipien umgesetzt werden können. Wir wollen diskutieren,

- ⇨ welche Ansätze es gibt, Kunden für beide Seiten nutzbringend in die Wertschöpfung zu integrieren,
- ⇨ wie diese Ansätze umgesetzt werden können,
- ⇨ was das für die Kostenseite bedeutet: wie sich die Kostenstrukturen verschieben und welche neuen Kostensenkungspotenziale zusätzliche Kosten ausgleichen können, und vor allem,
- ⇨ wie Pionierunternehmen bereits diese Formen der Kundenintegration leben und umsetzen.

Wir beginnen diesen einführenden Text in die Thematik, der den Rahmen für die Fallstudien im zweiten Teil des Buchs setzen und deren Einordnung erleichtern soll, mit einer Diskussion des Individualisierungstrends. Wollen Kunden tatsächlich immer individueller Produkte und warum kommt es zu einer Bildung von Mikrosegmenten? Wir werden auch ansprechen, warum klassisches Customer Relationship Management allein keine adäquate Reaktion auf die heutigen Wettbewerbsanforderungen ist.

Kapitel 4 behandelt die Grundsätze und Formen der Kundenintegration und stellt damit den Kunden als Co-Produzenten und Co-Designer in den Mittelpunkt. In diesem Rahmen werden auch die Konzepte Mass Customization und Open Innovation ausführlich vorgestellt und eingeordnet. Nach diesen einleitenden Ausführungen werden die vier Ebenen von Mass Customization betrachtet. Schwerpunkt bildet dabei Kapitel 5, das die Potenzialgestaltung beschreibt: die Festlegung des Solution Space der Kundenintegration. Dabei geht es neben der Produkt- und Leistungsgestaltung, d.h. der Definition modularer Leistungsarchitekturen, vor allem um die Prozessgestaltung, also den Aufbau des Interaktionssystems.

Nachdem so die Fähigkeiten zur Kundenintegration aufgebaut sind, werden diese in der Differenzierungs-, Kosten- und Beziehungsebene konkret genutzt. Hierbei werden wir neben den preispolitischen Potenzialen individueller Massenprodukte und weiteren Bestandteilen der Marketingpolitik auch die zusätzlichen Kosten betrachten, die Kundenintegration mit sich bringt. Diese müssen durch neue Kostensenkungspotenziale, die Economies of Mass Customization, ausgeglichen werden. Ebenfalls gilt es, die Integration der Abnehmer in die Wertschöpfung zu nutzen, um die Kundenloyalität zu steigern. Zum Schluss sollen die Mythen um Mass Customization betrachtet werden: Was ist Mass Customization nicht?

Literatur

[1] Agrawal, Mani / Kumaresh, T.V. / Mercer, Glenn *(2001): The false promise of mass customization, in: The McKinsey Quarterly, 2001, H. 3.*

[2] Bell, Daniel *(1980): The social framework of the information society, in: T. Forester (Hg.): The Microelectronics Revolution, Oxford 1980, S. 500-549.*

[3] Crawford, Fred / Mathews, Ryan *(2001): The myths of excellence: why great companies never try to be the best at everythink, New York: Crown Business 2001.*

[4] Davis, Stan *(1987): Future Perfect, Reading 1987.*

[5] Picot, Arnold / Neuburger, Rahild *(2000): Prinzipien der Internet-Ökonomie, in: Wirtschaftsdienst - Zeitschrift für Wirtschaftspolitik, 80. Jg. (2000), Nr. 10, S. 591-595.*

[6] Piller, Frank T. *(2001): Mass Customization, 2. Aufl., Wiesbaden: Gabler 2001.*

[7] Piller, Frank T. / Ihl, Christoph *(2002): Mass Customization ohne Mythos, in: New Management (ehem.: io management), 2002, H. 10, S. 76-84.*

[8] Pine, B. Joseph II *(1993): Mass Customization, Boston. Harvard Business School Press 1993.*

[9] Weiber, Rolf *(2000): Herausforderung Electronic Business, in: Rolf Weiber (Hg.): Handbuch Electronic Business, Wiesbaden: Gabler 2000, S. 1-39.*

[10] Zipkin, Paul *(2001): The limits of mass customization, in: Sloan Management Review, 42. Jg. (2001), Heft 3, S. 81-87.*

3 Individualisierung ist nicht genug

Warum wollen Kunden individuelle Produkte? Wollen sie diese überhaupt? Welche anderen wettbewerbsstrategischen Entwicklungen stellen heute viele Unternehmen vor die Herausforderung, neue Wege der Wertschöpfung zu suchen? Und warum ist klassisches CRM (Customer Relationship Management) keine Antwort? Das Kapitel beleuchtet die Hintergründe individueller Produktion und des Individualmarketings. Wir diskutieren die Ergebnisse empirischer Studien, die das (angebliche) Bedürfnis heutiger Kunden nach Individualität untersuchen und gehen dabei auch kritisch auf die Frage ein, vor welchen Problemen die Marktforschung bei der Erfolgsprognose neuer Wertschöpfungsformen steht. Dieses Kapitel umreißt die Vorteile einer Individualproduktion, die im sechsten und siebten Kapitel weiter ausgeführt werden.

Stichworte: Segmentierung der Märkte und Entstehung von Mikronischen, Varianten- zur Individualfertigung, Probleme einer Individualfertigung bei Industriegütern, Heterogenisierung der Nachfrage, Probleme des empirischen Belegs einer Individualisierung der Nachfrage, Fehlprognosen, Ziele einer kundenintegrierten Wertschöpfung, warum Customer Relationship Management allein keine Alternative ist.

Frank T. Piller

„It is the customer who determines what a business is." Diese Aussage Druckers [4, S. 37] ist heute aktueller denn je. Immer mehr Unternehmen erkennen, dass in vielen Märkten nur noch eine radikale Abkehr von Massenmarketing und -produktion zu dauerhaften Wettbewerbsvorteilen führen kann. Schon in den 1970er Jahren sieht Daniel Bell [1] in seiner berühmten Konzeption der postindustriellen Gesellschaft als „fateful question", „weather the promise will be realized that instrumental technology will open the way to alternative modes of achieving individuality and variety within a vastly increased output of goods" [1, S. 545]. Doch ist es wirklich nur die Individualisierung, die neue Formen der Kundenintegration treibt?

3.1 Wollen Kunden individuelle Produkte?

Wir wollen an dieser Stelle nicht ausführlich die Hintergründe der Individualisierung erörtern. Die wichtigsten Argumente haben wir bereits an anderer Stelle beschrieben [13, 16]. Einen schönen Einblick geben auch [1, 5, 15, 20]. Deshalb bietet dieses Kapitel nur einen kurzen Überblick für jene Leser, die sich neu mit der Thematik beschäftigen.

Segmentierung der Märkte und Entstehung von Mikronischen

Beginnen wir mit dem Symptom der zunehmenden Individualisierung der Nachfrage (diese wird sich nach der letzten Delphi-Studie des BMBF weiter fortsetzen [8, 9, 14]). Ihre Folge ist eine Segmentierung der Absatzmärkte in Nischen und Mikronischen. Denn viele Anbieter begegnen der Heterogenisierung der Nachfrage mit einer immer ausgedehnteren Modell- und Variantenvielfalt (siehe Abbildung 3.1). Vorhandene Grundprodukte werden um neue Variationen für immer kleinere, in sich aber homogene Marktsegmente erweitert, indem für jede Nische eine eigene Produktvariation inklusive begleitender Vermarktungsmaßnahmen entworfen wird (anonyme Variantenfertigung). Doch die vermeintlich marktbezogene Variantenfertigung bedeutet in der Regel eine große Produktpalette ähnlicher Erzeugnisse in geringen Mengen, die vorab auf Lager produziert werden. Dabei sind die genauen Absatzzahlen immer schwerer zu prognostizieren, da die Fertigung lediglich auf Marktprognosen und Schätzungen des Vertriebs basiert. Bei gleichbleibenden oder nur leicht steigenden Absatzzahlen nimmt zudem der Aufwand der Produktentwicklung und Marktbearbeitung enorm zu. Diese Vorgehensweise führt vor allem zu einer steigenden Komplexität – in der Produktion gleichermaßen wie im Produktmanagement und Vertrieb.

Von der Varianten- zur Individualfertigung

Statt sich in den Planungs- und Prognoseproblemen der Variantenproduktion zu verzetteln, scheint deshalb die logische Konsequenz, auf die Erstellung kundenindividueller Produkte und Leistungen auszuweichen. Individualisierung bedeutet aus Nachfragersicht, die Leistungen des Anbieters an die individuelle Präferenzstruktur eines jeden relevanten Nachfragers anzupassen. In der Regel richten sich die Präferenzen eines Nachfragers nicht auf ein Produkt als solches, sondern auf die (Kombinationen von) Eigenschaften, die in dem Gut verkörpert sind. Die individuelle Präferenzstruktur bezeichnet dabei die Vorstellung eines Käufers bezüglich einer Kombination von Leistungseigenschaften, die seinen Idealpunkt einer „optimalen Leistung" kennzeichnet [10, 11, 13]. Dieser Idealpunkt modelliert den Sollwert der erwarteten Leistung. Die Distanz des Idealpunkts zu der tatsächlichen Eigenschaftskombination eines Produkts bestimmt die Präferenz für dieses Produkt, d.h. je näher ein Produkt am Idealpunkt eines potenziellen Abnehmers liegt, desto größer ist seine Kaufwahrscheinlichkeit.

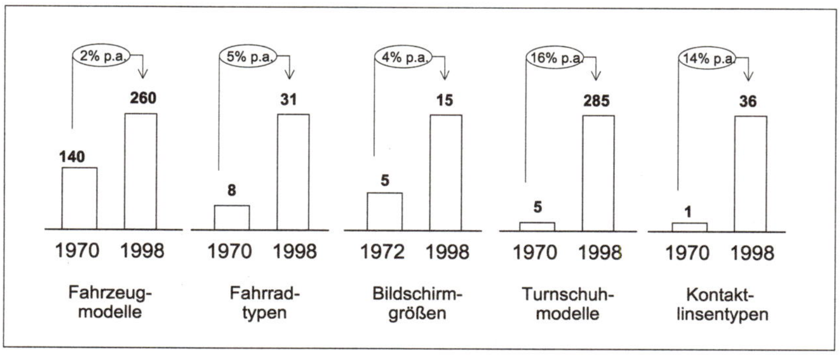

Abb. 3.1: *Zunahme der Variantenvielfalt im Konsumgütergeschäft [5]*

Bei einer massenhaften Produkterstellung wird während des Entwicklungsprozesses versucht, die Idealpunkte der Mitglieder des angestrebten Marktsegments anhand von Marktforschungsaktivitäten zu antizipieren und zu einem gemeinsamen Mittelwert zu vereinen, der möglichst nahe an den Idealpunkten möglichst vieler Nachfrager liegt. Dies bedeutet aber zum einen für die Abnehmer in der Regel einen Kompromiss zwischen den erwarteten und den tatsächlichen Leistungseigenschaften. Zum anderen fallen in einem solchen System nicht unerhebliche Suchkosten für die Abnehmer an, damit diese aus der Vielfalt der am Markt angebotenen Lösungen auch die richtige finden.

Im Rahmen der Individualisierung eines Produkts werden dagegen die Produkteigenschaften, welche die Präferenz des Abnehmers bestimmen, so angepasst, dass sie dem Idealpunkt (Präferenzstruktur) des Abnehmers entsprechen. Dies bedingt aber nach der Akquisition des Kunden stets die Erhebung seiner Bedürfnisse und deren Überführung in konkrete Produkteigenschaften, an die sich die Leistungserstellung anschließt. Um die Ziele der Individualisierung möglichst effizient zu adressieren, werden in der Regel lediglich die Leistungskomponenten individualisiert, die für die Präferenz des Nachfragers bedeutend sind. Ansonsten wird auf standardisierte Leistungskomponenten zurückgegriffen. Wir werden diesen Aspekt noch einmal in Kapitel 6 aufgreifen, wenn wir die Differenzierungswirkung von Mass Customization genauer besprechen.

Probleme einer Individualfertigung bei Industriegütern

Im Industriegütergeschäft ist das Angebot seit jeher stark an den heterogenen Bedürfnissen der nachfragenden Betriebe ausgerichtet. Im Sinne von Sonderanfertigungen werden Eigenschaften von Produkten, die normalerweise als Standardprodukte für einen großen Markt hergestellt werden, für einen einzelnen Abnehmer individuell festgelegt. Problematisch ist hierbei aber, dass viele Unternehmen nicht das wahre

Ausmaß der durch die Sonderanfertigungen verursachten zusätzlichen Kosten kennen. Die Folge ist, dass die individuellen Produkte nicht kostendeckend und die standardisierten Katalogwaren im Sinne einer versteckten Quersubventionierung zu teuer angeboten werden [3,4]. Damit führt die vermeintliche Kundenorientierung insgesamt zu sinkenden Erträgen.

Gründe für die Heterogenisierung der Nachfrage

Im Gegensatz zu Industriegütermärkten stellt die Individualisierung aber Anbieter in Konsumgütermärkten vor völlig neue Herausforderungen. Es gibt eine Reihe von Personen, für die beispielsweise aus physiologischen Aspekten Massenprodukte nicht geeignet sind. Im Bekleidungsbereich sind dies beispielsweise Menschen, die einen besonders verwachsenen Körperbau oder unübliche Maße aufweisen und für die Normgrößen daher keine optimale Passform bieten. Dabei ist die Abweichung von der Bekleidungsnorm bei passformkritischen Produkten weitaus größer, als gemeinhin angenommen. Abbildung 3.2 zeigt als Ergebnis der Zitex-Studie, dass mehr als die Hälfte aller Kunden von Anzügen und Kostümen ihre Ware von der Stange nachträglich

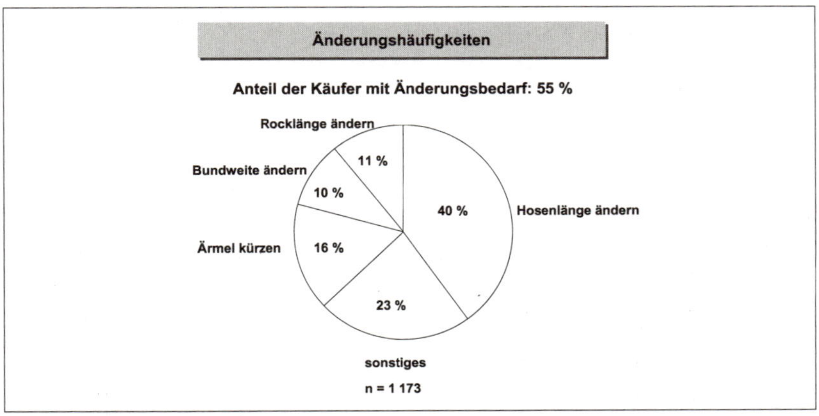

Abb. 3.2: *Verteilung von Änderungen bei passformkritischen Produkten (Anzüge und Kostüme) „von der Stange" (Daten nach [22])*

ändern lassen (insbesondere Ärmellänge, Rocklänge und Hosenlänge) – zu erheblichen Kosten zwischen 10 und 20 Euro [22].

Ein anderes Beispiel sind Profisportler bzw. ambitionierte Hobbysportler, deren Sportschuhe einen optimalen Sitz aufweisen müssen. Die rechte und linke Fußgröße variiert jedoch bei jedem Menschen zum Teil erheblich. Solche Kunden schätzen das Angebot, beispielsweise einen rechten Schuh in Größe 44 und einen linken Schuh in Größe 43,5 beziehen zu können. Im Lebensmittelbereich sprechen zunehmende Allergien für den Wunsch von immer mehr Konsumenten, die Komponenten eines Artikels selbst bestimmen zu können. Der Trend zu Wellness- und Functional-Food-Produkten verstärkt dieses Bedürfnis noch.

Doch diese „körperlich" bedingten, natürlichen Gründe für den Wunsch nach individuellen Produkten erklären nur bedingt die allgemein konstatierte zunehmende Heterogenisierung und Individualisierung der Nachfrage in den letzten Jahren. Deshalb werden in erster Linie soziologisch bedingte Ursachen angeführt: die steigende Zahl an Single-Haushalten und andere bevölkerungsdemographische Entwicklungen, eine zunehmende Designorientierung, veränderte Wertvorstellungen durch Hedonismus und neue Arbeitswelten sowie vor allem ein neues Qualitäts- und Funktionalitätsbewusstsein, das langlebige und verlässliche Produkte fordert, die genau den spezifischen Vorstellungen eines Abnehmers entsprechen [9, 14, 15, 19].

Ergebnisse empirischer Studien

Auch wenn diese und ähnliche Argumente in keiner Aufzählung neuer Wettbewerbsbedingungen fehlen, zeigt sich ein Problem: der empirische Beleg. Zwar gibt es im verstärkten Maße empirische Studien, die Nachfrager (im Konsumgüterbereich) in verschiedenen Marktsegmenten nach Größe und Art des Bedarfs individueller Produkte und Leistungen fragen – und diesen Bedarf auch grundsätzlich bestätigen (siehe Tabelle 3.1). Die Studien kommen in der Regel auf Marktpotenziale von circa

Studie	**Untersuchungsfeld**	**Marktpotenzial für Individualisierung nach Mass-Customization-Prinzip**	**Bemerkung/ Methodik (in Kaufsituation, normale Befragung)**
EuroShoe 2002 [7]	Markt für individualisierbare Schuhe (Deutschland, Großbritannien, Spanien, Italien)	Insbesondere in Nordeuropa (Deutschland, Großbritannien) besteht Interesse an individualisierbaren Schuhen Die Mehrzahlungsbereitschaft beträgt bei der Mehrheit zwischen 10 und 30 Prozent.	Experteninterviews (N=40), Focusgruppen (N=16), Mündliche Befragung (N=420)
Kieserling 2000 [12]	Markt für individualisierbare Damenschuhe (Deutschland)	80 Prozent der Befragten sind an individualisierten Schuhen interessiert	Mündliche Befragung N=800
Zitex 1999 [22]	Nachfrage und Zahlungsbereitschaft für individualisierbare Kleidung für Damen und Herren (Deutschland)	Nachfrage bis zu 35 Prozent des Gesamtmarkts bei passformkritischen Produkten wie Anzüge oder Kostüme, hohe Unzufriedenheit mit bestehendem Angebot. Die meisten Befragten akzeptieren erhöhte Preise für individualisierte Produkte zwischen 10 und 20 Prozent.	Schriftliche Befragung N=1173
Piller/ Hönigschmied/ Müller 2002 [18]	Zahlungsbereitschaft für individualisierte Produkte (Kleidung, Armbanduhren, Handyschalen, Schmuck)	Erhöhte Zahlungsbereitschaft für folgende individualisierte Produkte: Damen/ Herren-Maßschuhe, Damen-Designschuhe, Damen-Jeans (die männlichen Befragten zeigten kein Interesse an individuellen Jeans und selbst gestalteten Schuhen).	Online Befragung N=2400 (Umfrage fortdauernd)
Wiedemann 2002 [21]	Nutzung von Mass Customization Konfiguratoren (Deutschland)	Hohe Kaufbereitschaft für individualisierte Produkte (2,19 auf Skala 1=sehr hohe Kaufbereitschaft, 7=keine Kaufbereitschaft); Deutlich erhöhte Zahlungsbereitschaft für individualisierte Uhren	Befragungen (schriftlich und online)/Experiment (in Kaufsituation) N=165

Tabelle 3.1: *Empirische Studien zum Wunsch nach Individualprodukten in verschiedenen Branchen*

30 Prozent des Gesamtmarktes. Schenkt man diesen Studien Glauben, folgen daraus zwei Erkenntnisse:

- Mass Customization wird nie zum dominierenden System werden, sondern immer nur Sub-Segmente eines Marktes bedienen.
- 30 Prozent sind viel mehr als eine klassische Nische, und weit mehr als der heutige Anteil maßgefertigter Güter im Konsumgüterbereich.

Probleme des empirischen Belegs einer Individualisierung der Nachfrage

Allerdings ist bei der Interpretation der Studienergebnisse Vorsicht angesagt: Im Gegensatz zu Marktforschungsprojekten im Bereich von Standardprodukten besitzen die Befragten in der Regel keinerlei Kenntnis über die individualisierten Produkte und deren Vor- und Nachteile. Hier fehlt heute noch jedes Konsumentenwissen. Es fehlt bislang der Beleg, dass eine Individualisierung der Gesellschaft auch mit einem erhöhten Bedarf an Individualprodukten einhergeht.

Wir sehen vor allem die Ergebnisse von quantitativen Befragungen, die außerhalb eines konkreten Kaufvorganges oder zumindest ohne persönliches Erleben der Käufer gemacht werden, mit viel Skepsis. Kaum ein Befragter kann sich heute vorstellen, wie eine individuelle Produktion in Massenmärkten aussieht. Natürlich antworten viele Probanden auf die Frage, ob sie genau passende Produkte zu einem nur geringen Aufpreis haben wollen, positiv. Doch ob sie auch in einer realen Kaufsituation Zeit für den Konfigurationsvorgang investieren, Wartezeit in Kauf nehmen und das notwendige Vertrauen in den Anbieter aufbauen, ist fraglich. Gewissheit können nur Pilotstudien in Testmärkten schaffen. Ein erster Schritt sind zumindest ausführliche Fokusgruppengespräche und Untersuchungen in Marktforschungslabors, wo die Teilnehmer zumindest den neuen Kaufvorgang erleben können. Doch diesen Schritt scheuen die meisten Unternehmen, die eine Einführung von Mass Customization erwägen.

Fehlprognosen im Bereich Mass Customization

Vor diesem Hintergrund sind die genannten Angaben zum Marktpotenzial zu relativieren – nach unten wie nach oben. Einige Beispiele:

Die Idee, hochwertige Kosmetika je nach Hauttyp und Pflegebedürfnis individualisieren zu können und so eine eigene Kosmetikserie zu kreieren, wurde in „Concept-Proofs", wie sie Procter&Gamble für jedes neues Produkt mit Testpersonen durchführt, sehr positiv bewertet (in der Tat erlangte dieser „Proof" die höchste Zustimmung bei den Befragten, die P&G jemals für ein Kosmetikprodukt hatte). Darauf machte das Unternehmen den Weg frei zur Einführung der Marke „Reflect" mit entsprechenden Individualisierungsmöglichkeiten. Nach zwei Jahren im Markt muss das Management von Reflect und P&G aber nun eingestehen, dass das Produkt zwar das erfolgreichste Kosmetikprodukt im Internet ist, aber dennoch hinter den Prognosen zurückbleibt. Die Individualisierung allein macht noch keinen Kassenschlager, hinzu kommen weitere Faktoren wie Markenimage und die richtige Channel-Strategie.

Claudia Kieserling, Gründerin der Münchener Selve AG, machte vor Verkaufsstart umfangreiche Marktforschungstest, die bereits eine hohe Zustimmung zu ihrer Idee, hochmodische Damenschuhe nach Maß anzubieten, erwarten ließen. Der reale Betrieb hat aber die Erwartungen weit übertroffen. Weit mehr als die Hälfte aller Erstkunden kaufen bei Abholung der ersten Bestellung bereits ein weiteres Paar – ein Wert, den jeder „Branchenexperte„ in der Schuhindustrie in Vorstudien nie für möglich gehalten hätte.

Umfragen im Konsumentenbereich von Mass Customization ergeben immer wieder einen maximal möglichen Aufpreis zwischen 20 und 30 Prozent auf den Standardpreis. Doch was ist der Standardpreis? Und: Praktische Erfahrungen von Anbietern im Bekleidungsbereich zeigen, dass in der Realität häufig Aufpreise von sogar bis zu 100 Prozent realisierbar sind. Vor allem, wenn kein Festpreis verlangt wird, sondern die Möglichkeiten modularer Leistungsangebote genutzt werden, bei denen einzelne Optionen für eine Komponente unterschiedliche Preise tragen, wählen viele Kunden während der Leistungskonfiguration häufig teurere Optionen („Up-Grading").

3.2 Notwendigkeit einer simultanen Auseinandersetzung auf allen Wettbewerbsfeldern

Nach einer intensiven Auseinandersetzung mit dem Konzept der Mass Customization sehen wir es heute als Fehler an, eine kundenbezogene Wertschöpfung auf die Erfüllung eines Individualisierungswunsches zu reduzieren. Es geht um viel mehr. Geschäftskonzepte, die allein auf dem Versprechen einer Individualisierung beruhen, haben nur in Nischen einen Platz. Eine Strategie der Kundenintegration muss breiter ansetzen: Die zunehmende Dynamik wirtschaftlichen Handelns löst einen Innovationswettbewerb aus, der eine ständige Anpassung des Leistungsprogramms notwendig und eine langfristige Planung in vielen Fällen unmöglich macht. Der steigende internationale Wettbewerbsdruck führt dazu, dass heute in den meisten Branchen ein Positionsvorteil nicht mehr ausreicht, sondern vielmehr eine Spitzenposition auf allen relevanten Aktionsfeldern erlangt werden muss: Zur günstigen Kostenstruktur kommt die Forderung nach hoher Qualität

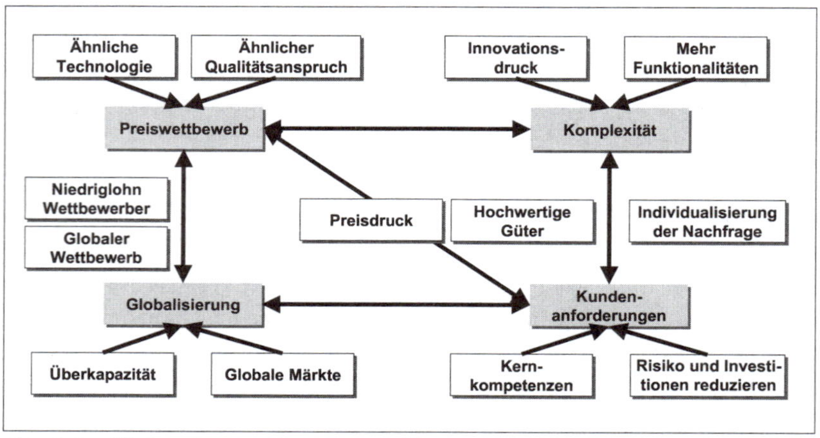

Abb. 3.3: *Wettbewerbsstrategische Bestimmungsfaktoren: Unternehmen müssen Strategien verwirklichen, die auf vier sich gegenseitig verstärkenden Wettbewerbsfeldern gleichzeitig ansetzen (erweitert nach [3]).*

und technologischem Vorsprung, aber auch nach Agilität und hohem Lieferservice (siehe Abbildung 3.3).

Ziele einer kundenintegrierten Wertschöpfung

Unternehmen müssen deshalb Wertschöpfungskonzepte etablieren, die nicht nur an einer Wettbewerbsdimension (z.B. den wachsenden Kundenwünschen), sondern an allen vier Felder simultan ansetzen. Neue Modelle müssen genutzt werden können, um

- ⇨ Innovationen schneller und zielgerichteter auf den Markt zu bringen,
- ⇨ auch bei einer Individualisierung neue Optionen für ein verbleibendes Massengeschäft zu eröffnen,
- ⇨ die Effizienz in allen Wertschöpfungsfunktionen zu steigern und ergänzende Kostensenkungspotenziale zu eröffnen,
- ⇨ Herstellern Ansatzpunkte für eine bessere Position gegenüber der Marktmacht des Handels zu bieten bzw. Handelsunternehmen innovative Möglichkeiten zur Differenzierung außerhalb des Preiswettbewerbs zu eröffnen,
- ⇨ innovative Wege zum Aufbau echter Kundenbeziehungen zu ebnen und vielen CRM-Programmen eine neue (erste?) Berechtigung zu geben.

Warum Customer Relationship Management allein keine Alternative ist

Customer Relationship Management (CRM) wird heute schon fast gebetsmühlenartig als Antwort auf alle Vermarktungsprobleme genannt. Ziel ist die Erhöhung der Effektivität aller marktgerichteten Maßnahmen auf der Basis kundenspezifischer Informationen, um „dem richtigen Kunden zum richtigen Zeitpunkt ein maßgeschneidertes Informations- oder Leistungsangebot zu machen“ [10]. Neben diesem

Individualisierungsziel sollen weiterhin Kostensenkungen durch die Elimination von Streuverlusten und eine effizientere Kommunikation erreicht werden (siehe Kapitel 7 für eine genaue Beschreibung und Abgrenzung).

Jedoch hat die vermehrte Anwendung entsprechender Methoden in der Praxis dazu geführt, dass Konsumentengruppen sich gegen zu aufdringliche Unternehmen wehren und der Nutzung ihrer Kundendaten widersprechen. Auch erreichen viele CRM-Einführungen nicht die angestrebten Ziele, trotz riesiger Investitionssummen. Neben technischen und organisatorischen Problemen bei der Einführung (siehe Kapitel 8.1) schaffen aber viele CRM-Konzepte keinen zusätzlichen Mehrwert über eine kosmetische Individualisierung der Marketing-Kommunikation hinaus. Doch echtes CRM heißt nicht, Marketingfunktion durch eine „Individualitätsanmutung" mit Hilfe diverser Maßnahmen des Direktmarketings zu erweitern, sondern wirklich konsequent die gesamte Wertkette auf die einzelnen Kunden auszurichten.

Mass Customization ist mehr als individuelles Massenmarketing

Im Gegensatz zu einem klassischen Direktmarketing, das zu Recht heute von vielen Abnehmern, die sich von Werbebriefen überhäuft und Verkaufsanrufen in ihrer Freizeit belästigt fühlen, als störend und als Eingriff in die eigene Privatsphäre gesehen wird, bieten Mass Customization und andere Ansätze der Kundenintegration einen weit reichenden, zusätzlichen Nutzen: die bessere Befriedigung der eigenen Bedürfnisse und (oft) mehr Bequemlichkeit – und dies zu einem günstigen Preis. Es geht nicht um kundenindividuelles Massenmarketing, sondern um eine kundenindividuelle Gestaltung von Wertschöpfungsschritten, die für den Abnehmer wichtig sind (das muss nicht immer die individuelle Fertigung sein). Ein Unternehmen, das es schafft, diesen Vorteil zu kommunizieren und seine Kunden durch passende und nach einem umfassenden Qualitätsverständnis bessere Leistungen zufrieden zu stellen, wird auch auf Marktteilnehmer stoßen, die bereit sind, ihre persönlichen Daten Preis zu geben und verarbeiten zu lassen – und einem Anbieter treu bleiben.

Literatur

[1] Beck, Ulrich *(2001): Individualisierung, Globalisierung und Politik, in: arch+, 34. Jg. (2001), Nr. 158, S. 28-36.*

[2] Bell, Daniel *(1980): The social framework of the information society, in: T. Forester (Hg.): The Microelectronics Revolution, Oxford 1980, S. 500-549.*

[3] Belz, Christian et al. *(1997): Industrie als Dienstleister, St. Gallen: Thexis 1997.*

[4] Boutellier, Roman / Schuh, Günther / Seghezzi, Hans Dieter *(1997): Industrielle Produktion und Kundennähe – ein Widerspruch?, in: Günther Schuh / Hans Wiendahl (Hg.): Komplexität und Agilität, Berlin et al. 1997, S. 41-63.*

[5] Cox, Michael / Alm, Richard *(1999): The right stuff: America's move to mass customization, National Policy Center Association, Policy Report No. 225, June 1999.*

[6] Drucker, Peter F. *(1954): The Practice of Management, New York: Harper 1954.*

[7] EuroShoe Consortium *(2002): The Market for Customized Footwear in Europe: Market Demand and Consumer's Preferences. A project report from the EuroShoe Project within the European Fifth Framework Program. Edited by Frank T. Piller. Munich / Milan 2002.*

[8] Fraunhofer Institut für Systemtechnik und Innovationsforschung *(ISI) (1998): Delphi '98 – Studie zur globalen Entwicklung von Wissenschaft und Technik, Karlsruhe 1998.*

[9] Fulkerson, Bill / Shank, Michael *(2000): The new economy electronic commerce - and the rise of mass customization, in: Shaw, Michael et al. (Hg.): Handbook on Electronic Commerce, Berlin: Springer 2000, S. 411-430.*

[10] Hildebrand, Volker G. *(1997): Individualisierung als strategische Option der Marktbearbeitung, Wiesbaden: Gabler 1997.*

[11] Jacob, Frank *(1995): Produktindividualisierung: Ein Ansatz zur innovativen Leistungsgestaltung im Business-to-Business-Bereich, Wiesbaden: Gabler 1995.*

[12] Kieserling, Claudia *(2001): Das Marktpotential für Mass Customization im Damenschuhbereich, St. Gallen/München 2001.*

[13] Lancaster, Kelvin J. *(1971): Consumer demand, New York 1971.*

[14] Lee, C.-H. Sophie / Barua, Antesh / Whinston, Andrew *(2000): The Complementarity of Mass Customization and Electronic Commerce, in: Economics of Innovation and New Technology, 9. Jg. (2000), H. 2, S. 81-110.*

[15] Ludwig, Marc Alexandre *(2000): Beziehungsmanagement im Internet, Lohmar/Köln: Eul 2000.*

[16] Piller, Frank T. *(1998a): Kundenindividuelle Massenproduktion - Die Wettbewerbsstrategie der Zukunft. München, Wien: Carl Hanser 1998.*

[17] Piller, Frank T. *(2001): Mass Customization, 2. Aufl., Wiesbaden: Gabler 2001.*

[18] Piller, Frank T. / Hönigschmid, Florian / Müller, Florian *(2002): Individualität und Preis: Eine empirische Untersuchung zu Preissensibilität und Zahlungsbereitschaft bei Mass-Customization-Produkten, Arbeitsbericht Nr. 28 des Lehrstuhls für Allgemeine und Industrielle Betriebswirtschaftslehre der Technischen Universität München, Mai 2002.*

[19] Rissiek, Anke / Piller, Frank T. *(2001): Mass Customization und Bekleidungsindustrie: Der Wandel als Chance, in: Andreas Seidl et al. (Hg.): Zukunft Maßkonfektion, Frankfurt: Deutscher Fachverlag 2001, S. 1-68.*

[20] Schnäbele, Peter *(1997): Mass Customized Marketing – effiziente Individualisierung von Vermarktungsobjekten und -prozessen, Wiesbaden: Gabler 1997.*

[21] Wiedemann, Steffen *(2002): Die Nutzung von Mass Customization Konfiguratoren – eine empirische Analyse, Diplomarbeit am Lehrstuhl für Innovationsforschung und Technologiemanagement, LMU München 2002.*

[22] Zitex *(1999): Das Marktpotenzial für industrielle Maßkonfektion aus Sicht der Konsumenten, des Textileinzelhandels und der Bekleidungsindustrie, Abschlussbericht zum Forschungsvorhaben des Ministeriums für Wirtschaft und Mittelstand, Technologie und Verkehr des Landes NRW im Rahmen der ZiTex (Zukunftsinitiative Textil NRW), veröffentlicht als Arbeitspapier 35 der Forschungsstelle für allgemeine und textile Marktwirtschaft (FATM) an der Universität Münster 1999.*

4 Die neue Rolle des Kunden: Grundsätze und Varianten der Kundenintegration

Was ist denn nun Mass Customization und Open Innovation genau? Und was heißt Kundenintegration in diesem Zusammenhang? Dieses Kapitel bildet die konzeptionelle Basis der in diesem Buch vorgestellten Gestaltungsansätze und der Fallstudien. Wir grenzen das Mass-Customization-Konzept von verwandten Ansätzen ab und zeigen Möglichkeiten auf, durch eine Integration der Kunden neue Wege zu beschreiten. Dazu wird es erst einmal theoretisch. Wir stellen den Begriff Kundenintegration en Detail vor. Beim neuen Ansatz der „Open Innovation“ geht es weniger um eine Individualisierung der Leistungserstellung als vielmehr um die Steigerung der Effizienz einer kundenbezogenen Produktentwicklung. Mass Customization und Open Innovation weisen aber zentrale Gemeinsamkeiten auf und können sich gegenseitig ergänzen.

Stichworte: Ein neues techno-ökonomisches Paradigma – Modern Manufacturing, Kunde: Wertschöpfungspartner und Co-Creator, Kundenintegration ist Kundenorientierung, Open Innovation, Grundprinzipien von Mass Customization, Festlegung des Solution Space, Demand-Pull versus Technology-Push, Soft und Hard Customization.

Frank T. Piller

4.1 Prinzipien einer neuen Art von Wertschöpfung

Spätestens seit der Debatte um Lean Management hat sich die Sichtweise durchgesetzt, dass Wertschöpfungsstrukturen, die den heutigen Wettbewerbsbedingungen gerecht werden wollen, sich vom bislang dominanten Modell der Massenproduktion unterscheiden müssen.

Doch nach wie vor prägt das Handeln vieler Unternehmen das Erfahrungswissen der traditionellen industriellen Organisation, d.h. der Leitsätze des Scientific Management von F.W. Taylor. Wesentliches Merkmal dieser klassischen industriellen Organisation ist das Modell der funktionalen Arbeitsteilung in der Aufbauorganisation und eine mit den Methoden der Arbeitsanalyse systematisch entwickelte Ablauforganisation. Durch weitestgehende Arbeitszerlegung sowie die personelle Trennung von ausführender und dispositiver Arbeit kann das komplexe Problem der Koordination der betrieblichen Leistungserstellung für eine gegebene Ausstattung und Anordnung von Produktionsfaktoren „optimal" gelöst werden [55].

Diese klassische industrielle Organisation der Wertschöpfungsaktivitäten bezog sich dabei auf eine Fertigungsart, die den herrschenden Marktbedingungen in den ersten acht Jahrzehnten des 20. Jahrhunderts (ungesättigte Nachfrage, stabile Absatzmärkte, lange Produktlebenszyklen, begrenzte Zahl an bekannten Wettbewerbern) am ehesten entsprach: die Produktion von Massengütern für eine weitgehend anonyme Abnehmerschaft. Der einzelne Abnehmer kam in diesem Modell nur als statistische Größe vor. Eine Integration in die Wertschöpfungsaktivitäten fand abgesehen von Testbefragungen in der Marktforschung nicht statt. Der Kunde war kein Wertschöpfungspartner, sondern Wertschöpfungsempfänger.

Ein neues techno-ökonomisches Paradigma

Verschiedene marktliche Herausforderungen fordern jedoch heute eine andere Sichtweise, die vor allem dem Abnehmer eine neue Rolle zukommen lässt. Möglich werden die dahinter stehenden Konzepte vor allem durch die Diffusion von informationstechnologischen Innovationen, namentlich durch das Internet. In Rückbesinnung auf Prinzipien der handwerklichen Produktion und Werkstattfertigung soll durch gleichzeitige Beibehaltung der Effizienzpotenziale der Massenproduktion ein Wertschöpfungssystem entstehen, das eine andere, unter heutigen Wettbewerbsbedingungen besser geeignete Art der Leistungserstellung ermöglicht und ein neues techno-ökonomisches

Paradigma begründen soll (so z.B. [4, 52]). Dieses neue System resultiert nicht aus kleinen Anpassungen oder Verbesserungen des bestehenden Massenproduktionssystems, sondern bildet ein Set fundamentaler, gegenseitig komplementärer Strukturmerkmale in allen Unternehmensbereichen. Wie die Massenproduktion hat auch das neue Modell seine eigenen distinktiven Eigenschaften in allen Unternehmensbereichen sowie bei der Gestaltung der Außenbeziehungen.

Bezeichnung	**Vertreter bzw. Übersichtsquelle**
agile manufacturing	Goldman/Nagel 1993 [18]
consumer co-construction	Burns 1993 [5]
customer integration	Kleinaltenkamp 1995 [30], 2000 [32]; Wikström 1996 [73]
co-production	Norman/Ramirez 1994 [43]; Ramirez 1999 [54]; Toffler 1980 [62]
customerization	Wind/Rangaswamy 2001 [76]
dynamische Produkt-differenzierung	Kaluza 1989 [29]
egonomics	Popcorn 1992 [53]
flexible specialization	Piore/Sabel 1984 [52]
high-volume flexible production	Carnoy et al. 1993 [6]
lean production	Womack et al. 1991 [77]
mass customization	Gilmore/Pine [17]; Pine [50]; Piller [47, 48]; Tseng/Jiao 2001 [63]
modern manufacturing	Milgrom/Roberts [40, 41]
user-driven innovation	von Hippel [69]; Thomke/von Hippel 2002 [60]

Tabelle 4.1: *Neue Systeme unternehmerischer Wertschöpfung als Ablösung des dominierenden tayloristisch-fordistischen System der Massenproduktion*

Modern Manufacturing

Sowohl in der wissenschaftlichen wie auch in der beratungsorientierten Literatur hat sich inzwischen eine Vielzahl von Modellen und Begriffen für diese neue Formen industrieller Wertschöpfung herausgebildet. Trotz ihrer unterschiedlichen Bezeichnungen und Herkunft – Tabelle 4.1 nennt einige der wichtigsten Vertreter – berufen sie sich alle auf ein Set einheitlicher Merkmale und Bestanteile (siehe für einen aktuellen Vergleich z.B. [57]). Besonders prägnant ist in diesem Zusammenhang das grundlegende Konzept des Modern Manufacturing von Milgrom/ Roberts [40, 41], das vor allem auch die Komplementaritäten und Abhängigkeiten der einzelnen Bestandteile aufzeigt. Die wichtigsten

Characteristic features of mass production Logic: The transfer line, interchangeable parts, and economies of scale	**Characteristic features of modern manufacturing Logic: Flexibility, speed, economies of scope, and core competencies**
specialized machinery	flexible machines, low set-up costs
long production runs	short production runs
low worker skill requirements; specialized jobs	highly skilled, cross-trained workers
central expertise and coordination	worker initiative
hierarchic planning and control	local information and self-regulation
static optimization	continuous improvement
accent on volume	accent on cost and quality
high inventories	low inventories
supply management	demand management
make to stock, anonymous customers	make to order, customer interaction
limited communication with customers	extensive communications with customers
market dealings: employees and suppliers	long-term, trust-based relationships
vertical integration	reliance on outside supplier

Tabelle 4.2: *Eigenschaften des „Modern Manufactuing" als Prototyp neuer Formen industrieller Wertschöpfung (verändert entnommen aus [41])*

Charakteristika des „Modern Manufacturing" sind in Tabelle 4.2 aufgeführt (siehe [48] für eine genauere Beschreibung).

Die neue Rolle des Kunden: Wertschöpfungspartner und Co-Creator
Auch wenn diese Konzeptionen sich bezüglich ihrer Ausrichtung (Produktion, Strategie, Marketing), ihrer zugrundeliegenden Methodologie (empirisch, mathematisch-strukturell, soziologisch etc.) und auch ihrer Akzeptanz und Verbreitung stark unterscheiden, so haben sie jedoch alle ein gemeinsames Element, auf das wir unsere Argumentation im Folgenden konzentrieren: die neue Rolle des Kunden und seine Integration in die Wertschöpfung (vgl. [30, 31, 48, 57, 78]). Der Kunde wird zum Mitakteur (und nicht nur Empfänger) der Wertschöpfungsaktivitäten. Damit kommt es gerade im Konsumgüterbereich zu einem radikalen Bruch mit dem herrschenden Stimulus-Organism-Response-Paradigma ([58]):

„Co-production asks us to reconsider the nature of value creation. From a management and research perspective, it requires that we consider a multiplicity of values, held in relations with multiple actors, which cannot be reduced to a single metric. ... Co-produced offerings, not the business unit actor, become the central unit of (competitive) analysis. ... Extending beyond [the traditional model of an] actor and action to the interaction of actual value may offer figure-ground reversals for the focus of research. Interactivity as a focus may lead us to rethink the nature of the firm, moving from ‚nouns to verbs'„ [54, S . 55].

Von Worten zu Taten – vielleicht eine der besten Metaphern für das Wesen der Kundenintegration. Bevor dieser zentrale Begriff definiert wird, können noch einige Beispiele die Rolle des Kunden als Wertschöpfungspartner in ihren unterschiedlichen Ausprägungen skizzieren [48, 56]:

⇨ Microsoft versendet Vorabversionen seiner neuen Software-Produkte (Beta-Versionen) an ausgewählte Nutzer, die bei der Fehlersuche mitwirken. Über seine Homepage erhält das Unternehmen weiterhin täglich eine Vielzahl von Verbesserungsvorschlägen.

⇨ Procter&Gamble bietet Hunderttausenden von amerikanischen Frauen die Möglichkeit, über die Produktplattform von reflect.com eine eigene Kosmetiklinie zu gestalten.

⇨ Der Autohersteller Volvo bietet in einem „Concept Lab" interessierten Web-Besuchern die Möglichkeit, neue Ideen und Konzepte kennenzulernen und mit Konstrukteuren in online-Chats zu besprechen.

⇨ Der Film „Blair-Witch" Projekt war deshalb so erfolgreich, da vor dem Filmstart durch die Produzenten eine Internet-Community mit etlichen hundert aktiven Teilnehmern und mehreren Millionen Besuchern aufgebaut wurde, die quasi die gesamte Vermarktung des Films übernahm.

⇨ Der Armaturenhersteller Grohe AG hat auf seiner Web-Site eine Möglichkeit für Endkunden und Installateure geschaffen, konkrete Probleme und Verbesserungsvorschläge zu den Produkten abzugeben.

⇨ Das Hotel Rigihof in Zürich fragt seine Gäste statt den üblichen Bewertungsbogen nach dem persönlichen Traumhotel und weist dabei ausdrücklich darauf hin, der Phantasie freien Lauf zu lassen und keine herrschenden Restriktionen zu beachten.

⇨ Das Cover der deutschen Übersetzung von „Harry Potter Band IV" wurde von 38 000 Fans innerhalb weniger Tage im Internet mit einer deutlichen Zwei-Drittel-Mehrheit ausgewählt.

⇨ Der Sportschuhhersteller Customatix bietet seinen Kunden nicht nur eine riesige Möglichkeit zum Auswahl eines individuellen Schuhs aus Standardkomponenten, sondern lässt diese auch bei der Entwicklung neuer Komponenten, Basismodelle und der Abstimmung über neue Farben mitwirken.

Was ist Kundenintegration?

Kleinaltenkamp [31] definiert Kundenintegration über den Dienstleistungsprozess. Er geht dabei von Business-to-Business-Märkten aus, in denen kaum „fertige Produkte" als Problemlösung verkauft werden, sondern die angebotenen Leistungen einen starken Dienstleistungscharakter haben. Individuell konfigurierte Telefonanlagen, Sondermaschinen mit Finanzierungsleistung, Just-in-Time-Lieferungen von Komponenten oder die Planungsleistung eines Ingenieurbüros – bei allen im Kern materiellen Leistungen dominiert eine Dienstleistung. Dienstleistungen sind aber dadurch gekennzeichnet, dass sie ohne den Kunden (der als „externer Faktor" bezeichnet wird) nicht erbracht werden können entweder, da der Kunde das Objekt der Dienstleistung selbst ist (z.B. „Haarschnitt") oder aber dem Anbieter Informationen darüber gibt, welchen Anforderungen die Leistung entsprechen soll. Diese einzelkundenbezogenen Informationen gehen so gleichsam als Produktionsfaktoren in den Leistungserstellungsprozess ein [31]. Doch auch über die Mitteilung von Informationen hinaus können Kunden in die Wertschöpfung integriert werden, indem der Kunde beispielsweise aktiv eine Wunschleistung nicht nur beschreibt, sondern auch mitkonstruiert und gestaltet.

In diesem Zusammenhang bezeichnet Kundenintegration dann die systematische Sammlung und Aufbereitung von Informationen mit dem Ziel, Konzepte dauerhaft so zu konfigurieren und zu gestalten, dass sie den Wünschen und Erwartungen der Kunden entsprechen [39]. Klassische Marktforschungsmethoden setzen meist erst am Ende des Verbrauchs- bzw. Gebrauchsprozesses schon vorhandener Produkte an (z.B. Beschwerdeanalyse, Kundenbefragungen, etc.). Kundenintegration geht einen Schritt weiter und zieht den Kunden bereits in die Entwicklung oder Definition einer noch zu erstellenden Leistung ein.

Kundenintegration ist Kundenorientierung

Ziel der Kundenintegration ist Kundenorientierung. Denn wenn es zur Verschmelzung der Wertschöpfungsprozesse von Anbieter und Nachfrager (im Industriegütergeschäft) bzw. von Konsumption und Leistungserstellung (im Konsumgüterbereich) kommt, ist eine Kundenorientierung deutlich einfacher als bei einer massenhaften Produktion von Leistungen für einen anonymen Markt. Bei Kundenintegration sind Anbieter und Abnehmer bekannt und kooperieren miteinander. Kundenorientierung und Kundennähe kann durch die direkte Mitwirkung des Abnehmers dabei oft wesentlich effizienter und kostengünstiger erbracht werden als mit Methoden eines klassischen Relationship Marketing. Kundenintegration kann deshalb auch „Kostenführerschaft“ und „Differenzierungsstrategie“ miteinander verbinden und beide Wettbewerbspositionen auf einem relativ hohen Niveau miteinander kombinieren (Fließ/Jacob [13] greifen deshalb zu kurz, wenn sie Kundenintegration nur als Präferenzstrategie einordnen).

Alle Formen der Kundenintegration sind, wenn auch in unterschiedlichem Ausmaß, durch einen partnerschaftlichen Charakter geprägt. Das Verhältnis zwischen Abnehmer und Anbieter kann als Kooperation gesehen werden, die beiden Seiten Nutzen bringt, aber auch Inputs beider Beteiligter benötigt [16]. Der Nutzen der Kundenintegration liegt in einem besseren Fit des Angebots mit den Wünschen der Nachfrager. Die Formen der Kundenintegration können so in Analogie zu einer im Beschaffungsmanagement häufig verwendeten Klassifikation unterschiedlicher Formen der Zuliefererintegration [29, 74] auch als verschiedene Ausprägungen einer Wertschöpfungspartnerschaft zwischen Anbieter und Nachfrage interpretiert werden. Mit zunehmendem Grad der Integration des Kunden in die Wertaktivitäten steigt auch der Grad der Wertschöpfungspartnerschaft.

Kundenintegration findet auf der Informationsebene statt

Kundenintegration findet im engeren Sinne auf der Informationsebene statt. Grundlage ist stets eine Interaktion zwischen Abnehmer und Anbieter im Leistungserstellungsprozess [24]. Dies bedeutet im Vergleich zum klassischen sequentiellen Produktionsprinzip, bei dem die Abnehmer nur als Verbrauchern ganz am Ende der Kette standen, auch eine enorme Zunahme der Interaktions- und Koordinationskosten. In den steigenden Transaktionskosten liegen die wesentlichen zusätzlichen Kosten dieses Systems begründet (siehe Kapitel 7.2). Wesentlicher „Enabler“ der Kundenintegration sind so die neuen Informations- und Kommunikationstechnologien, allen voran die Vernetzungseigenschaften des Internets [46]. Ihre Eigenschaft, hohe Interaktionsintensität zu einem erträglichen Kostenniveau zu ermöglichen, ist von beträchtlicher Bedeutung. Die zentrale Stellung der

Information und die große Bedeutung eines ausgereiften Handlings der Informationsflüsse erklären auch die Tatsache, warum erst in den letzten Jahren eine breite Umsetzung der Idee der Kundenintegration (im Konsumgüterbereich) festzustellen ist, obwohl diese Idee bereits recht lange in der Literatur diskutiert wird (siehe hierzu [54]). Doch erst in jüngster Zeit stehen neben den produktionstechnischen auch die notwendigen informationstechnischen Instrumente zur Verfügung. Dies sind neben den Vernetzungstechnologien vor allem auch Interaktionswerkzeuge (Konfiguratoren, Design-Tools, Tool-Kits etc., siehe Kapitel 5.3), die den effizienten Zugriff der Abnehmer auf das Potenzial des Anbieters ermöglichen.

4.2 Die neue Rolle des Kunden: Co-Produzent und Co-Designer

Der Kunde als Wertschöpfungspartner? Selbstbedienungsmärkte integrieren den Abnehmer schon lange in die Distribution. Der Erfolg von Ikea beruht neben einem gekonnten Markenmanagement und gutem Design vor allem auf der Fähigkeit, Produktionsstufen (Endmontage) auf den Kunden zu verlagern und diese Effizienzsteigerung auch noch als besonderes Erlebnis zu vermarkten. Im Industriegütergeschäft wirken ebenfalls schon immer im Bereich des Anlagenbaus oder bei der Bereitstellung von Spezialkomponenten die Abnehmer wesentlich bei der Produktentwicklung mit [28, 34, 31]. Beispiele sind gemeinsame Entwicklungsteams, die Beantwortung von Rückfragen während der Produktion, Überwachung und Koordination der Herstellung durch Mitarbeiter des Abnehmers etc. Dieser Fall ist aber (wie auch ein Maßschneider) eher einer Einzelfertigung zuzuordnen, die mit hohen Zuschlägen versehen ist, nicht jedoch dem dominierenden System industrieller Wertschöpfung. Jedoch glauben wir, dass innovative Unternehmen in Bereichen, in denen bislang die Massenproduktion (bzw. Variantenfertigung) für einen anonymen Markt dominierte, Formen einer kundenintegrierten Wertschöpfung verwirklichen, die anders sind und über bekannte Modelle wie Selbstbedienung oder das Ikea-Konzept hinausgehen. Diese Formen ergänzen bestehende Ansätze.

Splittung der Leistungserstellung in zwei Ebenen

Die Integration der Kunden in die Leistungserstellung beruht auf einem zentralen Grundmuster (siehe Abbildung 4.1): Der Leistungserstellungsprozess findet auf zwei Ebenen statt. In der Vorkombination beschafft und kombiniert der Hersteller Produktionsfaktoren autonom und baut so ein Leistungspotenzial auf. Diese erste Ebene wird auch als „Solution Space" bezeichnet [69]. Hier definieren sich die Fähigkeiten eines Anbieters, die er am Markt offeriert.

Die zweite Stufe beschreibt den eigentlichen kundenspezifischen Leistungserstellungsprozess, in dem die gewünschte Leistung unter Einbezug des Abnehmers (externer Faktor) auf Basis des vorhandenen Potenzials konfiguriert und gefertigt (bzw. zusammengestellt / geliefert) wird. Die Leistungserstellung beinhaltet so einen (nicht-monetären) Transfer von Produktionsfaktoren vom Nachfrager zum Anbieter. Dieser Integrationsbegriff geht auf die Besonderheiten der Dienstleistungsproduktion zurück, bei der es ebenfalls eines externen Faktors bedarf, damit die Leistungserstellung stattfinden kann [31].

Wo sich die erste und zweite Stufe treffen, ist dabei nicht fix (im Gegenteil: die Fähigkeit zur richtigen Wahl dieses Punktes wird zum entscheidenden Wettbewerbsfaktor). So kann der Kunde zum Beispiel bei klassischer Mass Customization, wie sie Dell Computers mustergültig verwirklicht, zum Zeitpunkt der Endmontage integriert werden. Das

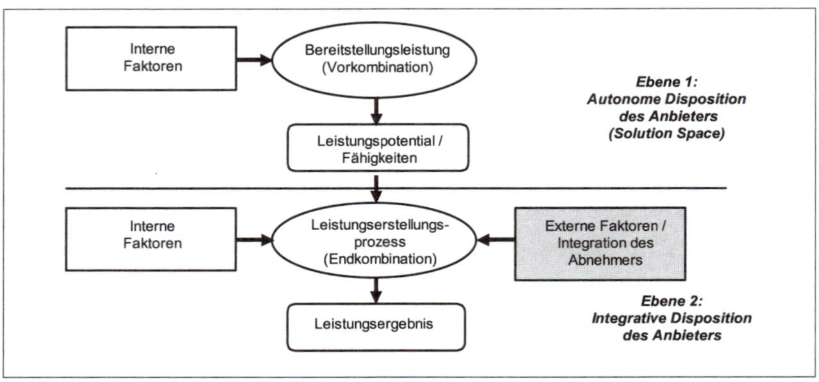

Abb. 4.1: *Integration externer Faktoren in den Prozess der Leistungserstellung (in Anlehnung an [25])*

Produkt wird kundenindividuell montiert und ausgeliefert (Ebene 2), basierend auf dem Komponentenangebot und technischen Spezifikationen, das der Anbieter autonom festgelegt hat (Ebene 1).

In einem anderen Modell setzt die Integration erst im Absatz oder Vertrieb an, indem zum Beispiel standardisierte Produkte gemeinsam mit Services zu einem individuellen Leistungsbündel geschnürt werden. Der Versandhändler Lands'End macht dies mit seinem „Virtual Model" vor: Eine virtuelle Einkaufspuppe (Avatar) im Internet individualisiert das Einkaufserlebnis für jeden Kunden. Geliefert wird jedoch Standardware (auch wenn Lands'End inzwischen im Internet mit großem Erfolg Kleidung nach Maß verkauft).

Vom Co-Produzenten zum Co-Designer

Als Ergebnis der Verschmelzung der Wertschöpfungsprozesse von Anbieter und Abnehmer sprechen Experten auch vom Entstehen des „Co-Produzenten" [9, 19, 54] oder „Prosumer" [62]. Jedoch handelt es sich bei den vom Abnehmer eingebrachten Produktionsfaktoren vor allem um Information über eine bestimmte Konfiguration und die Mitarbeit bei der Gestaltung seiner Wunschlösung. Ziel dieses Konfigurationsvorganges ist die Aufnahme des „Idealpunktes" jedes Kunden (dieser beschreibt die Vorstellung der Eigenschaften eines aus Abnehmersicht „optimalen Produkts") und die Überführung dieser Information in eine geeignete Leistungsspezifikation. Deshalb scheint es angemessener, statt vom Co-Produzenten vom Kunden als Co-Designer zu sprechen, da der Abnehmer eher bei der Produktkonfiguration und -definition mitwirkt und weniger in die eigentliche Leistungserstellung integriert ist (siehe für eine Beschreibung der mit diesem „Design-Vorgang" verbundenen Aktivitäten [22, 68, 48] sowie Kapitel 5.3).

Open Innovation als neue Form der Kundenintegration

Wie bereits kurz skizziert, gibt es aber noch eine weitere Möglichkeit der Kundenintegration in Innovationsprozesse, bei der die Kunden vor allem bei der Definition des Leistungsangebotes mitwirken. In Übertragung des „Open Source"-Gedankes auf andere Bereiche schaffen es heute die ersten innovativen Anbieter, Kunden in die Produkt- und Prozessentwicklung einzubeziehen. Wir bezeichnen diesen Bereich mit dem Begriff Open Innovation. Dabei geht es primär nicht um die Entwicklung kundenspezifischer Lösungen, sondern um marktfähige Produkte und Leistungen, die dann einem großen Abnehmerkreis entweder im bekannten System der (anonymen) Massen- bzw. Variantenfertigung angeboten werden, oder aber die Ausgangslage für eine weiterführende Individualisierung darstellen. Kompliziert und zu abstrakt? In den nächsten Abschnitten wollen wir die hier skizzierten Formen mit Leben füllen.

4.3 Mass Customization

Der Ausdruck Mass Customization ist ein Oxymoron, das die an sich gegensätzlichen Begriffe „Mass Production" und „Customization" verbindet. Der Begriff wurde von Davis geprägt, der, ausgehend von einem Beispiel der Bekleidungsindustrie, das Phänomen der individuellen Massenproduktion zum ersten Mal beschrieben hat: „Mass Customization of markets means that the same large number of customers can be reached as in mass markets of the industrial economy, and simultaneously they can be treated individually as in the customized markets of pre-industrial economies" [10, S. 169]. Er bezieht sich dabei auf Gedanken von Toffler [61], der aufbauend auf die These der zunehmenden Individualisierung der Gesellschaft den Zerfall von Massenmärkten („Entmassung") und die Orientierung der Produkterstellung an den Wünschen und Bedürfnissen des einzelnen Individuums vorhersagte. Seit Pine [50] mit seiner Buchveröffentlichung den Grundstein für die breite Diskussion um Mass Customization gelegt hat, sind zahlreiche Veröffentlichungen zu diesem Thema erschienen (siehe Tabelle 4.3 und [48] für eine Übersicht).

Was ist Mass Customization?

Auf eine kurze Formel gebracht, bedeutet Mass Customization „producing goods and services to meet individual customer's needs with near mass production efficiency" [63]. Angesichts der breiten Verwendung des Begriffs für alle möglichen Formen kundenbezogener Leistungserstellung (oder auch einer klassischen Variantenfertigung) wollen wir aber eine etwas ausführlichere Definition verwenden, die unsere früheren Definitionen konkretisieren soll [47, 48]):

Unsere Definition von Mass Customization
Mass Customization (dt. kundenindividuelle Massenproduktion) bezeichnet die Produktion von Gütern und Leistungen für einen (relativ) großen Absatzmarkt, welche die unterschiedlichen Bedürfnisse jedes einzelnen Nachfragers dieser Produkte treffen. Die Produkte und Leistungen können dabei auch langfristig zu Preisen angeboten werden, die der Zahlungsbereitschaft von Käufern vergleichbarer massenhafter Standardprodukte entsprechen, d.h. die Individualisierung impliziert keinen Wechsel des Marktsegments in exklusive Nischen, wie dies bei einer klassischen Einzelfertigung der Fall ist. Eine solche Position kann langfristig nur erreicht werden, wenn aus einer Gesamtkostenbetrachtung die Leistungserstellung entlang der gesamten Wertschöpfungskette trotz Individualisierung zu einer Effizienz möglich ist, die der von Produktion und Vertrieb (massenhafter) Standardprodukte nahe kommt.

Grundprinzipien von Mass Customization
Auf Basis stabiler Prozesse sollen flexible, kundenindividuelle Produkte und Leistungen erstellt werden. Die Entwicklung, Bereitstellung und der Vertrieb von Gütern und Leistungen in großem Ausmaß werden durch die Entwicklung, Bereitstellung und den Vertrieb von Leistungspotenzialen ersetzt, die in eine kundenspezifische Problemlösung überführt werden. Eine solche Leistung kann jedoch nur dann erbracht werden, wenn der Nachfrager vor Beginn der Leistungserstellung in

Pine (1993): Mass Customization: The new frontier in Business Competition, Harvard Business School Press, Boston, Mass., 1993	Der Klassiker. Pines Arbeit basiert sowohl auf einer breiten empirischen Untersuchung als auch auf der Betrachtung ausgesuchter Fallstudien. Schwerpunkt der Untersuchung ist neben der grundlegenden Darstellung und Begründung des Konzepts und einer wirtschaftshistorischen Einordnung die Entwicklung verschiedener Ansätze zur Realisierung der effizienten Leistungsindividualisierung.
Gilmore/Pine (2001): Markets of One, Boston: Harvard Business School Press 2001	Sammlung verschiedener amerikanischer Artikel, die zum Thema Mass Customization erschienen sind. Gute Möglichkeit, sich schnell einen Überblick über die amerikanische „Geschichte" von Mass Customization zu verschaffen.
Piller (1998): Kundenindividuelle Massenproduktion, Carl Hanser Verlag: München/ Wien 1998.	Das Buch aktualisiert und konkretisiert die Ausführungen von Pine für den deutschen Sprachraum. Es demonstriert anhand von Fallstudien und Beispielen, wie Mass Customization erfolgreich umgesetzt wird. Dabei werden sowohl die Ansatzpunkte für die Produktion als auch die notwendigen neuen Produktions- und Informationstechnologien diskutiert. Der Umsetzungsaspekt kommt etwas kurz: Zwar erläutert ein Kapitel, unter welchen Voraussetzungen sich die Einführung lohnt und welche Möglichkeiten es gibt, Mass Customization dauerhaft im Unternehmen zu verankern, jedoch bleiben die Ausführungen dabei etwas abstrakt.
Schnäbele (1997): Mass Customized Marketing – effiziente Individualisierung von Vermarktungsobjekten und -prozessen, Wiesbaden: Gabler, 1997.	Das Buch gibt zunächst einen theoretischen Überblick über die Besonderheiten eines individuellen Marketing. Anschließend erfolgt eine ausführliche ökonomische Fundierung der Produktpolitik kundenindividuell massengefertigter Güter und der effizienten Gestaltung individueller Absatzprozesse. Insgesamt ist das Buch aus einer wissenschaftlichen Marketingperspektive geschrieben, praxisbezogene Umsetzungsaspekte werden nur sehr knapp berücksichtigt.
Piller (2001): Mass Customization. Ein wettbewerbsstrategisches Konzept im Informationszeitalter, Gabler, 2000	Ausgehend von den Potenzialen der neuen Informations- und Kommunikationstechnologien und den wichtigsten strategischen Ansätzen analysiert das Buch die Möglichkeiten und Herausforderungen von Mass Customization und ordnet dieses in das Customer-Relationship-Management-Konzept (CRM) ein. Anhand von 100 Fallstudien innovativer Pionierunternehmen verschiedener Branchen wird aufgezeigt, wie Mass Customization und CRM dauerhaft Wettbewerbsvorteile schaffen können. Eine schöne Zusammenfassung wesentlicher Aspekte des Buchs liefern Dörfliner/Marxt (2001).
Tseng/Jiao (2001): Mass Customization, in: Gaviel Salvendy (ed.) Handbook of Industrial Engineering, 3 rd edition, New York: Wiley 2001, chapter 25.	Dieser längere Aufsatz in einem Handbuch zum "Industrial Engineering„ beschreibt den State-of-the-Art von Mass Customization aus ingenieurswissenschaftlicher Sicht. Die Autoren legen dabei besonderen Wert auf die Entwicklung geeigneter Produkt- und Prozessarchitekturen für Mass Customization und beschreiben Aspekte der Produktions- und Logistiksteuerung.
Tseng/Piller (Ed.) (2002): Advances in Mass Customization (working title), New York/Heidelberg: Springer 2002.	Dieses eher akademische Buch vereinigt die interessantesten Vorträge und Diskussionsbeiträge des ersten World Congress on Mass Customization and Personalization (MCPC 2001). In 26 Artikeln diskutieren internationale Wissenschaftler verschiedene Aspekte von Mass Customization. Dabei werden vor allem auch Detailaspekte, z.B. eines Design for Mass Customization, betrachtet.

Tabelle 4.3: *Weiterführende Literatur zu Mass Customization*

direkter Interaktion mit dem Hersteller Informationen über die von ihm gewünschten Produktmerkmale bereitstellt [11, 14, 25, 32, 58]. Damit kommt es zu einer Integration des Kunden in den Prozess der Leistungserstellung, die sowohl von Anbieter wie auch Abnehmer Inputs erfordert. In der Umsetzung kombiniert Mass Customization einige Konzepte, die für sich allein schon länger diskutiert werden. Sie weisen jedoch untereinander starke Komplementaritäten auf und können, in einem sinnvollen Zusammenhang miteinander kombiniert, ein neues Wertschöpfungssystem begründen:

Das „Made-to-Order-Prinzip“ trennt den Wertschöpfungsprozess am Interaktionspunkt (Order-Penetration-Point) in einen massenhaften (standardisierten) und einen individuellen Teil. Manche Aktivitäten erfolgen unabhängig von einer Transaktion, andere werden erst in Zusammenarbeit mit einem Kunden vollzogen.

Jeder einzelne Kunde wird über geeignete Schnittstellen (Konfiguratoren, Design-Tools) in die Wertschöpfung integriert. Dies ist die Grundlage der kundenspezifischen Leistungserstellung und zugleich die Basis für Maßnahmen eines intensiven, Nutzwert basierten Kundenbindungsmanagements.

Grundlage der Produktentwicklung ist eine modulare Produkt- und Leistungsarchitektur. Standardisierte und individualisierte modulare Komponenten (inklusive begleitender Dienstleistungen) werden zu einem kundenspezifischen Endprodukt verbunden. Ihre Kompatibilität schafft eine gemeinsame Systemarchitektur, um aus einer begrenzten Anzahl kompatibler Bauteile eine kundenspezifische Endleistung bilden zu können.

Mass Customization geht im Gegensatz zu einer herkömmlichen Einzelfertigung von einer eingeschränkten Flexibilität aus. Die Individualisierung der Produkte erfolgt an einigen (für den Kunden relevanten) Komponenten innerhalb genau definierter Ausmaße bzw. Anpassungsschritte. Ziel ist es, individuelle Leistungen mit stabilen Prozessen in Fertigung und Vertrieb zu erstellen.

Mass Customization ist keine Einzelfertigung ...

Mass Customization ist deutlich von einer herkömmlichen Einzelfertigung abzugrenzen. Individualisierung im Rahmen von Mass Customization geht nicht so weit, dass ein Kunde von Grund auf ein für das Unternehmen völlig neues Produkt ganz nach seinen Wünschen kreiert, wie es beispielsweise im Spezialmaschinenbau oder bei der Anfertigung von Sonderwerkzeugen üblich ist. Diese klassische Einzelfertigung kann Mass Customization nicht ersetzen. Ziel ist es vielmehr, an wenigen Komponenten, die aus Kundensicht aber den wesentlichen individuellen Produktnutzen ausmachen, eine Gestaltungs- bzw. Auswahlmöglichkeit zur Verfügung zu stellen. Die Produkte und Leistungen unterscheiden sich so nicht in ihrem grundsätzlichen Aufbau. Während der Einzelfertiger nicht nur die Produkte, sondern auch große Teile der Erstellungsprozesse für einen einzelnen Kunden neu erfindet, greift der Mass Customizer auf stabile Prozesse und Produktarchitekturen zurück [51].

... und auch keine Variantenfertigung

Ebenfalls ist Mass Customization von einer Variantenfertigung zu unterscheiden. Bei einer anonymen Variantenfertigung bietet ein Unternehmen seinen (nicht einzeln bekannten) Kunden über den Handel so viel Auswahl unter verschiedenen ähnlichen Produkten, dass jeder Abnehmer ein Produkt findet, das seinen Wünschen ungefähr entspricht. Die Produkte werden aufgrund einer Absatzprognose vorgefertigt. Für die Kunden bedeutet die Auswahl aus einer großen Zahl vorgefertigter Varianten oft einen relativ komplexen Auswahlprozess, der nicht unbedingt zum gewünschten Ergebnis führen muss. Mass Customization dagegen impliziert, dass die Kunden keine Auswahl treffen müssen, sondern einfach nur genau das Produkt erhalten, das sie wollen.

Mass Customization versus Personalisierung - zwei Seiten der selben Medaille?

Eine andere Abgrenzung ist nicht so einfach: Was ist der Unterschied zwischen Mass Customization und Personalisierung? Gerade im Zusammenhang mit individuellen Informationsgütern und elektronischen Dienstleistungen ist auch der Begriff „Personalization" gebräuchlich. Personalisierung bezeichnet in der Regel die Individualisierung der Kommunikation mit den Abnehmern (unter Einsatz neuer Internettechnologien) im Sinne eines „One-to-One-Marketing". Verschiedene Abnehmer werden entsprechend ihrer Profile klassifiziert und durch die Marketingkommunikation differenziert behandelt. Die dabei benötigte Information kann entweder explizit durch Befragung oder implizit durch Auswertung vorhandener Daten erfolgen.

Führen Mass Customization oder Personalization zu Kundenbindung?
Die Abgrenzung zwischen Personalisierung und Mass Customization ist nicht einfach, wie zwei gegenläufige Zitate zeigen:
„Mass customization adapts things to suit individuals, and is easy to copy. Personalization adapts experiences to suit unique individuals and their changing needs and circumstances, and is very difficult to copy" [66].
„Three principles – databases, interactivity, and mass customization – lead to a customer loyalty" [45].

Wer hat Recht? Das Argument von Vandermerwe [66] basiert auf der Annahme, dass Kunden vor allem an individuellen Erlebnissen und Kommunikationsbeziehungen mit den Anbietern interessiert sind. Dies mag für eine Anzahl von Branchen zutreffen: So verkauft ein Online-Buchhändler in erster Linie „Bequemlichkeit". Weder Produkt (Buch) noch Preis sind im Online-Buchhandel besser als im stationären Handel. Negativ kommen noch Wartezeit und (subjektives) Kaufrisiko hinzu. Jedoch kann eine Individualisierungstechnologie wie die „Reccommendation Engine" von Amazon aufgrund persönlicher Buchempfehlungen und -bewertungen neuen Zusatznutzen schaffen, der mit jeder Interaktion zwischen Buchkäufer und Händler wächst. Dasselbe gilt für das virtuelle Modell von Lands'End, bei dem Kleidungskäufer aufgrund einer ihrer Figur nachempfundenen virtuellen Schaufensterpuppe (Standard-)Kleidung anprobieren können und sogar Stilvorschläge erhalten.

Dieses Beispiel zeigt jedoch auch gleich die Schwächen einer reinen „Personalisierung". Lands'End war zwar das erste Unternehmen mit einem virtuellen Modell, inzwischen aber haben viele Online-Händler diese Technik eingeführt – das Virtual Model wandelt sich vom Differenzierungsfaktor zum „Nice-to-have" oder gar „Must-have". Mass Customization dagegen setzt bei der Individualisierung an der eigentlichen Kernleistung an. Im Bekleidungsbereich ist dies die Erstellung von Maßkonfektion, wie sie z.B. in Deutschland von der Firma Dolzer als Marktführer angeboten wird. Hierdurch lässt sich ein deutlich größerer Kundenbindungseffekt realisieren, wenn – um das Bekleidungsbeispiel fortzuführen – die Daten (Maße) des Erstkaufs bei einem Wiederholungskauf erneut genutzt werden können (siehe auch Kapitel 8, wo dieser Aspekt ausführlich behandelt wird).

Mass Customization und Personalization bedingen sich gegenseitig

Trotzdem bedingen sich Mass Customization und Personalization gegenseitig. Ein gutes Mass-Customization-Konzept muss auch eine Individualisierung der Kommunikation beinhalten, um glaubwürdig zu wirken. Hieran krankte (und krankt) das Pionierkonzept von Levi Strauss, das noch keinerlei überzeugendes Relationship Management enthält. Levi Strauss denkt aber weniger über eine Einstellung dieses erfolgreichen Programms nach als vielmehr über den Ausbau des Konzeptes zum Experience-Shopping. Experience-Shopping bedeutet hierbeit, das Einkaufserlebnis für den Kunden zu einer (unvergesslichen) Erfahrung zu machen. Levi Strauss hat es aber immer noch nicht konsequent geschafft, die individuelle Produktion auch durch ein personalisiertes Marketing zu ergänzen.

Vier Ebenen von Mass Customization

Damit Mass Customization den vermeintlichen Widerspruch zwischen Effizienz und individueller Produktion lösen kann, ist das Zusammenspiel von vier Ebenen erforderlich, indem die Vorteile einer Massenproduktion - Verstetigung und Beherrschung der Prozesse - mit denen der Einzelfertigung - individuelle Kundenbeziehung - kombiniert werden (Abbildung 4.2). Die Gestaltung der Ebenen ist wesentlich für die Erlös- und Kostenwirkungen des Konzepts und damit für seine Profitabilität verantwortlich.

Differenzierungsebene
Mit der Individualisierung erlangt ein Anbieter einen Differenzierungsvorteil gegenüber der Konkurrenz, d.h. eine höhere Attraktivität der kundenindividuell massengefertigten Produkte. Individualisierte Leistungen sind nicht so leicht vergleichbar. Für den Anbieter entsteht ein quasi-monopolistischer Handlungsspielraum. Dieser erlaubt neben einem Ausbruch aus dem reinen Preiswettbewerb auch die Verwirkli-

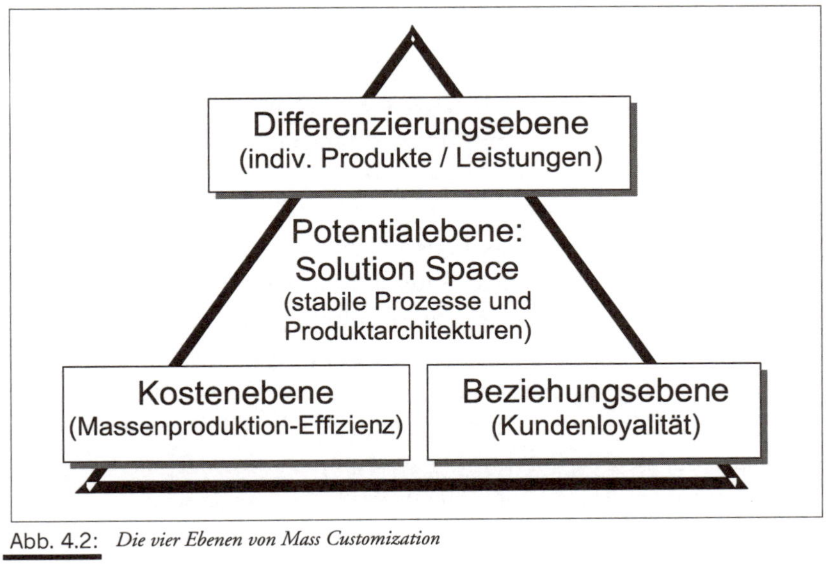

Abb. 4.2: *Die vier Ebenen von Mass Customization*

chung weiterer Vorteile einer Differenzierungsstrategie. Auf der Differenzierungsebene sind alle Maßnahmen angesiedelt, die den Nutzen der Kundenintegration aus Abnehmer- wie Anbietersicht ausmachen.

Kostenebene

Die Kostenebene beschreibt die Kostenwirkungen der individuellen Leistungserstellung in Massenmärkten. Sinkende Kosten ergeben sich durch den möglichen Abbau der Fertigwarenbestände oder die Vermeidung von Sonderaktionen, die dazu dienen, überzählige Güter in falschen Varianten abzusetzen. Das Customer-Pull-System der Mass Customization verbessert die Planungssituation in dynamischen Märkten, da im Gegensatz zur herkömmlichen Variantenfertigung keine Produktion „auf Verdacht" erfolgen muss. Ebenso bestehen zusätzliche Kostensenkungspotenziale auf Basis der Informationen über jeden Abnehmer, die im Rahmen der Kundenintegration erhoben wurden. Diese Kostensenkungspotenziale werden in Kapitel 7 noch näher beschrieben. Jedoch verursacht Mass Customization auch zusätzlichen Aufwand, der in der steigenden Komplexität der Leistungserstellung begründet ist. Weitere zunehmende Kosten sind im starken Anstieg der Informations- und Kommunikationsintensität im Vergleich zu einer herkömmlichen Massenfertigung begründet. Auf der Kostenebene müssen Konzepte gefunden werden, wie die zusätzlichen Kosten durch die neuen Kostensenkungspotenziale ausbalanciert werden.

Beziehungsebene

Die dritte Ebene der Mass Customization bildet die Beziehungsebene. Mit der persönlichen Interaktion zwischen Hersteller und jedem einzelnen Kunden, die zur Erhebung der kundenbezogenen Leistungskonfiguration zwingend notwendig ist, und bei einer massenhaften Fertigung nicht stattfindet, wird der Grundstein einer langfristigen Kundenbeziehung gelegt. Aufgabe des Herstellers ist es, die während dieser Interaktion gewonnenen Informationen folgegeschäfts- und gewinnbringend einzusetzen. Im Gegensatz zum bloßen Aufbau abnehmerseitiger Wechselkosten steht dabei der Nutzen einer solchen dauerhaften Beziehung für die Abnehmer im Vordergrund. Die Aggregation der Informationen über die einzelnen Kunden zu sogenanntem Kunden-Know-how erlaubt eine zielgerichtetere und effizientere Marktbearbeitung.

Potenzialgestaltung: Festlegung des Solution Space

Auf der vierten Ebene von Mass Customization wird der sogenannte „Solution Space" festgelegt. Hier werden unabhängig von einer konkreten Kundenbestellung der Rahmen, die zugrundeliegende Produkt- und Prozessarchitektur, definiert und die Interaktionswerkzeuge geschaffen, um überhaupt den Kunden in die Wertschöpfung integrieren zu können. Der Aufbau des Leistungspotenzials eines Mass Customizers steht aber in engem Zusammenhang mit den drei anderen Ebenen: Einerseits setzt die vierte Ebene den Handlungsspielraum für das Ausmaß von Differenzierungs- und Beziehungsebene und mögliche Maßnahmen eines Kostenmanagements. Andererseits aber erfolgt auch aufgrund der Erfahrungen in den drei anderen Ebenen eine kontinuierliche Neudefinition und Weiterentwicklung des Leistungspotenzials.

4.4 Open Innovation

Mass Customization kann durch einen zweiten Ansatz der Kundenintegration ergänzt werden, der in der Wirtschaft bislang recht geringe Aufmerksamkeit erfahren hat. Ähnlich wie bei Mass Customization entstehen hier durch die intensive Integration der Kunden und Anwender in die Wertschöpfungsprozesse neue Möglichkeiten zur Wertsteigerung im Unternehmen. Ansatzpunkte sind dabei der Innovationsprozess und die Entwicklung neuer Produkte bzw. Dienstleistungen.

Demand-Pull und Lead-User-Ansatz

„Listen carefully to what your customers want and then respond with new products that meet or exceed their needs" [60]. Dieses Mantra dominiert die Innovationsaktivitäten vieler Unternehmen (siehe [20] für einen guten Literaturüberblick über die Erfolgsfaktoren der Neuproduktentwicklung – dabei wird stets die enge Beachtung der Kundenwünsche genannt). „Demand-Pull“, also vom Markt bzw. Kunden induziert, werden Innovationen genannt, die sich eng an aktuellen Kundenwünschen und -bedürfnissen ausrichten. Anregungen dazu bekommen die meisten Unternehmen durch einen systematischen Marktforschungsprozess, bei dem ausgewählte („repräsentative“) aktive und potenzielle Kunden nach Verbesserungswünschen und geänderten Bedürfnissen gefragt werden.

Dies gilt vor allem dann, wenn die Kundenorientierung nicht nur fallweise, sondern kontinuierlich stattfindet und damit ein dauerhaftes Lernen vom Kunden ermöglicht [39]. Auch wenn Forschung und Unternehmensberatungen nicht aufhören, die Bedeutung der Kundenorientierung im Innovationsmanagement zu betonen, besteht in der Praxis vieler Unternehmen oft noch ein großer Nachholbedarf. So zeigen die Ergebnisse der Studie „Service Excellence in Deutschland“ (vom Institut für Marketing an der Ludwig-Maximilians-Universität München), dass bei knapp 90 Prozent der untersuchten Unternehmen interne Kunden (Mitarbeiter) und externe Kunden heute noch nicht systematisch in den Entwicklungsprozess neuer Dienstleistungen und Produkte integriert sind. Es gibt also noch viel zu tun.

Demand-Pull versus Technology-Push

Doch bevor nun die Marktforschungsaktivitäten verdoppelt werden, gilt es, ein wichtiges Gegenargument zu beachten. Denn so wertvoll dieses Vorgehen für eine kontinuierliche Verbesserung der Produkte ist, so selten kommen mit einem solchen Prozess echte bahnbrechende Innovationen zustande [23]. Vertreter des sogenannten Technology-Push-Ansatzes warnen deshalb davor, sich auf traditionelle Marktforschungsaktivitäten zu verlassen, um so vermeintlich neue Bedürfnisse der Abnehmerschaft herauszufinden (z.B. [7]). Denn die Erfahrungen der befragten Kunden werden meist auf das derzeitige Angebot bezogen. Damit verpassen Anbieter, die ihre Neuproduktentwicklung lediglich an repräsentativen Studien ausrichten, langfristig wichtige Entwicklungen (siehe [59] für eine Aufzählung der Probleme von Demand-Pull). Deshalb wird als Gegensatz zum reinen Demand-Pull ein technologieorientiertes Vorgehen gefordert, bei dem der Anbieter autonom ausgehend von neuen Technologien und Basistrends neue Lösungen entwickelt („Technology-Push"). Doch beweist die industrielle Praxis auch immer wieder, dass eine zu starke Technologieorientierung eine Vielzahl von Produkten hervorbringt, die vom Markt nicht angenommen werden, da sie an den aktuellen Bedürfnissen vorbei entwickelt wurden. Das Ergebnis sind kosten- und zeitverbrauchende Iterationen zwischen Hersteller und (potenziellen) Kunden, um eine zufriedenstellende Lösung zu erhalten.

Der dritte Weg: Der Kunde als Innovator

Wie so oft, scheint deshalb erst die Kombination beider Auffassungen der Schlüssel zum Erfolg. Doch es gibt noch einen dritten, ergänzenden Weg. Wir finden heute Unternehmen, die sehr erfolgreich aufgehört haben, ihren Kunden zuzuhören oder durch ausgeklügelte Marktforschung deren Bedürfnisse zu erfragen. Diese Firmen konzentrieren sich ebenfalls nicht auf rein technologiegetriebene Innovationen in abgeschotteten Forschungslabors, sondern hören – überspitzt formuliert – ganz auf, selbst innovativ tätig zu sein und geben statt dessen ihren Kunden Hilfsmittel in die Hand, so dass diese selbst zum Innovator werden können. Die Schnittstelle zwischen Kunde und Hersteller wird vom Vertriebs- auf den Innovationsprozess verlagert. Das Ergebnis ist stark gestiegene Geschwindigkeit und Effektivität.

Der Lead-User-Ansatz als Ausgangspunkt

Kunden als Innovatoren sind an sich nichts Neues. Unter dem Konzept des Lead-User-Ansatzes wird dies in der Literatur schon länger diskutiert [67, 3, 20, 23, 33, 71]. Als Lead User werden besonders fortschrittliche Anwender bezeichnet, die sowohl genügend motiviert als auch qualifiziert sind, wesentlich zur Entwicklung grundlegend neuer Produkte oder Dienstleistungen beizutragen. Lead User verspüren nicht nur früher als die Masse der Kunden neue Anforderungen an ein

Produkt oder eine Dienstleistung, sondern können sich auch bereits in die neue Anwendungs- oder Verwendungssituation hineindenken. Sie werden selbst erfinderisch tätig, um den neu auftauchenden Bedürfnissen gerecht zu werden. Diese Eigeninitiative tritt in der Realität vor allem dann auf, wenn ein Hersteller den neuen Bedürfnissen zunächst kleiner Kundengruppen (noch) nicht die rechte Bedeutung beimisst („Not macht erfinderisch“). Zahlreiche Unternehmen im Industriegüterbereich setzen bereits auf Lead User als Werkzeug im Innovationsmanagement, im Konsumgüterbereich stehen die Entwicklungen dagegen erst ganz am Anfang.

Kunden-Innovatoren in Konsumgütermärkten

Während Lead User meist technische Experten in ihrem Feld sind und ihre Innovationen in einem Arbeitsumfeld hervorbringen, in dem auch die Innovation eingesetzt wird, gibt es – von der Industrie noch nahezu unbeachtet – auch Konsumenten, die innovativ tätig sind. So hat Lüthje (2000) im deutschen Outdoor-Sportartikel-Markt festgestellt, dass zwei Drittel aller Kunden bereits eine Idee für eine Innovation hatten (davon waren immerhin 30 Prozent komplett neue Produktideen, der Rest bezog sich auf Verbesserungen und Weiterentwicklungen bestehender Produkte). Die Idee wurde in vielen Fällen auch selbst für den Eigengebrauch umgesetzt. Teilweise aber transferierten die Kunden auch von sich aus ihre Idee an den entsprechenden Hersteller. Bei anderen modernen Sportarten wie Windsurfing, Boardercross oder Canyoing kommen sogar mehr als 60 Prozent aller Produktinnovationen, die heute kommerziell vermarktet werden, aus der Community der Nutzer [15]. Dieses Phänomen findet erst in letzter Zeit Beachtung in Wissenschaft und Praxis. Vordenker in diesem Bereich ist der MIT-Forscher Eric von Hippel [69, 70].

Beispiel: Einsatz von Innovation-Kits bei Nestlé Food Services

Der folgende Fall zeigt sehr gut die Probleme einer herkömmlichen Produktentwicklung und die Verbesserungsmöglichkeiten durch eine Integration der Kunden (entnommen aus [60]). Ein Hauptgeschäftsfeld von Nestlé Foodservices ist die Herstellung von kundenindividuellen Nahrungsmitteln für Großabnehmer wie z.B. individuelle mexikanische Saucen für große Restaurants und Fast-Food-Ketten. Solche firmenspezifischen Zutaten werden traditionell vom Chefkoch der Kette entworfen. Das Vorgehen bei der Rezeptentwicklung basiert dabei auf den Zutaten, die für die Beteiligten und Restaurants verfügbar und mit der Geräteausstattung des Restaurants verarbeitbar sind. Nachdem der Chefkoch mit seinen traditionellen Methoden und Zutaten ein Rezept für ein Gericht entwickelt oder verändert hat, gibt er dieses Rezept an Nestlé Foodservices weiter, um es dort industriell in großen Mengen herstellen zu lassen. Dabei entsteht ein großes Übersetzungsproblem.

Es gibt keinen fehlerfreien Weg, um ein Rezept, das in der „Sprache" traditioneller Restaurant-Kochmethoden verfasst wurde, in die „Sprache" einer Anlage zur massenhaften Herstellung von Nahrungsmitteln zu übersetzen. Nahrungsmittelfabriken können nur Zutaten verarbeiten, die in entsprechender Menge in gleichbleibender Qualität verfügbar sind. Diese unterscheiden sich (auch im Geschmack) von denjenigen, die der Chefkoch während der Rezeptentwicklung benutzt. Außerdem verwenden Nahrungsmittelfabriken Geräte, die für die Massenproduktion ausgelegt sind und ganz anders als die in einer Restaurant- oder Großküche vorhandenen Öfen, Töpfe und Pfannen sind.

Die Folge waren für Nestlé stets aufwändige und langwierige Iterationsprozesse. Die einzige Information, die an sich wichtig ist, ist die über Geschmack und Beschaffenheit des Prototyps. Daher untersuchen die Produktionsleiter von Nestlé den Geschmack des kundenspezifischen Nahrungsmittel-Prototyps genau und versuchen dann etwas herzustellen, das auch bei Einsatz von Fabrikzutaten und -methoden genauso schmeckt. Allerdings sind die Geschmackszellen eines Chefkochs nicht notwendigerweise identisch mit denen eines Produktionsleiters und somit entspricht die erste Version von Nestlé – ebenso wie die zweite und dritte – typischerweise nicht den Vorstellungen des Kunden. Im Fall von Nestlé bedeutet dieser mühevolle „Übersetzungsaufwand", dass es oft bis zu 26 Wochen dauert, bis ein neues kundenindividuelles Produkt vom Prototyp zur Produktionsreife gelangt.

Um dieses Problem zu lösen, hat Nestlé einen neuartigen „Baukasten“ entwickelt, den die Chefköche für ihre „Produktentwicklung“ nutzen können – eben ein Instrument für „User-Driven-Innovation“, d.h. die Entwicklung von Produkten durch die Kunden. Jede Zutat im Baukasten ist die Nestlé Fabrikversion einer Zutat, die traditionellerweise von Chefköchen während der Produktentwicklung benutzt wird. So würde ein Baukasten für mexikanische Saucen z.B. ein Chili-Püree enthalten, das in den Maschinen von Nestlé verarbeitet werden kann.
Für eine mexikanische Sauce besteht der Baukasten aus 20 bis 30 Komponenten in kleinen Plastikbeuteln mit Anweisungen zur korrekten Verwendung. Obwohl die Komponente von ihren frischen Versionen abweichen, werden diese Unterschiede per „learning-by-doing“ durch den Koch entdeckt, der auf den gewünschten Geschmack und Beschaffenheit per trial-and-error hinarbeiten kann. Wenn ein Rezept basierend auf diesen Komponenten fertig ist, kann es sofort und präzise in den Fabriken von Nestlé reproduziert werden – denn nun benutzt der Nutzer/Entwickler die selbe Sprache wie die Fabrik. Im Fall Nestlé konnte so die Entwicklungszeit von 26 auf 3 Wochen reduziert werden, indem wiederholte Neuentwicklung und Verbesserungen zwischen Nestlé und seinen Kunden eliminiert wurden.
Abbildung 4.3 zeigt dieses Vorgehen: Während im linken Bild der traditionellen Produktentwicklung oft viele Iterationsschritte zwischen Kunden und Hersteller nötig sind, findet diese Iteration im rechten Bild intern beim Kunden statt.

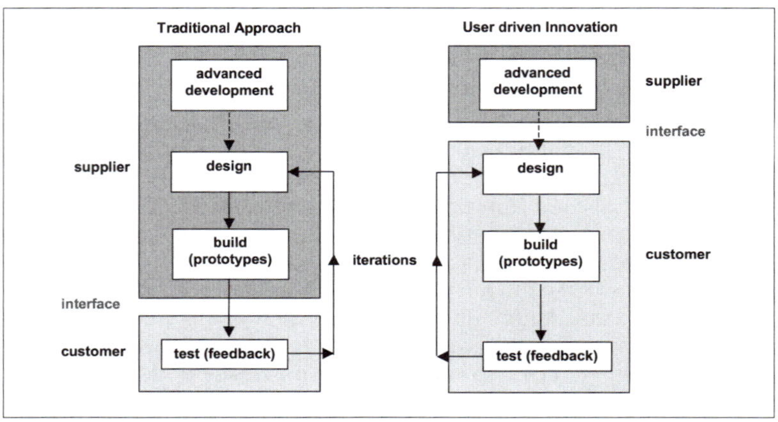

Abb. 4.3: *Der Kunde als Produktentwickler (entnommen aus [60, S. 6])*

Von Open Source zu Open Innovation

Innovation durch Kunden kann aber noch einen Schritt radikaler werden: Manche Kunden-Innovationen werden nicht nur ohne jede Einwirkung eines Herstellers angestoßen, sondern auch umgesetzt und teilweise sogar vertrieben. Hierbei sind es dann meist nicht einzelne Nutzer, die unabhängig voneinander aktiv werden, sondern Communities von Nutzern oder Kunden, die sich in einer Innovationsgemeinschaft zusammenschließen.

Was ist Open Source?
Das Paradebeispiel für diesen Fall ist die Open-Source-Bewegung. Open Source ist ein Sammelbegriff für Softwarelizenzen, die den Softwarebenutzern nicht nur das Recht einräumen, den Quellcode zu lesen, sondern diesen auch zu verändern und die Änderungen Dritten zugänglich zu machen. Außerdem dürfen keinerlei Lizenzgebühren oder andere Beiträge für die Software erhoben werden. Damit wird der Quellcode zu einem öffentlichen Gut [37, 44]. Aus Sicht der Innovation stellt Open Source ein Rätsel dar. Die Programme scheinen aus dem Nichts zu entstehen, entwickelt seit 1991 von Tausenden von Programmierern, die für ihre Beiträge weder bezahlt werden noch an ihrer kreativen Leistung Eigentumsrechte erhalten.

Community driven innovation
Die Akteure der Open Source Community treiben in meist kleineren Beiträgen die Entwicklung des Projekts voran [44]. Bekannte Open-Source-Produkte sind beispielsweise das Betriebssystem Linux oder der Web-Server Appache. Hierbei handelt es sich um Einbezug der Kunden in die Produktentwicklung in größter Konsequenz: Die Kunden habe die Idee zum Produkt gehabt, dieses konzipiert und umgesetzt (programmiert), für seine Verbreitung und Bewerbung gesorgt, und das Produkt kontinuierlich weiterentwickelt, verbessert und mit Zusatzapplikationen versehen. Alle diese Aktivitäten finden dabei auf einer Entwicklungsumgebung statt, die ebenfalls von den Nutzern selbst ent-

wickelt wurde. Kommerzielle Unternehmen haben erst in einer zweiten Stufe Geschäftsmodelle entwickelt, um den Open-Source-Quellcode auch weniger erfahrenen Anwendern zugänglich zu machen.

Die Innovation der Innovation

Das eigentlich Innovative bei Open Source ist aber weniger der Quellcode, sondern vor allem der Prozess der Produktentwicklung selbst. Open Source ist im Grunde die Innovation der Innovation, die Entwicklung neuer Wege, wie im Software-Bereich marktfähige neue Produkte und Leistungen hervorgebracht werden. Inzwischen überträgt sich der Gedanke von Open Source aus der Softwareentwicklung auch auf andere Bereiche.

Open Innovation

Wir glauben, dass hinter der Idee von Open Source stehende Mechanismen auch – leicht modifiziert – auf andere Produktbereiche zu übertragen sind und von Unternehmen für ihre Innovationstätigkeiten genutzt werden können. Da der Begriff Open Source sehr stark an die Entwicklung von Software angelehnt ist, wollen wir in einer Übertragung von „Open Innovation“ sprechen.

Open Innovation bezeichnet also Innovationsprozesse, die auf einer starken Integration der Nutzer in den Entwicklungsprozess beruhen. Anders als bei einer klassischen Demand-Pull-Entwicklung, bei der die Nutzer lediglich auf Basis von Marktforschungserhebungen indirekt in die Entwicklung integriert werden, ist bei Open Innovation eine Gruppe von Nutzern aktiv am Entwicklungsprozess beteiligt. Der Innovationsprozess beinhaltet so einen (nicht-monetären) Transfer von Produktionsfaktoren vom Nachfrager zum Anbieter. Bei den eingebrachten Faktoren handelt es sich neben Information über Anwendungsbedürfnisse und besondere Fähigkeiten der zu entwickelnden Leistung auch um eine Mitarbeit bei der Realisierung der Problemlösung (siehe hierzu allgemein auch [34]).

Dabei können je nach Organisationsform verschiedene Grade der Kundenintegration entstehen. Teilweise beruht die Integration auf einem vom Anbieter gesetzten Rahmen (Entwicklungsumgebung) und wird von diesem angestoßen und belohnt, teilweise schaffen aber auch die Nutzer selbst aus eigenem Antrieb die Entwicklungsumgebung, auf der sie dann innovativ tätig werden. Formen von Open Innovation können in einer einfachen Abgrenzung nach der Quelle bzw. dem Motivationsinput zur Innovation unterschieden werden. Die Quelle bezieht sich dabei entweder auf das Unternehmen oder den Nutzer der Innovation. Auf der anderen Seite kann nach dem Umfang der Innovationstätigkeit (inkrementell vs. radikale Innovation) unterschieden werden. Insgesamt ergeben sich so vier Formen von Open Innovation.

Beispiele für Open Innovation

- Free-CPU-Projekte (www.f-cpu.org, www.free-ip.com): Diese Projekte wollen zeigen, das selbst Mikroprozessoren in einer Innovations-Community entwickelt werden können. „Anyone may join the team and contribute - or even contribute without officially »joining« in any way. Even those with limited or no knowledge of CPU development can have something to contribute. The name of the game is Freedom, so our designs are being developed openly and will be openly distributable under a GNU GPL-like license, so anyone will be able to (if they have the funding at least) take our designs and manufacture and sell their own FCPU or derivative chips, but any changes will have to be made freely available again„. "Free-IP is a block of logic that can be used in making ASIC's and FPGA's. Examples are UART's, CPU's, Ethernet Controllers, PCI Interfaces, etc. In the past, quality cores of this nature could cost anywhere from US$5,000 to more than US$350,000."
- Open Enzyklopädien (z.B. www.wikipedia.com, www.nupedia.com, www.opencontent.org): Mittlerweile gibt es zahlreiche Projekte, die den Open-Source-Gedanken auf eine frei zugängliche Enzyklopädie übertragen. Basierend auf möglichst vielen freiwilligen Beiträgen soll eine qualitativ hochwertige, verlässliche und vielfältige Enzyklopädie in mehreren Sprachen entstehen. In den meisten Fällen werden die eingesandten Artikel überprüft, um

einen gewissen Qualitätsstandard zu gewährleisten. Damit soll den vorhandenen, oft sehr teueren professionellen Enzyklopädien ein Gegenpol entgegengesetzt werden, der auf dem Wissen der Nutzer und unzähliger Fachleute beruht.

⇨ Open Law Projekt (eon.law.harvard.edu/openlaw): „Openlaw is an experiment in crafting legal argument in an open forum. With your assistance, we will develop arguments, draft pleadings, and edit briefs in public, online. Non-lawyers and lawyers alike are invited to join the process by adding thoughts to the »brainstorm« outlines, drafting and commenting on drafts in progress, and suggesting reference sources. Building on the model of open source software, we are working from the hypothesis that an open development process best harnesses the distributed resources of the Internet community."

⇨ OSCar Project (www.theoscarproject.org): Der Name OSCar steht für ein ambitioniertes Projekt, in dem die Entwicklung eines Autos nach Open-Source-Prinzipien ablaufen soll. Statt der bei Automobilherstellern üblichen strengen Geheimhaltung sind hier die Ideen, Designs und Entwicklungspläne öffentliches Gut. Seit Juni 2000 debattieren motivierte Freiwillige, kreative Tüftler und Bastler, Laien sowie engagierte Spezialisten in verschiedenen Foren unter anderem Vorschläge für Design, Antrieb, Technik, Elektronik und Sicherheit des OSCar. Soll das Web-Auto nun Flügeltüren bekommen? Windschutzscheiben aus Kunststoff? Kameras statt Außenspiegel? Der Fantasie der Hobby-Ingenieure sind keine Grenzen gesetzt. Das heißt, fast keine, denn ein paar Kriterien, die das Web-Auto erfüllen muss, standen von Anfang an fest: Das OSCar sollte auf jeden Fall ein leichter Kleinwagen werden, nicht teuerer als 8 000 Euro und 140 Stundenkilometer schnell sein.

Auch wenn diese und andere Initiativen teilweise eher unprofessionell, blauäugig und ideologisch-verbrämt erscheinen, so beschreiben sie doch mehr als einen wichtigen Trend. Denn wer hätte vor zehn Jahren bei den Anfängen der Linux-Bewegung gedacht, dass eine solche Initiative die Softwareindustrie verändert hat wie kaum eine andere Prozessinnovation?

Open Innovation in der Praxis – erste Ansätze

Im Konsumgütermarkt ist ein solch weitgehender Ansatz von Open Innovation oft nur durch den Einsatz moderner Informationstechnologien möglich. Das Internet macht aus einer schon lange bestehenden Idee ein weitreichendes Geschäftsmodell. Rüdiger [56] bezeichnet deshalb diese Integration der Kunden in die verschiedenen Stufen des Neuproduktentwicklungsprozesses mit Hilfe des Internet als „E-Customer-Innogration“. Wir wollen uns aber nicht auf das Internet beschränken und bleiben bei Open Innovation.

Sony hat zur Weiterentwicklung der Software für die „Play Station“ eine Web-Site installiert, auf der Kunden Ideen für neue Spiele entwerfen und diese auch entwickeln können [71]. Kurz nach Freischaltung waren mehr als 10 000 Teilnehmer auf der Site aktiv, eine Zahl, die die der internen und externen professionellen Spielentwickler weit übersteigt. Zwar mögen diese die besseren technischen Fähigkeiten besitzen. Doch die User-Innovatoren sind in ihren Fähigkeiten und Interessen differenzierter. Sony erhielt von dieser Community einige radikal neue Ideen, die mit den vorhandenen Lösungen bricht. Einige dieser Lösungen sind in Produkte geflossen, die später erfolgreich vermarktet wurden.

Der erfolgreichste Restaurant- und Night-Life-Führer in den USA wird nicht, wie sonst üblich, von einer Gruppe gestrenger Kritiker geschrieben, sondern von Tausenden von ausgehfreudigen Amerikanern. Das Ehepaar Zagat hatte bereits vor zwanzig Jahren die Idee, einen gleichnamigen Restaurantführer herauszugeben, der die Meinungen von Gästen sammelt und dann in geordneter Form gegenüberstellt. Richtig explodiert ist das Geschäftsmodell aber erst, als mit dem Internet eine Interaktionsplattform zur Verfügung stand, auf der die Nutzer einfach und dennoch intensiv ihre Bewertungen abgeben können. Inzwischen ist aus den ersten Büchern ein riesiger Konzern geworden, dessen Waren alle von den Nutzern größtenteils selbst geschaffen werden.

Lego bietet seit Frühjahr 2002 Baukästen an, die auf den Plänen namentlich genannter Endkonsumenten bestehen. Deren Entwürfe wurden über die Web-Site von Lego gesammelt und von anderen

Kunden bewertet. Parallel davon haben begeisterte Lego-Nutzer die Online Community Lugnet geschaffen, wo mit einer speziellen CAD-Software nach dem Open-Source-Prinzip komplexe neue Lego-Modelle aus Standard-Teilen entstehen (www.lugnet.com).

Der Kunde ist gefordert – Motivation zur Innovation

Doch was sind die Incentives für Kunden und Nutzer, bei der Produktentwicklung mitzuwirken? Für das Unternehmen sind die Vorteile klar, aber für die Kunden? Fünf Gründe geben darüber Auskunft, warum Kunden selbst zum Innovator werden [21, 70]. Viele Kunden werden von sich aus zu Innovatoren: „Wenn Du etwas richtig willst, mach es selbst". Dieser Spruch gilt auch für Innovationen. Der klassische Lead-User-Ansatz basiert genau hierauf. Ausgangspunkt der Innovationsaktivitäten der Kunden ist Befriedigung von „neuen" Bedürfnissen, die durch die bestehenden Angebote nicht gedeckt werden können bzw. eine Unzufriedenheit mit den existierenden Lösungen. Bei der Formulierung der neuen Bedürfnisse und deren Überführung in eine geeignete Lösungskonzeption durch den Hersteller stellen diese Kunden fest, dass es für sie oft schwieriger und aufwändiger ist, genau das auszudrücken und zu beschreiben, was sie wollen, als dies gleich selbst zu tun. Wir werden diese Erklärungsursache, die im Problem des Transfers sogenannter „sticky information" besteht, noch genauer in Kapitel 7 betrachten. Im Ergebnis sind Entwicklungen, die von den Kunden selbst kommen, oft robuster und sicherer als herstellergetriebene Entwicklungen (das beste Beispiel sind wohl die Sicherheitsstandards von Appache- im Vergleich zu Microsoft-Servern).

Hinzu kommt, dass viele Kunden antizipieren, dass es sich für einen Hersteller oft nicht lohnt, kleine Kundensegmente systematisch zu beachten. Kunden dagegen geben eine Entwicklung unentgeltlich an einen Hersteller weiter, da sie keine Möglichkeiten haben, diese selbst zu erstellen bzw. Vorteile von einer professionellen Fertigung dieser

Idee erwarten. Hinzu kommt, dass die monetäre Bewertung von Innovationsbeiträgen von Kunden häufig schwierig ist bzw. der Verkauf der Idee für die Kunden zu aufwändig wäre.

Besonders im Industriegüterbereich kann die Mitwirkung der Kunden auch eigene Standards setzen oder eine Marktlösung hervorbringen, die zu den herrschenden internen Bedingungen besonders gut kompatibel ist. Damit erlangen die innovativen Kunden Vorteile im Markt.

Reputation und Referenzwirkungen spielen ebenfalls eine wichtige Rolle. Dazu gehören auch Motivationen wie einfach das Gefühl, wirklich etwas Gutes geleistet zu haben. Intrinsische Motivation basiert auf der Freude an der eigenen Tätigkeit (man spricht hier auf vom sogenannten Flow-Erlebnis, siehe dazu Kapitel 5.3) und dem Treffen eines selbstgesetzten Ziels. Ebenfalls kann intrinsische Motivation auf der Einhaltung von prosozialen Normen wie Fairness basieren, die aus Gründen der Benevolenz erfüllt werden. Die innovative Tätigkeit ist deshalb aus Kundensicht Konsum, nicht Investition. Damit aber wird die Mitwirkung der Kunden bei der Innovation zur Leistung, für die keine Gegenleistung erwartet wird (siehe hierzu ausführlich [44]).

Schließlich wirkt die Aussicht, durch das selbst entworfene Produkt Nutzen- oder Produktivitätsvorteile zu erzielen, nutzenstiftend. Insbesondere im Bereich der Investitionsgüter können Kunden durch Eigenkreation in Zusammenarbeit mit ihrem Zulieferer oft bessere Ergebnisse erzielen, als dies der Zulieferer ohne diese intensive Kundenintegration bewerkstelligen würde.

Wann werden Kunden zu Innovatoren?

Lüthje [38] identifiziert in seiner bereits erwähnten Studie im Outdoor-Sport-Bereich drei wesentliche Einflussfaktoren, damit Kunden zu Innovatoren werden (siehe für Verhaltensmuster und die Persönlichkeitseigenschaften von Mitgliedern solcher Innovations-Communities auch [15]).

– Die Beziehung zu den Produkten: Innovatoren haben eine deutlich höhere durchschnittliche Nutzung und auch längere Erfahrung mit dem Produkt und engagieren sich auch in unterschiedlichen Sportbereichen. Ebenso besitzen sie ein ausgeprägtes Suchverhalten nach Informationen, indem sie z.B. Fachzeitschriften lesen oder intensiv im Internet nach Informationen suchen.

– Nutzen durch Innovation: Die Innovatoren erwerben schneller neue Produkte und sind dabei auch bereit, noch weniger ausgereifte, dafür aber innovative Neuentwicklungen zu nutzen. Sie zeigen also auf der einen Seite eine Unzufriedenheit mit den derzeit gängigen Lösungen, und scheuen deshalb auf der anderen Seite auch weniger das Risiko, etwas Neues auszuprobieren.
– Beziehung zum Produzenten: Interessanterweise ist das Potenzial, aus einer Innovation einen geldwerten Nutzen zu erzielen, ein untergeordnetes Motiv. Die Kunden-Innovatoren wollen durch ihre neue Idee kein Geld verdienen (weniger als zehn Prozent versuchen, ihre Innovation gewinnbringend zu vermarkten). Im Vordergrund steht die Verbesserung ihrer eigenen Nutzungsaktivitäten. Deshalb treten viele Innovatoren auch nicht von sich aus an die Hersteller heran.

Wie man innovative Kunden findet und bindet

Unternehmen stehen so vor der Herausforderung, diese innovierenden Kunden zu identifizieren und sie in die Produktentwicklung zu integrieren. Dazu können neue Marktforschungsmethoden beitragen, die zunächst an der Identifikation solcher Kunden ansetzen und dann einen Transfer der Ideen vom Kunden auf den Hersteller leisten. Eine solche Methode ist beispielsweise die bereits oben erwähnte Lead-User-Methode. Die Studien in diesem Bereich betonen zwar immer wieder, dass finanzielle Anreize nur eine untergeordnete Rolle spielen. Allerdings kann diese Argumentation, die sich für die Erklärung der Beiträge von Programmierern im Open-Source-Falle Linux aufgrund des gemeinsamen Feindbildes „Microsoft“, der „Coolness der Mitwirkung“ und den technischen Herausforderungen bewährt, aber nicht ohne weiteres auf alle Produktkategorien und Unternehmen übertragen werden.

Je aktiver aber ein Unternehmen auf seine Kunden zugeht, um diese in die Produktentwicklung zu integrieren, desto wichtiger wird auch der Aufbau eines entsprechenden Incentive-Systems. Finanzielle Anreize, ein materieller Ausgleich oder auch nur die herausragende Nennung des Kunden im Katalog oder auf der Web-Site (z.B. „Kunden-Innovator des Monats") sind ein Teil davon. Der Verlag Zagat setzt dagegen auf eine künstliche Knappheit, um die Leser zur Mitwirkung anzuspornen. Auch wenn im Prinzip die eigenen Produkte um so besser werden, desto mehr Zeit möglichst viele Restaurantbesucher investieren, muss man sich, um Zagat-Kritiker zu werden, zunächst „bewerben" und wird offiziell selektiert. Damit wird ein künstliches Gefühl der Besonderheit und Exklusivität geschaffen, was wiederum die Qualität der abgegebenen Beiträge fördert.

Tool-Kits for User-Innovation

Ein ebenso wichtiger Motivationsfaktor ist aber ganz einfach der reibungslose, barrierenfreie Zugang der Kunden zum Unternehmen. Viele Kunden teilen gerne ihre Innovation mit dem Anbieter, scheuen aber die Mühe, mit diesen explizit Kontakt aufzunehmen. Um die Kontaktaufnahme zu erleichtern, gibt es zwei Stufen:

Chat-Rooms oder Gästebücher auf der Web-Site eines Hersteller bieten einen ersten Zugang, vor allem, wenn diese in Foren gegliedert werden, wo explizit nach Verbesserungsvorschlägen für bestimmte Produkte gefragt wird. Intermediäre wie ciao.com, Advocato.de oder e-circle schaffen herstellerübergreifende Plattformen, in denen Beschwerden, Lob und Anregungen vieler Nutzer gesammelt und an die Hersteller weitergeleitet werden. Diese Art von Plattformen dienen in erster Linie für (inkrementelle) Verbesserungen, bringen aber selten wirklich neue Innovation hervor.

Die zweite Stufe bilden eigene Entwicklungssysteme für die Kundenintegration. Diese Interaktionssysteme, „tool-kits for user innovation" genannt, sind im Grunde eine Weiterführung der Konfigurationssysteme für Mass Customization. An dieser Stelle besitzen Mass Customizer einen großen Vorteil auf dem Weg zu Open Innovation: Viele Konfiguratoren besitzen im Grunde schon viele Funktionen, um den Kunden nicht nur an der Auswahl bestehender Komponenten, sondern auch an der

Gestaltung neuer Komponenten und Variationen zu beteiligen. Wir werden beide Systeme im Kapitel 5.3 noch genauer beschreiben und die Ansprüche an ihre Gestaltung diskutieren. Ziel ist die Schaffung einer Innovationsumgebung, die die User motiviert, selbst innovativ tätig zu werden.

Denn die Integration ist für die Nutzer bzw. Kunden selbst mit Kosten verbunden: Zum einen fallen aus Kundensicht einmalige („fixe") Kosten an, um den Umgang mit der Entwicklungsumgebung zu erlernen. Zum anderen verursacht jede Interaktion weitere (variable) Kosten, wenn eine neue Lösung entwickelt bzw. Modifikationen einer bestehenden Lösung durchgeführt werden. Hier besteht aus Anbietersicht eine ähnliche Aufgabe wie bei Mass Customization: Die wahrgenommenen Mühen aus Nutzersicht (Nutzenverlust) müssen durch die wahrgenommenen Benefits (zusätzlicher Nutzen) ausgeglichen werden. Dazu gehört neben einer gut gelungenen Oberfläche und Bedienbarkeit auch die Vermittlung des Nutzens, den ein Kunden durch seine Mitwirkung bei der Innovation hat.

Mass Customization und Open Innovation ergänzen sich

Mass Customization und Open Innovation können gut miteinander kombiniert werden. Während Mass-Customization-Kunden ihre individualisierten Produkte konfigurieren, generieren sie für den Anbieter wertvolle Informationen. Aggregiert man die Daten, entsteht auf effizientere Weise als durch herkömmliche Marktforschung Wissen über die tatsächlichen Kundenwünsche. Ein gutes Beispiel hierfür ist reflect.com, ein Tochterunternehmen von Procter&Gamble. Dieses Unternehmen verkauft individualisierte Kosmetikprodukte über das Internet. Eine wichtige Erlösquelle basiert aber auch auf Aggregation und Vergleich der Informationen über die einzelnen Kunden zu Panel-ähnlichen Marktforschungsdaten für die anderen Kosmetik-Operationen des Mutterunternehmens. Dieser zusätzliche Vorteil kommt zum Tragen, wenn neben den individualisierten Produkten auch noch Massenprodukte verkauft werden. Ist man in der Lage, unter den ausgewählten individualisierten Produkten Cluster zu identifizieren, kann man Produktkombinationen anbieten, die dem Geschmack vieler Kunden entsprechen. Auf diese Weise können viele Millionen Dollar an klassischer Marktforschung eingespart werden.

Innerhalb des Mass-Customization-Systems wird die Konfigurationsinformation genutzt, um die Individualisierungsoptionen (Produktarchitektur als Bestandteil des „Solution Space", siehe Kapitel 5) zu optimieren. Die gewählten Produktvariationen geben detaillierte Hinweise, wo das Sortiment bzw. die Auswahlmöglichkeiten ausgeweitet oder reduziert werden sollten. Wird beispielsweise ein bestimmtes Modul fast nie von den Kunden verändert, kann man diesen Individualisierungsschritt übergehen und somit die Komplexität verringern.

Open Innovation ergänzt die klassische Produktentwicklung

Wichtig ist zu betonen, dass ein „Outsourcing der Produktentwicklung" auf den Kunden die klassischen Innovationsvorgänge nicht obsolet macht. Die Mitwirkung des Kunden kann jedoch dazu beitragen, diese zu optimieren. Zum einen kann ein Unternehmen den teueren und fehlerreichen Prozess umgehen, neue Kundenerfordernisse ex-ante im Detail zu erheben. Zum anderen können die häufigen „trial-and-error"-Schleifen in der Produktentwicklung umgangen werden, da diese Iterationen durch die Kunden selbst vollzogen werden [60]. Jedoch bleibt stets die Erkenntnis bestehen, dass erst die Kombination von Demand-Pull mit Technology-Push letztendlich langfristigen Erfolg schafft.

Hätte Apple auf die Kraft von kundengetriebener Innovation gesetzt, stände das Unternehmen heute vielleicht besser da. Linux und Apple haben beide einen Fankreis begeisterter Nutzer und Kunden. Im Falle von Apple war/ist aber die Begeisterung der Kunden darauf beschränkt, anderen Leuten ihre Begeisterung über das Produkt kundzutun (jeder, der einen echten Apple-Fan kennt, weiß, was wir meinen). Doch ansonsten bleibt die Kreativität und Innovationskraft der Nutzer ungenutzt. Im Falle von Linux können die Nutzer dagegen wirklich dazu beitragen, „ihr" Produkt zu unterstützen und am Markt durchzusetzen, indem sie das Produkt selbst täglich verbessern und weiterentwickeln.

Zusammenfassend lassen sich also zwei generelle Formen der Kundenintegration in den Innovationsprozess zusammenfassen. Einerseits gibt es die Form der aktiven Kundenintegration. Hierbei geht ein Anbieter direkt auf die Kunden zu und bittet sie um Mitwirkung am Innovationsprozess. Als Incentive für die Kunden wirkt hierbei die Möglichkeit, ein Produkt zu schaffen, das sich exakt an ihren Bedürfnissen ausrichtet. Hierzu kann der Anbieter eine Plattform schaffen, auf der die Kunden alleine oder innerhalb einer Community Produktkonzeptionen entwerfen können. Als Incentive wirken hierbei auch verhaltensbezogene Motive wie beispielsweise das Gefühl, etwas zu bewirken oder die Aussicht, dass der eigene Entwurf in das Katalogsortiment übernommen wird.

Die andere Form der Kundenintegration ist die reaktive Kundenintegration. Die Kunden werden hier selbst innovativ tätig, da vorhandene Lösungen ihre (neuen) Bedarfe nicht stillen können. Aufbauend auf besonderem Wissen und der Fähigkeit, innovativ tätig zu werden, schaffen sie neue Lösungen und entwickeln dazu im Extremfall auch die Entwicklungsumgebung. Ein Hersteller reagiert auf diese kundengetriebenen Innovationen und integriert diese in sein eigenes Angebot, indem er die Entwicklungen der Kunden aufgreift und zur Serienreife weiterentwickelt.

4.5 Formen der Kundenintegration

Die Charakteristika und Wirkungsweisen von Mass Customization und Open Innovation sollten anhand der bisherigen Darlegungen nun nachvollziehbar geworden sein. Im nächsten Schritt fließen diese beiden Aspekte in die Gesamtkonzeption der Kundenintegration ein.

Abgrenzungskriterium Zeitpunkt der Interaktion

Mintzberg [42] entwickelte die Idee, dass der Zeitpunkt der Integration des Kunden in den Wertschöpfungsprozess einen wichtigen Einflussfaktor auf die Art und Weise der Individualisierung bildet. Die Argumentation basiert dabei auf den möglichen Freiheitsgraden zur Individualisierung der erstellen Leistungen. Je nach Zeitpunkt des Einbezugs des Abnehmers kann entweder eine freie („pure“) Individualisierung von Grund auf stattfinden, oder aber die Produktion greift in verschiedenen Graden auf vordefinierte Module zurück („tailored“, „standardized customization“). Duray et al. [11] erweitern diese Argumentation noch um die Möglichkeiten der Modularisierung auf Produktebene. Hier bestehen ebenfalls verschiedene Freiheitsgrade (siehe dazu [47]). Diese fertigungsbezogene Argumentation soll aber im Folgenden nicht weiter vertieft werden. Dagegen haben wir als weitere Form der Kundenintegration noch den Ansatz der Open Innovation hinzugefügt.

Kundenintegration ist nicht nur fertigungsbezogen

Wie bereits erwähnt, ist es wichtig, den Individualisierungsbegriff nicht allein auf die Leistungserstellung zu beziehen, sondern auch eine individuelle Gestaltung der Geschäftsbeziehung zwischen Hersteller und Abnehmer einzubeziehen [25, 76]. Damit ergeben sich auch unterschiedliche Formen der Individualisierung der Leistungserstellung, wobei mit zunehmendem Grad der Kundenintegration auch die Möglichkeiten steigen, genau den Idealpunkt eines Abnehmers zu treffen. Beim Vertrieb von Massenprodukten über den Handel erfolgt die Integration des Kunden erst, wenn das Produkt zum Verkauf steht. Je näher die Integration des Kunden bei der Entwicklung eines Leistungsangebotes liegt, desto besser können die Wünsche des Kunden berücksichtigt werden und desto leichter wird es, die Leistung individuell auf den Kunden anzupassen, desto höher sind aber häufig Komplexität und zusätzliche Kosten in der Leistungserstellung. Ein wesentlicher Erfolgsfaktor liegt im Management dieses Trade-offs.

Soft und Hard Customization

Welche Formen können nun je nach Zeitpunkt der Kundenintegration unterschieden werden? Im Bereich von Mass Customization gibt es zwei wichtige Unterscheidungen:

Eine offene Individualisierung (Soft Customization) beruht lediglich auf Aktivitäten von F&E, Konstruktion oder Vertrieb. Hergestellt werden weiterhin wenige Varianten in großer Stückzahl, die allerdings eine eingebaute Möglichkeit zur Individualisierung des Produkts entweder durch den Kunden selbst oder im Handel beinhalten. Weiterhin kann die Individualisierung auch an Sekundärdienstleistungen ansetzen, die dem Kunden das Bild eines individuellen Produkts vermitteln. Eine offene Individualisierung kann als Vorstufe für ein weitergehendes Mass-Customization-Konzept gesehen werden.

Geschlossene Individualisierung (Hard Customization) dagegen hat ihren Ursprung im Fertigungsbereich. Die Individualisierung wird primär in der Produktion vollzogen, was spätestens vor Beginn der Endmontage die Interaktion zwischen Anbieter und Abnehmer voraussetzt. Jedes gefertigte Endprodukt lässt sich eindeutig einem Kundenauftrag zuordnen. Die hierzu gehörenden Konzeptionen der Mass Customization weisen im Vergleich zu denen der offenen Individualisierung eine viel höhere Komplexität auf, bieten aber auch weitaus mehr Möglichkeiten zur Variation der Leistung.

Von match-to-order zu engineer-to-order

Strukturiert man die verschiedenen Formen einer Integration der Abnehmer in die Wertschöpfung nach dem Zeitpunkt der Integration, lassen sich innerhalb von Soft und Hard Customization die in Abbildung 4.4 skizzierten Konzepte unterscheiden (siehe z.B. auch [1, 11, 36, 42, 58, 72, 78]).

Soft Customization: match-, locate- und bundle-to-order-Systeme

Bei einem match-to-order bzw. locate-to-order-System findet die Kundenintegration erst in den der Produktion nachgelagerten Wertschöpfungsaktivitäten des Vertriebs statt. Durch ein entsprechendes Interaktionstool wird versucht, die Wünsche jedes Kunden zu ermitteln (vgl. Kapitel 5.3). Anschließend erfolgt eine Zuordnung zu einem vorhandenen Spektrum an Standardleistungen. Online-Autohändler erlauben z.B. durch ein Netzwerk an stationären Händlern die Suche nach einem Wagen laut Wunschspezifikation eines Kunden (locate-to-order). In der Bekleidungsindustrie möchten Unternehmen wie „Ebodity" oder „Possen" an verschiedenen Standorten moderne 3D-Ganzkörper-Scanner betreiben. Die Scan-Daten jedes Kunden werden genutzt, um im Handel die Zuordnung zu den Konfektionsgrößen verschiedener Hersteller zu erreichen. Damit soll vor allem beim Distanzkauf das Passformrisiko reduziert werden. Der Anbieter Lands'End geht einen Schritt weiter, indem er den 3D-Scan für eine Stilanalyse verwendet und auf Basis dieser Daten seinen Kunden ein individuelles Outfit anbietet (bundle-to-order). Diese Formen der Mass Customization basieren nicht auf fertigungsbezogenen Aktivitäten, sondern auf Tätigkeiten im Vertrieb und Kundenservice. Diese Aktivitäten zählen daher zum Spektrum von „Soft Customization".

Hard Customization: assemble- und made-to-order-Systeme

Bei einem assemble-to-order und made-to-order-System wird die Information über den Idealpunkt des Kunden genutzt, um ein individuelles Produkt herzustellen. Damit ist ein Eingriff in die Wertschöpfungsaktivitäten der Fertigung verbunden. Hier setzt z.B. die Maßkonfektion von Bekleidung an, bei welcher der 3D-Scan dazu dient, ein parametrisierbares Schnittmuster den Maßen des Kunden anzupassen. Danach erfolgen ein auftragsspezifischer Zuschnitt und das Vernähen der Stoffe zu einem individuellen Kleidungsstück. In der Literatur wird unter made-to-order (auch: bulid-to-order) auch die auftragsbezogene Fertigung von Standardwaren subsumiert. So fertigt z.B. der Motorradhersteller Harley Davidson alle Motorräder rein nach Kundenbestellung, jedoch kann der Kunde nur zwischen den verschiedenen Modellen aus dem Katalog wählen. Alle Individualisierungsoptionen (z.B. Tuning, Designelemente, etc.) werden nachträglich im Handel realisiert. Auch in diesem Fall findet eine kundenspezifische Fertigung statt, es kommt allerdings nicht zu einer Integration des Kunden in die Wertschöpfung im Sinne einer Einflussnahme auf die Produktspezifikation.

Hard Customization: development-to-order-Systeme

Bei einem development-to-order (auch: engineering-to-order) ist die höchste Form der Wertschöpfungsintegration erreicht. Hier wird der Kunde auch in die Produktentwicklung integriert. Es geht nicht mehr nur um eine Anpassung eines Produktes innerhalb bestimmter Parameter, sondern es erfolgt eine Neukonstruktion, auf deren Basis dann eine individuelle Leistungserstellung erfolgt. Dies entspricht aus Kundensicht dem Fall einer klassischen auftragsbezogenen Einzelfertigung, kann aber heute durch Nutzung der Prinzipien der Mass Customization mit der Effizienz erfolgen, die der einer Massenproduktion entspricht.

Open Innovation: User-driven-Innovation

In Übertragung des „Open Source"-Gedankens auf andere Bereiche schaffen es heute die ersten innovativen Anbieter, Kunden in die Produkt- und Prozessentwicklung einzubeziehen. Dabei geht es nicht um die Entwicklung kundenspezifischer Lösungen, sondern um marktfähige Produkte und Leistungen, die dann einem großen Abnehmerkreis entweder im bekannten System der (anonymen) Massen- bzw. Variantenfertigung angeboten werden oder aber die Ausgangslage für eine weiterführende Individualisierung darstellen. Bei Open Innovation geht es so um die Mitwirkung der Kunden bei Definition und Aufbau des „Solution Spaces", d.h. der grundlegenden Fähigkeiten und Kapazitäten eines Anbieters.

Hierbei kann wiederum unterschieden werden, ob dies auf Basis eines Entwicklungssystems geschieht, das der Anbieter autonom entworfen hat und dann im Markt anbietet oder aber die Kunden selbst die Motivation zur Innovation zeigen und sich auch selbst die notwendigen Hilfsmittel schaffen, um innovativ tätig zu werden.

Ermittlung des optimalen Interaktionspunkts

Eine der wichtigsten Aufgaben bei der Einrichtung eines Mass-Customization-Systems ist die Festlegung des optimalen Punkts der

Kundeninteraktion. An dieser Stelle trifft das auftragsneutrale System der Potenzialbereitstellung mit dem kundenauftragsbezogenen System der Konfiguration und Potenzialnutzung zusammen [2, 65]. Während der erste Teil für die kostengünstige Vorfertigung einzelner Leistungsbestandteile sorgt, ist das kundenorientierte Segment für ihr Zusammenführen in ein individuelles Endprodukt verantwortlich. Hierbei sind analog der oben in Abbildung 4.4 genannten Formen der Kundenintegration verschiedene Zeitpunke bzw. Orte zu unterscheiden, an denen auftragsbezogene und auftragsneutrale Wertschöpfungsaktivitäten aufeinandertreffen.

Die Trennung zwischen dem auftragsneutralen und auftragsbezogenen Teil beruht zunächst nicht auf physischen Vorgaben bzw. einer Teilung der Fertigungsapparatur in zwei Bereiche, sondern ist vielmehr Spiegelbild einer gedanklich-planerischen Splittung der gesamten Wertschöpfungsaufgabe. Die Entscheidung, wo die Trennung

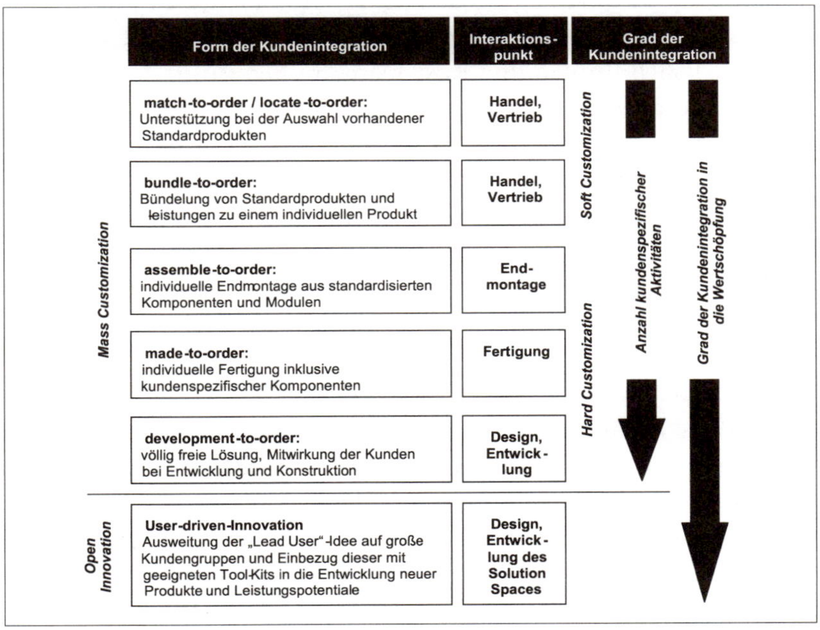

Abb. 4.4: *Zeitpunkte der Integration des Kunden in die Leistungserstellung*

beginnt, hat eine enge Verwandtschaft mit der Bestimmung des optimalen Vorfertigungsgrads (andere Ausdrücke für diesen Punkt sind auch Bevorratungsebene ([78], Entkopplungs- oder Variantenbestimmungspunkt [75], Freeze-Point [26], Order-Penetration-Point [35], Postponement-Point [12]. Die Bestimmung des Interaktionspunktes gehört genau genommen zur vierten Ebene der Mass Customization, der Potenzialgestaltung (siehe Kapitel 5). Aus Gründen der konsistenten Darstellung wollen wir aber diesen Punkt schon hier ansprechen.

Optimale und praktikable Kriterien

Der optimale Integrationsgrad wird theoretisch anhand der preislichen Präferenzprämie bestimmt, die aufgrund der größeren Kundennähe der Leistung erzielt werden kann. Diese Präferenzprämie richtet sich nach dem Maß, mit dem der kundenindividuelle Idealpunkt getroffen wird. Je näher Leistungs- und Idealpunkt beieinander liegen, desto höher ist sie. Die Präferenzprämie wird den damit verbundenen Kosten gegenübergestellt. Das Optimum liegt an dem Punkt, an dem die Differenz aus zusätzlichen Erlösen und Kosten am größten ist. In der Praxis ist dieser Punkt aber leider nur schwer quantifizierbar [27].

Als Ersatz werden qualitative Faktoren herangezogen, die beispielsweise mittels eines Punktwertzahlverfahrens beurteilt werden. Mit diesem Verfahren können auf Produzentenseite beispielsweise die folgenden Kriterien mit einer geeigneten Gewichtung miteinbezogen werden:

⇨ technische Kriterien (z.B. Handlingfähigkeit und Mehrfachverwendbarkeit der Module),
⇨ Zwischenlagerkosten vorgefertigter Module,
⇨ von den Nachfragern akzeptierte Lieferzeit,
⇨ die Prognosegenauigkeit des Komponentenbedarfs,
⇨ die Kosten einer Produktionsumstellung.

Aus Sicht der Abnehmer sind die folgenden Einflussfaktoren relevant:

⇨ die Erfahrung des Abnehmers mit dem Produkt (Wiederholungskauf, Vorbildung etc.) und damit die Fähigkeit zum Umgang mit einer größeren Komplexität bei Systemen mit sehr frühen Interaktionspunkt,

- ⇨ die Höhe des Risikos eines Fehlkaufs (Umtauschmöglichkeit, Lieferzeit, Beurteilungsmöglichkeit),
- ⇨ der Anteil des Konfigurationsvorganges als Teil der Absatzleistung (Konfiguration als Erlebniseinkauf und Zeitvertreib).

Ein hoher Vorfertigungsgrad ist nicht immer die beste Lösung

Jedoch ist die Entscheidung, an welcher Stufe der Kunde in die Wertschöpfung integriert wird, prinzipiell von einer Vorfertigung bis zu diesem Punkt zu trennen (vgl. Abbildung 4.5). Hier sind zwei alternative Optionen zu unterscheiden. Gleicht der Integrationspunkt dem Vorfertigungsgrad, werden die Leistungen bis zum Integrationspunkt auftragsneutral erstellt und auf Lager gelegt, soweit eine Lagerung möglich ist (Alternative 1). Für jede kundenspezifische Konfiguration werden die halbfertigen Erzeugnisse dann zur fertigen Leistung zusammengefügt. Je weiter der Entkopplungspunkt auf eine spätere Stufe des Wertschöpfungsprozesses verschoben werden kann, desto größer sind die Möglichkeiten zur Komplexitätsreduktion, Bildung optimaler

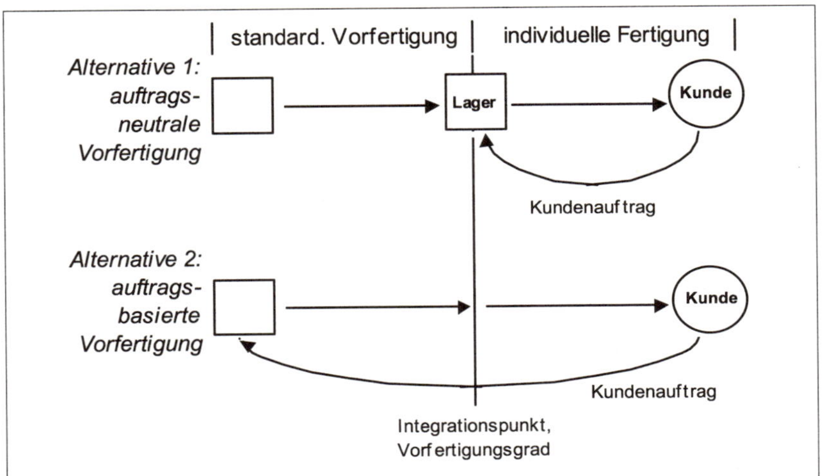

Abb. 4.5: *Kundenneutrale und auftragsbasierte Vorfertigung (entnommen aus [48])*

Losgrößen und Verstetigung der Produktion sowie zur Verkürzung der Lieferzeiten. In der Regel plädiert die Literatur deshalb für eine möglichst späte Integration der Kunden im Sinne einer späten Setzung des Vorfertigungsgrades [8, 26, 35].

Dieses Vorgehen bedeutet aber aus einer logistikorientierten Sichtweise der gesamten Wertkette stets den Verlust der oben genannten Vorteile der Kundenintegration aus Anbietersicht. Lagerkosten, Bestandsrisiko sowie die Planungskomplexität auf Komponentenebene können dann im Sinne einer echten Customer-Pull-Strategie vermieden werden, wenn erst bei Eingang einer Kundenbestellung die Aufbereitung der Rohstoffe beginnt und die weiteren Verarbeitungsschritte rein auftragsbezogen durchgeführt werden (Alternative 2). Expertenschätzungen nehmen beispielsweise für die Bekleidungsindustrie bis zu 30 Prozent Verschwendung der Wertschöpfung durch fehlproduzierte Stoffe und fertige Produkte an. Hier kann eine Senkung des Vorfertigungsgrads – auch wenn es den gängigen Vorstellungen des Komplexitätsmanagements widerspricht – theoretisch große Potenziale bergen. Es ist deshalb zu untersuchen, ob die Vorproduktion nicht erst bei Eintreffen eines konkreten Kundenauftrags angestoßen wird. Da es sich bei der Vorfertigung nun zwar um auftragsbedingte, aber inhaltlich stetige und repetitive Prozesse handelt, sinkt die Planungskomplexität entscheidend.

Voraussetzung sind allerdings ausreichende Kapazitäten in der Vorfertigung sowie eine hohe Reaktionsgeschwindigkeit des Gesamtsystems, da Kunden keine Wartezeiten akzeptieren würden, die dadurch entstehen, dass Vorarbeiten erst dann angestoßen werden, wenn der Kundenauftrag erfolgt ist.

Literatur

[1] Agrawal, Mani / Kumaresh, T.V. / Mercer, Glenn *(2001): The false promise of mass customization, in: The McKinsey Quarterly, 2001, H. 3.*

[2] Anderson, David M. *(1997): Agile product development for mass customization, Chicago 1997.*

[3] BRAUNSTEIN, CHRISTINE / HOYER, WAYNE / HUBER, FRANK *(2000): Der Means-End-Ansatz, in: Andreas Hermann et al. (Hg.): Kundenorientierte Produktgestaltung, München: Vahlen 2000, S. 83-101.*

[4] BRYNJOLFSSON, ERIK / HITT, LORIN *(1998): Beyond the productivity paradox, in: Communications of the ACM, 41. Jg. (1998), H. 8, S. 49-55.*

[5] BURNS, MARSHALL *(1993): Automated fabrication, Englewood Cliffs 1993.*

[6] CARNOY, MARTIN ET AL. *(1993): The new global economy in the information age, University Park 1993.*

[7] CHRISTENSEN, CLAYTON M. / OVERDORF, MICHAEL *(2000): Meeting the challenge of disruptive change, in: Harvard Business Review, 78. Jg. (2000), H. 2 (March/Apr), S. 66-76.*

[8] CORSTEN, HANS *(1985): Rationalisierungsmöglichkeiten in Dienstleistungsunternehmen, in: Jahrbuch der Absatz- und Verbrauchsforschung, 31. Jg. (1985), Nr. 1, S. 23-48.*

[9] DAVIDOW, WILLIAM H. / MALONE, MICHAEL S. *(1992): Das virtuelle Unternehmen, Frankfurt / New York: Campus 1992.*

[10] DAVIS, STAN *(1987): Future Perfect, Reading 1987.*

[11] DURAY, REBECCA ET AL. *(2000): Approaches to mass customization, in: Journal of Operations Managements, 18. Jg. (2000), S. 605-625.*

[12] FEITZINGER, EDWARD / LEE, HAU *(1997): Mass customization at Hewlett-Packard: the power of postponement, in: Harvard Business Review, 75. Jg. (1997), H. 1, S. 116-121.*

[13] FLIEß SABINE / JACOB, FRANK *(1996): Customer Integration – Was ändert sich im Marketing?, in: Michael Kleinaltenkamp / Sabine Fließ / Frank Jacob (Hg.): Customer Integration: Von der Kundenorientierung zur Kundenintegration, Wiesbaden: Gabler 1996, S. 25-37.*

[14] FOWLER, SALLY ET AL. *(2000): Beyond products: new strategic imperatives for developing competencies in dynamic environments, in: Journal of Engineering and Technology Management, 17. Jg. (2000), S. 357-377.*

[15] FRANKE, NIK / SHAH, SONALI *(2002): How communities support innovative activities: an exploration of assistance and sharing among end-users, in: Research Policy, 2002 (im Erscheinen).*

[16] GERSCH, MARTIN *(1995): Die Standardisierung integrativ erstellter Leistungen, Arbeitsbericht Nr. 57 des Instituts für Unternehmensführung und Unternehmensforschung, Universität Bochum 1995.*

[17] GILMORE, JAMES H. / PINE, B. JOSEPH II *(2001) (Hg.): Markets of One: Creating Customer-Unique Value through Mass Customization, Boston: Harvard Business Review Book 2001.*

[18] GOLDMAN, STEVEN / NAGEL, ROGER *(1993): Management, technology and agility, in: International Journal of Technology Management, 8. Jg. (1993), Nr. 1/2, S. 18-38.*

[19] GRÜN, OSKAR / BRUNNER, JEAN-CLAUDE *(2002): Der Kunde als Dienstleister, Wiesbaden: Gabler 2002 (im Erscheinen).*

[20] GRUNER, KJELL / HOMBURG, CHRISTIAN *(2000): Does customer interaction enhance new product success?, in: Journal of Business Research, 49. Jg. (2000), H. 1, S. 1-14.*

[21] HARHOFF, DIETMAR / HENKEL JOACHIM / VON HIPPEL, ERIC *(2000): Profiting from voluntary information spillovers: how users benefit by freely revealing their innovations, MIT Sloan School Working Paper #4125, Cambridge 2000.*

[22] HELANDER, MARTIN / KHALID, HALIMATHUN *(1999): Customer Needs in Web-Based Do-It-Yourself Product Design, in: Proceedings of the 10th M.Sc. Ergonomics International Conference, Lulea, Sweden, 29.-30.10.1999, S. 9-14.*

[23] HERSTATT, CORNELIUS / LÜTHJE, CHRISTIAN / LETTL, CHRISTOPHER *(2002): Wie fortschrittliche Kunden zu Innovationen stimulieren, in: Harvard Business Manager, 24. Jg. (2002), H. 1, S. 60-68.*

[24] HIBBARD, JUSTIN *(1999): Assembly online: the web is changing mass production into mass customization, in: Information Week vom 12.4.1999, S. 85f.*

[25] HILDEBRAND, VOLKER G. *(1997): Individualisierung als strategische Option der Marktbearbeitung, Wiesbaden: Gabler 1997.*

[26] HOMBURG, CHRISTIAN / DAUM, DANIEL *(1997): Wege aus der Komplexitätsfalle, in: Zeitschrift wirtschaftliche Fertigung (ZWF), 92. Jg. (1997), H. 7/8, S. 333-337.*

[27] HOMBURG, CHRISTIAN / WEBER, JÜRGEN *(1996): Individualisierte Produktion, in: Werner Kern et al. (Hg.): Handwörterbuch der Produktionswirtschaft, 2. Aufl., Stuttgart: Schäffer-Poeschel 1996, Sp. 653-663.*

[28] JACOB, FRANK *(1995): Produktindividualisierung: Ein Ansatz zur innovativen Leistungsgestaltung im Business-to-Business-Bereich, Wiesbaden: Gabler 1995.*

[29] KALUZA, BERND *(1989): Erzeugniswechsel als unternehmenspolitische Aufgabe, Berlin 1989.*

[30] KLEINALTENKAMP, MICHAEL *(1995): Standardisierung und Individualisierung, in: Bruno Tietz (Hg.): Handwörterbuch des Marketing, 2. Aufl., Stuttgart: Schäffer-Poeschel 1995, Sp. 2354-2364.*

[31] KLEINALTENKAMP, MICHAEL *(1996): Customer Integration - Kundenintegration als Leitbild für das Business-to-Business-Marketing, in: Michael Kleinaltenkamp / Sabine Fließ / Frank Jacob (Hg.): Customer Integration: Von der Kundenorientierung zur Kundenintegration, Wiesbaden: Gabler 1996, S. 13-24.*

[32] KLEINALTENKAMP, MICHAEL *(2000): Customer Integration im Electronic Business, in: Rolf Weiber (Hg.): Handbuch Electronic Business, Wiesbaden: Gabler 2000, S. 333-358.*

[33] KLEINALTENKAMP, MICHAEL / DAHLKE, BEATE *(2001): Der Wert des Kunden als Informant - auf dem Weg zu einem knowledge based customer value, in: Bernd Günter / Sabrina Helm (Hg.): Kundenwert, Wiesbaden: Gabler 2001, S. 189-212.*

[34] KLEINALTENKAMP, MICHAEL / MARRA, ANDREAS *(1995): Institutionenökonomische Analyse der 'Customer Integration', in: Klaus Peter Kaas (Hg.): Kontrakte, Geschäftsbeziehungen, Netzwerke, Sonderheft 35 der Zeitschrift für Betriebswirtschaftliche Forschung, Düsseldorf / Frankfurt 1995, S. 101-117.*

[35] KÖSTER, OLIVER *(1998): Strategische Disposition: Konzept zur Bewältigung des Spannungsfeldes Kundennähe, Komplexität und Effizienz in Leistungserstellungsprozessen, Diss., Universität St. Gallen 1998.*

[36] LAMPEL, JOSEPH / MINTZBERG, HENRY *(1996): Customizing customization, in: Sloan Management Review, 37. Jg. (1996), H. 1, S. 21-30.*

[37] LERNER, JEAN / TIROLE, JOSH *(2000): The Simple Economics of Open Source, NBER Working Paper #7600, 2000 (forthcoming in the Journal of Industrial Economics).*

[38] LÜTHJE, CHRISTIAN *(2000): Characteristics of Innovating Users in a Consumer Goods Field, Working Paper, University of Hamburg-Harburg 2000.*

[39] MEYER, ANTON / BLÜMELHUBER, CHRISTIAN *(1998): Dienstleistungs-Innovation, in: Anton Meyer (Hg.): Handbuch Dienstleistungs-Marketing, Stuttgart: Schäffer-Poeschel 1998.*

[40] MILGROM, PAUL / ROBERTS, JOHN *(1990): The economics of modern manufacturing: technology, strategy, and organization, in: The American Economic Review, 80. Jg. (1990), H. 6, S. 511-528.*

[41] MILGROM, PAUL / ROBERTS, JOHN *(1995): Complementarities and fit – strategy, structure, and organizational change in manufacturing, in: Journal of Accounting and Economics, 19. Jg. (1995), H. 2, S. 179-208.*

[42] MINTZBERG, HENRY *(1988): Generic strategies: towards a comprehensive framework, in: R. Lamb / P. Shrivasta (Hg.): Advances in Strategic Management, Vol. 5, Greenwich: JAI Press 1988, S. 1-67.*

[43] NORMAN, RICHARD / RAMIREZ, RAFAEL *(1994): Designing interactive strategy, Chichester: Wiley 1994.*

[44] OSTERLOH, MARGIT / ROTA, SANDRA / VON WARTBURG, MARC *(2002): Open-Source: normbasierte Kooperation in der Softwareentwicklung, Arbeitspapier am Lehrstuhl für Organisation der Universität Zürich 2002.*

[45] PEPPERS, DON *(2000): Learning Relationships: How?, Keynote auf dem "First European Personalization Summit,,, London, September 2000.*

[46] PICOT, ARNOLD / REICHWALD, RALF / WIGAND, RALF *(2002): Die grenzenlose Unternehmung, 5. Aufl., Wiesbaden: Gabler 2002.*

[47] PILLER, FRANK T. *(1998a): Kundenindividuelle Massenproduktion - Die Wettbewerbsstrategie der Zukunft. München, Wien: Carl Hanser 1998.*

[48] PILLER, FRANK T. *(2001): Mass Customization, 2. Aufl., Wiesbaden: Gabler 2001.*

[49] PILLER, FRANK T. / IHL, CHRISTOPH *(2002): Mass Customization ohne Mythos, in: New Management (ehem.: io management), 2002, H. 10, S. 76-84.*

[50] PINE, B. JOSEPH II *(1993): Mass Customization, Boston. Harvard Business School Press 1993.*

[51] PINE, B. JOSEPH II *(1998): Mass Customization – Die Wettbewerbsstrategie der Zukunft, Einführung zu: Frank T. Piller: Kundenindividuelle Massenproduktion, München / Wien: Hanser 1998, S. 1-17.*

[52] PIORE, MICHAEL J. / SABEL, CHARLES F. *(1984): The second industrial divide, New York 1984.*

[53] POPCORN, FAITH *(1992): Der Popcorn Report, München: Econ 1992.*

[54] RAMIREZ, RAFAEL *(1999): Value co-production: intellectual origins and implications for practice and research, in: Strategic Management Journal, 20. Jg. (1999), H. 1, S. 49-65.*

[55] REICHWALD, RALF / PILLER, FRANK T. *(2002): Der Kunde als Wertschöpfungspartner: Formen und Prinzipien, in: Horst Albach et al. (Hg.): Wertschöpfungsmanagement als Kernkompetenz, Wiesbaden: Gabler 2002, S. 27-52.*

[56] RÜDIGER, MATHIAS *(2001): E-Customer Innogration - Potenziale der internetbasierten Kundeneinbindung in Innovationsprozesse, ZMU Working Paper Nr. 20, WHU Koblenz Vallendar 2001.*

[57] SAHIN, FUNDA *(2000): Manufacturing competitiveness: Different systems to achieve the same results, Production and Inventory Management Journal, 42. Jg., Nr. 1, S. 56-65.*

[58] SCHNÄBELE, PETER *(1997): Mass Customized Marketing – effiziente Individualisierung von Vermarktungsobjekten und -prozessen, Wiesbaden: Gabler 1997.*

[59] SPECHT, GÜNTER *(2002): Integration von Demand-Pull und Technology-Push im Innovationsmanagement, in: Heymo Böhler (Hg.): Marketing-Managment und Unternehmensführung, Stuttgart: Schäffer-Poeschel 2002, S. 481-502.*

[60] THOMKE, STEFAN / VON HIPPEL, ERIC *(2002): Customers as Innovators: A New Way to Create Value, in: Harvard Business Review, 80. Jg. (2002), Heft 4.*

[61] TOFFLER, ALVIN *(1970): Future Shock, New York: Bantam Books 1970.*

[62] TOFFLER, ALVIN *(1980): Die dritte Welle: Die Zukunftschance, München: Econ 1980.*

[63] TSENG, MITCHELL / JIAO, JIANXIN *(2001): Mass Customization, in: Gaviel Salvendy (Hg.): Handbook of Industrial Engineering, 3 rd edition, New York: Wiley, S. 684-709.*

[64] TSENG, MITCHELL / PILLER, FRANK T. *(Hg.) (2002): Advances in Mass Customization (working title), New York/Heidelberg: Springer 2002 (erscheint Ende 2002).*

[65] VAN HOEK, REMKO / PEELEN, ED / COMMANDEUR, HARRY *(1999): Achieving mass customization through postponement, in: Journal of Market Focused Management, 3. Jg. (1999), H. 3, S. 353-368.*

[66] VANDERMERWE, SANDRA *(2000b): Personalization creates experiences, Keynote auf dem "First European Personalization Summit,, London, September 2000.*

[67] VON HIPPEL, ERIC *(1994): Sticky information and the locus of problem solving, in: Management Science, 40. Jg. (1994), H. 3, S. 429-439.*

[68] VON HIPPEL, ERIC *(1998): Economics of product development by users: the impact of „sticky" local information, in: Management Science, 44. Jg. (1998), H. 5, S. 629-644.*

[69] VON HIPPEL, ERIC *(2001a): Toolkits for User Innovation, MIT-SSM Working Paper #4058, Boston: MIT, Version July 2001, forthcoming in Journal of Product and Innovation Management.*

[70] VON HIPPEL, ERIC *(2001b): Innovation by user communities: learning from open-source software, in: MIT Sloan Management Review, 2001, H. 2 (Summer), S. 82-86.*

[71] VON HIPPEL, ERIC / THOMKE, STEFAN / SONNAK, MARY *(1999): Creating breakthroughs at 3M, in: Harvard Business Review, 77. Jg. (1999), Nr. 5 (Sept./Okt).*

[72] WALLER, MATTHEW / DABHOLKAR, PRATIBHA / GENTRY, JULIE *(2000): Postponement, product customization, and market-oriented supply chain management, in: Journal of Business Logistics, 21. Jg. (2000), H. 2, S. 133-160.*

[73] WIKSTRÖM, SOLVEIG *(1996): Value creation by company-consumer interaction, in: Journal of Marketing Management, 12. Jg. (1996), S. 359-374.*

[74] WILDEMANN, HORST *(1997): Fertigungsstrategien: Reorganisationskonzepte für eine schlanke Produktion und Zulieferung, 3. Aufl., München: TCW 1997.*

[75] WILDEMANN, HORST *(1998): Die modulare Fabrik, 5. Aufl., München: TCW 1998.*

[76] WIND, JERRY / RANGASWAMY, ARVIND *(2001): Customerization: the next revolution in mass customization, in: Journal of interactive marketing, 15. Jg. (2001), H. 1 (Winter), S. 13-32.*

[77] WOMACK, JAMES P. / JONES, DANIEL / ROOS, DANIEL *(1991): Die zweite Revolution in der Autoindustrie, Frankfurt / New York: Campus 1991.*

[78] ZÄPFEL, GÜNTHER *(1996): Auftragsgetriebene Produktion zur Bewältigung der Nachfrageungewissheit, in: Zeitschrift für Betriebswirtschaftslehre, 66. Jg. (1996), H. 7, S. 861-877.*

5 Wie ein Mass-Customization-System entwickelt wird

Was sind die Grenzen der Kundenintegration? Wie werden individuelle Produkte und Prozesse in ihren Grundzügen entwickelt? Wie ist ein „Toolkit for User Innovation" aufgebaut? Dieses Kapitel erläutert die grundlegenden Gestaltungsebenen von Mass Customization genauer, die gemeinsam den Wettbewerbsvorteil eines Mass-Customization-Systems ausmachen. Zur Darstellung der Gesamtaufgabe dient uns das Konzept des Informationskreises von Mass Customization, der anhand von zwei Beispielen ausführlich beschrieben wird.

Stichworte: Ebenen der Potenzialgestaltung, Individuelle Vitamintabletten, Von der Wertschöpfungskette zum Informationskreis, Gestaltung der Produktarchitekturen, Kundenintegration, Ausbau der Wissensbasis, Kundenbeziehungen in der Nachkaufphase, Design for Mass Customization, Potenziale der Modularisierung (Beispiel Reifenindustrie), Modularisierung der Wertschöpfung, Ansprüche und Gestaltungsfelder der Zuliefererkooperation, Best-Practice-Beispiele von Konfigurationssystemen.

Frank T. Piller und Christof M. Stotko

5.1 Der Informationskreis von Mass Customization

Die Potenzialgestaltung, die vierte Ebene eines Mass-Customization-Systems (siehe Kapitel 4), bildet die Grundlage für die Differenzierungs-Kosten- und Beziehungsebene. Hier werden, unabhängig von einer einzelnen Kundeninteraktion und einem spezifischen Kundenauftrag, die Rahmenbedingungen des Systems festgelegt. Wie bereits erwähnt, ist Mass Customization durch einen zweistufigen Entwicklungsprozess gekennzeichnet: Zunächst kommt es (einmalig) zur Entwicklung des Grundprodukts mit allen möglichen Varianten bzw. zur Entwicklung der grundlegenden Produkt- und Leistungsarchitektur. In diese Phase – die im Mittelpunkt dieses Kapitels steht – fällt auch die Entwicklung der notwendigen Produktionsprozesse. Die zweite Stufe der Produktentwicklung bildet dann die kundenspezifische Konfiguration eines Endprodukts, entsprechend der individuellen Bedürfnisse und Wünsche eines Abnehmers (siehe Kapitel 5.3).

Ebenen der Potenzialgestaltung

Im Rahmen der Potenzialgestaltung sind zwei Bereiche zu unterscheiden:

Die Produkt- und Leistungsgestaltung legt die Produktarchitekturen fest. Hier werden das Ausmaß der Modularisierung und Individualisierungsmöglichkeiten bestimmt. Dazu gehört neben der Entwicklung materieller Produkte auch die systematische Definition von Dienstleistungsbestandteilen.

In der Prozessgestaltung werden die Wertschöpfungsprozesse gestaltet, in der sich die Kundenintegration und kundenindividuelle Massenproduktion vollzieht. Dabei geht es vor allem um den Aufbau der Produktions- und Interaktionssysteme.

Solution Space

Beide Bereiche bilden zusammen den „Solution-Space“ [46] des Unternehmens: „Economical production of custom products and services is only achievable when a custom design falls within the pre-existing capability and degrees of freedom built into a given supplier's production system – the solution space offered by a system“ [46, S. 13]. Dieser setzt den Rahmen und ist aus kurz- und mittelfristiger Sicht konstant. Stabile Prozesse und Leistungsarchitekturen sind ein wesentliches Merkmal der Kostenposition von Mass Customization. Auf längere Sicht ist aber auch der Solution Space Änderungen unterworfen und muss sich an neue Kunden- oder Marktanforderungen anpassen. Hierzu stellt Open Innovation Möglichkeiten zur Verfügung, die über eine autonome (Weiter-)Entwicklung durch das Unternehmen hinausgehen und auf die Nutzung von Kundenwissen und -fähigkeiten setzen. Bevor wir die Produkt- und Leistungsgestaltung sowie die Prozessentwicklung genauer in ihren Bestandteilen beschreiben, soll der folgende Abschnitt einen integrierenden Überblick geben.

Welche Aufgaben sind beim Aufbau der Potenziale bzw. des Solution Space notwendig? Zwei Beispiele können einen Anhaltspunkt geben: der Hersteller individueller Vitamintabletten Sovital, ein deutsches Pionierunternehmen von Mass Customization im Pharma-Bereich, und Levi Strauss, der amerikanische Mass-Customization-Klassiker. Die in diesem Kapitel angesprochenen Punkte werden in den beiden folgenden Abschnitten (Kapitel 5.2 und 5.3) noch detailliert beschrieben.

Zwei Beispiele für den Informationskreis von Mass Customization

⇨ **Individuelle Vitamintabletten von Sovital**
Während Vitaminpräparate in den USA schon länger ein riesiges Marktsegment bilden, wächst in den letzten Jahren auch in Deutschland die Nachfrage mit 20 bis 25 Prozent jährlich. Eine genau ausgerichtete Kombination von verschiedenen Vitaminen und Zusatzstoffen (Eisen, Kalzium etc.) soll Fitness und Wohlbefinden stärken. Der klassische Weg, um eine individuelle Nährstoffkombination einzunehmen, ist das Schlucken vieler verschiedener Pillen, die jeweils einen Wirkstoff enthalten (In den USA bis zu 20 Stück pro Tag). Die Sovital GmbH Karben hat einen bequemeren Weg gefunden: Das 1998 gegründete und seit 2000 operative Unternehmen fertigt Vitamin- und Nährstoffpillen nach Maß. Ein spezielles Produktionsverfahren erlaubt die Kombination der verschiedenen Wirkstoffe in kleinsten Chargen. Nachdem die Kunden einmal mit Unterstützung des Unternehmens ihre optimale Vitaminkombination gefunden haben, bekommen sie diese in Form individuell hergestellter Pillen auf Wunsch jeden Monat frei Haus geliefert. Der Preis liegt dabei deutlich unter dem, was Kunden für den Einzelkauf der entsprechenden herkömmlichen Präparate ausgeben müssten. Andererseits übersteigt der Preis für individuelle Vitaminpräparate jedoch den Preis massenhaft produzierter Vitaminpillen, die zwar den individuellen Bedarf nicht exakt treffen, jedoch in den vielen Fällen eine ausreichende Zusatzversorgung bieten.

⇨ **Mass-Customization-Pionier Levi Strauss**
Ein bekanntes Pionierbeispiel für Mass Customization ist das "Original Spin"-Programm des Bekleidungsherstellers Levi Strauss & Co. Inc., San Francisco, der in den USA und Kanada maßgeschneiderte Damen- und Herrenjeans zu einem Aufpreis von etwa 10 Prozent zur vergleichbaren Konfektionsware verkauft. Dazu werden im Laden die Maße der Kunden sowie Farb- und Stoffwünsche vom Verkäufer mittels einer speziellen Software erfasst. Der Computer ermittelt dann die Nummer eines im Laden vorrätigen Prototyps, der den individuellen Maßen des Kunden am ähnlichsten ist. Nach eventuell weiteren Anpassungen der Maße (Modifikationen können in Abständen von 0,5 Inch (1,27 cm) an Hüfte, Oberschenkeln, Länge und Bundweite vorgenommen werden – möglich sind insgesamt 4224 verschiedene Größen – wird die Bestellung über ein Computernetzwerk direkt in den Laser-Schnittroboter einer Fabrikationsstätte des Unternehmens gesandt. Die individuell zugeschnittenen Stoffe werden dann von Nährobotern und Schneiderinnen verarbeitet. Per Nachtkurier ist das individuelle Produkt einige Werktage später beim Kunden. Jede Jeans hat einen eingenähten Strichcode mit der individuellen Kundennummer, hinter der alle relevanten Daten gespeichert sind. Damit werden spätere Käufe vereinfacht.

Von der Wertschöpfungskette zum Informationskreis

Wie bereits erörtert, finden sich in einem Mass-Customization-System zwei Arten von Prozessen: Manche Aktivitäten erfolgen unabhängig von einer konkreten Transaktion, andere werden erst in Zusammenarbeit mit einem Kunden vollzogen. Die Wertschöpfungsaktivitäten von Mass Customization lassen sich in Fortführung der herkömmlichen Wertschöpfungskette als Informationskreis beschreiben (siehe Abbildung 5.1). Damit wird die Bedeutung eines integrierten Informationsflusses und die Gewinnung und Verwertung von kundenbezogenem Wissen verdeutlicht. Denn die Information stellt auf vielen Ebenen den wichtigsten Umsetzungsfaktor der Mass Customization dar [1, 20, 26, 36, 47]. Zentrale Aufgabe ist es, im Rahmen einer Querschnittskoordination dafür zu sorgen, dass die Produktarchitektur von einer adäquaten Informationsinfrastruktur begleitet wird – und dies ist weit mehr eine

Aufgabe des Wertschöpfungsmanagements als der IT-Abteilung. Nur wenn letztendlich eine durchgängige Informationsverbindung vom Kunden bis zur Leistungserstellung geschaffen wird, kann eine effiziente Individualisierung vorgenommen werden.

Ansonsten ist ein Mass-Customization-Konzept zum Scheitern verurteilt, wie das Beispiel von Custom Foot zeigt. Dieser hochgelobte Mass-Customization-Pionier der ersten Stunde scheiterte Mitte 1998 trotz eines guten Marketings und eines exzellenten Kundenbindungsmanagements an unabgestimmten sowie qualitativ unzureichenden Prozessketten [26].

Gestaltung der Produktarchitekturen

Der Informationskreis beginnt und endet mit der Festlegung des Solution Space. Dort werden Produktarchitektur und Leistungssystem gestaltet (Definition der angebotenen Vitamine und Zusatzstoffe bei Sovital; Definition der Grundschnitte, Farben und Variationsmöglichkeiten bei Levis). Mass Customization geht im Gegensatz zu einer herkömmlichen Einzelfertigung von einer eingeschränkten Flexibilität

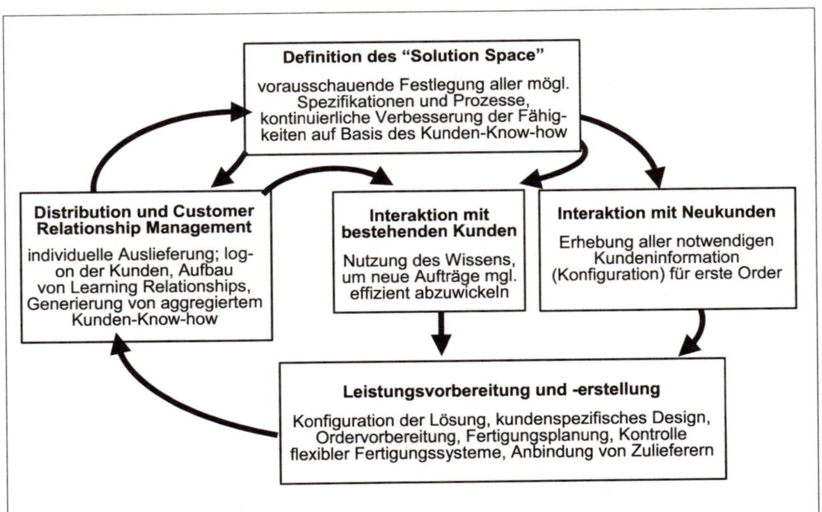

Abb. 5.1: *Der Informationskreis der Mass Customization*

aus. Die Individualisierung der Produkte erfolgt an einigen (für den Kunden relevanten) Komponenten innerhalb genau definierter Ausmaße bzw. Anpassungsschritte. Es müssen dabei auf der einen Seite so viele Variationsmöglichkeiten angeboten werden, dass alle relevanten Kunden bedient werden können. Auf der anderen Seite muss das Produkt in allen Bestandteilen, die vom Käufer als nicht individualisierungsentscheidend gesehen werden, standardisiert werden, um die Komplexität in den Griff zu bekommen. Dies bedeutet beispielsweise bei Levis, dass sich das Unternehmen auf die Maße von 95 Prozent der Jeanskäufer beschränkt. Extrem große oder kleine Größen werden beim „Original Spin"-Programm nicht angeboten. Ausschlaggebend ist die Spannweite des Schnittroboters sowie die Verwendbarkeit gleicher Schnittmuster (die bei Sondergrößen abzuändern sind).

Hier liegt eine der wichtigsten Aufgaben der Potenzialgestaltung. Ziel ist es, Produktbestandteile zu identifizieren, die die Individualität des Produkts ausmachen sowie die Spannweite der möglichen Variationen bestimmen. Grundsätzlich kann eine Individualisierung dabei an den Optionen Passform (Packungsgröße bei Sovital; Maße bei Levis), Design/Geschmack (Fruchtgeschmack bei Sovital; Farbe, Schnitt und Applikationen bei der Levis-Jeans) und Funktionalität (Wirkstoffe und Dosierung bei Sovital; möglicherweise Wahl eines besonderen Membran im Stoff bei Levis) ansetzen. Umfang und Design des so entstehenden Produktbaukastens sind in hohem Maße für den Erfolg des Produktkonzepts verantwortlich.

Modularisierung als Grundmuster der Potenzialgestaltung auf Prozessebene ...

Grundmuster der Potenzialgestaltung ist eine Modularisierung des Unternehmens sowohl auf Produkt- als auch auf Prozessebene (dies lässt sich nicht nur für Mass Customization feststellen, sondern gilt für viele der neueren Formen industrieller Wertschöpfung wie Lean Management oder Agile Manufacturing). Unter dem Einfluss von Wettbewerb und Technologie kommt es zu einer Auflösung der internen Hierarchien [vgl. 23, 31]. Im Wege der Modularisierung der Unternehmung

(Prozessebene) werden traditionelle hierarchische Strukturen durch die Bildung integrierter, kundenorientierter Prozesse ersetzt, die von relativ kleinen, überschaubaren Einheiten (Prozessmodulen) vollzogen und untereinander durch dezentrale, nicht-hierarchische Koordinationsformen abgestimmt werden. Ziel ist die originäre Vermeidung von Komplexität, indem die Gesamtaufgabe in einzelne Teilprozesse unterteilt wird, die jeweils bestimmte Teilaufgaben vollziehen [3, 49]. Auf der Prozessplanungsebene wird die Leistungserstellung in einen auftragsbezogenen Regelkreis als Ergebnis einer konkreten Kundeninteraktion und einen auftragsneutralen Regelkreis geteilt, der der Bereitstellung des notwendigen Leistungspotenzials dient (siehe folgender Abschnitt). Ergänzende Dienstleistungen können im Rahmen einer Service Customization [21] ebenfalls einen Bestandteil der Leistungsarchitektur darstellen. Diese Individualisierungsoption wird heute aber noch viel zu wenig umgesetzt.

... und auf Produktebene

Auch auf der Produktebene gilt die Modularisierung als Schlüssel für eine effiziente kundenindividuelle Produktion. Standardisierte, kundenspezifische und individualisierbare modulare Produkt- und Servicekomponenten werden zu einem individuellen Endprodukt verbunden. Eine Reduktion der Komplexitätskosten und die Möglichkeit, Lern- und Größenvorteile bei der Entwicklung und Erstellung der Module zu erzielen, unterstützen die geforderte Kostenoption. Weiterhin lassen sich Verbundeffekte verwirklichen, wenn die gleichen Module in einer Vielzahl unterschiedlicher Absatzleistungen eingesetzt werden können. Diese Kombination aus Größen- und Verbundvorteilen begründet auch eine neue Klasse von Kostensenkungspotenzialen (siehe Kapitel 7.3).

Kundenintegration im Rahmen der Konfiguration

Die kundenspezifischen Wertschöpfungsaktivitäten beginnen mit der zweiten Stufe der Entwicklung, der kundenbezogenen Konfiguration des Endprodukts entsprechend den Bedürfnissen und Wünschen eines

Abnehmers. Diese Aufgabe setzt vor allem die Unterstützung des Kunden bei der Definition seiner Bedürfnisse voraus. Abwicklung und Gestaltung dieser Phase sind danach zu differenzieren, ob ein Neukauf oder ein Wiederholungskauf vorliegt, bei dem auf bereits vorhandene Individualisierungsinformationen zurückgegriffen werden kann. Während beim ersten Kauf vor allem die Identifikation der Kundenbedürfnisse und ihre Überführung in eine erste Produktspezifikation im Vordergrund steht, sollte der Wiederholungskauf so einfach wie möglich gestaltet werden, um den Aufwand der Konfiguration entscheidend zu senken. Hier liegt ein wesentliches Potenzial zur Schaffung von Kundenzufriedenheit und Kundenbindung. Instrument der Konfiguration ist eine Klasse von Software- und Interaktionssystemen, sogenannte Konfiguratoren, welche die Kundenbedürfnisse mit den Fähigkeiten des Anbieters in Einklang bringen. Ausgestattet mit einer einfachen Benutzerschnittstelle leiten diese Systeme den Kunden durch die verschiedenen Schritte zur Erhebung der Individualisierungsinformation – und prüfen sogleich die Fertigungsfähigkeit der gewünschten Spezifikation.

Gestaltung der Konfigurationssysteme ergänzt Produktentwicklung

Auch hier liegt eine wichtige Aufgabe der Potenzialgestaltung: Es wäre kurzsichtig, die Definition dieser Kundenschnittstelle lediglich den Softwareentwicklern zu überlassen. Die Marktkenntnis des zuständigen Produktmanagers muss die notwendigen Vorgaben liefern. Die Konfiguration ergänzt das materielle Kernprodukt und kann als Bestandteil eines umfassenden Produktbündels gesehen werden. Begeisterungseigenschaften und Produkterlebnisse als (wieder-)kaufsentscheidende Produktkriterien werden zu einem hohen Maße durch den Konfigurationsvorgang gebildet. Deshalb ist es wichtig, die Konfiguration nicht nur als notwendigen technischen, sondern auch als kommunikativen und präferenzbildenden Vorgang zu nutzen und zu gestalten.

Bei Levis wird die Konfiguration klassisch im Laden durchgeführt. Ein Shop-im-Shop-Konzept sorgt für einen besonderen emotionalen Rahmen, der den Kaufabschluss durch sofortige Verfügbarkeit der Ware ersetzt. Der Erlebnisaspekt spielt hier eine wichtige Rolle und begründet ein großes Differenzierungspotenzial von Mass Customization. Während bei Levis die Maße noch durch eine geschulte Verkäuferin erhoben werden, setzen andere Anbieter bereits mit großem Erfolg zwei- und dreidimensionale Ganzkörperscanner ein. Bei niedrigpreisigen Gütern muss die Konfiguration aus Effizienzgründen auf den Kunden verlagert werden. Die im Massengeschäft oft übliche Selbstbedienung im Handel ist in eine „Selbstkonfiguration" zu überführen. Dies geschieht in der Regel durch die Einbindung des Konfigurators in einen Internetshop. Im Textilbereich zeigt der deutsche Marktführer Dolzer mit einem gelungenen Online-Shop (www.dolzershop.de), wie selbst das Maßnehmen erfolgreich auf die Kunden verlagert werden kann. Auch das Geschäftskonzept von Sovital beruht weitgehend auf einer Online-Konfiguration. Der potenzielle Kunde kann im Internet mit Hilfe der sog. „Vitalstoff-Analyse" herausfinden, welche Nährstoffe den eignen Vitaminhaushalt verbessern könnten.

Kundenspezifische Beschaffung, Fertigung und Leistungserstellung

Erst jetzt folgt im Schema des Informationskreises die Beschaffung der Materialien für die kundenindividuell zu erstellenden Teile (in den beiden genannten Beispielen können jedoch alle Materialien schon vor Auftragseingang auf Lager beschafft werden, was zwar streng genommen nicht Sinn und Zweck von Mass Customization ist, aber insbesondere in der Einführungsphase für einen reibungslosen Ablauf sorgen kann). Dabei müssen eventuell Spezifikationen an die Lieferanten weitergegeben werden, wenn diese in die Individualisierung einbezogen werden. Anschließend erfolgt die individuelle Produktion.

Zur Umsetzung von Mass Customization in der Fertigung dient der Einsatz moderner Fertigungstechnologien, wobei spezielle hybride Verfahren der Produktionsplanung und -steuerung, die eine Mischung zwischen zentralen und dezentralen Ansätzen darstellen, dazu beitragen, die Planungskomplexität zu bewältigen [25, 39].

Ausbau der Wissensbasis und Kundenbeziehungen in der Nachkaufphase

Ziel der Aktivitäten während der Nachkaufphase ist die systematische Auswertung der während des Konfigurationsvorgangs erhobenen Informationen [37]. Denn Voraussetzung für ein dauerhaft erfolgreiches Mass-Customization-Konzept ist nicht nur die Fähigkeit, Produkte individuell und kostengünstig zu fertigen, sondern gleichermaßen der Einsatz des dabei gewonnenen Wissens zum Aufbau einer dauerhaften Kundenbindung (siehe Kapitel 8). So bekommen bei Sovital bestehende Kunden nach Angabe ihrer Kundennummer unmittelbar ihre spezifische Kombination angezeigt und können diese auf Knopfdruck noch einmal bestellen oder aber modifizieren. Die zweite Konfiguration geht bedeutend schneller vonstatten als die erste – für die Kunden ein Anreiz, dem Unternehmen treu zu bleiben und nicht zu einen anderen Anbieter zu wechseln, bei dem der Vorgang wieder von vorne beginnt. Sovital besitzt an dieser Stelle viele Ansatzpunkte, zu einem Abo-Produkt zu werden.

Eine bedeutende Aufgabe der Potenzialgestaltung ist es, diese Nachkaufphase aktiv und wiederkaufsfördernd zu gestalten. Im klassischen Massengeschäft wird häufig jeder Kauf gleich behandelt. Durch Aufbau verschiedener Vertriebskanäle und den Einsatz differenzierter Formen der werblichen Kommunikation muss bei Mass Customization zwischen Erstkauf/-konfiguration und den Wiederholungskäufen nun individuell bekannter Kunden unterschieden werden. Aus Vermarktungssicht stellen Erst- und Wiederholungskauf zwei unterschiedliche Produkte dar. Durch die Verwendung verschiedener Absatzkanäle für die beiden Ebenen (Erstkauf im stationären Handel, Wiederholungskäufe über das Internet/Direktvertrieb) kommt es hier zu einer neuen Aufgabenteilung zwischen Produktmanagement und Vertrieb.

Schließlich müssen in einem Mass-Customization-System aber auch Mechanismen und Instrumente bestehen, um das Wissen aus einer Kundenbeziehung in aggregierter Form dem Gesamtunternehmen und allen Kunden zur Verfügung zu stellen. Ziel ist ein kontinuierlicher Lernprozess und eine dynamische Verbesserung des Leistungspotenzials. Dazu dient auch die Erhebung und Verarbeitung zusätzlicher Informationen während der Gebrauchsphase. Der Informationskreis endet so nicht wie im klassischen Geschäft mit der Auslieferung des Produkts bzw. der Erbringung der Leistung, sondern bildet einen durchgängigen Wissenskreislauf.

5.2 Produkt- und Leistungsgestaltung

Auch bei einer kundenindividuellen Fertigung ersetzt die Definition des Produkts durch den Kunden nicht die grundlegende Forschung und Entwicklung. Die meisten Kunden wären nicht nur damit überfordert, ein von Grund auf individuelles Produkt-Dienstleistungsbündel zu definieren, sondern auch die Forderung nach stabilen Prozessen und einer Begrenzung der internen Varietät verlangt nach klar definierten Grundprodukten, die dann kundenindividuell spezifiziert werden.

Leitlinien der Leistungsgestaltung

Ziel der Entwicklung von Produkt-Leistungs-Architekturen ist der Ausgleich zwischen Differenzierungs- und Kostenoption. Auf der einen Seite sollen alle potenziellen Kunden ein Produkt erwerben können, das ihren Wünschen und Bedürfnissen so nahe wie möglich kommt. Auf der anderen Seite aber zwingt die Kostenoption von Mass Customization zu einer weitgehenden Standardisierung aller Produktbestandteile, die aus Kundensicht nicht zur Individualisierung beitragen. Nur so können Informationsintensität, interne Varietät und Komplexität in einem erträglichen Rahmen gehalten werden. Dies gilt gerade auch aus Kundensicht. In diesem Zusammenhang tritt das Varietätsparadoxon der Mass Customization auf, das wir weiter unten in diesem Abschnitt vorstellen werden. Zu vermeiden sind eine kundenindividuelle Anpassung oder Entwicklung von Teilen, die meist zu hohen Kosten führen. Auch ein Mass Customizer wird diese kundenbezogenen Konstruktionsschritte nicht völlig vermeiden können. Aufgabe der Produktentwicklung ist aber, sie soweit wie möglich zu reduzieren, so dass möglichst viele Standardteile und Komponenten mit „eingebauter Flexibilität" Verwendung finden [19]. Abbildung 5.2 zeigt den Unterschied zwischen einem klassischen (kundenbezogenen) Varianten- oder Einzelfertiger mit einem großen Anteil individueller Teile und einem Mass Customizer, der schon vorausschauend die Individualität in der Produktentwicklung vorwegnimmt. Neben vielseitig einsetzbaren Standardteilen sind es vor allem „intelligente" Teile, die sich durch einfache Maßnahmen oder sogar automatisch an den jeweiligen Kundenwunsch anpassen lassen (z.B. durch Software).

Generische Produkt- und Leistungsarchitekturen ersetzen konkrete Produkte

Bei Mass Customization wird die Entwicklung konkreter Endprodukte weitgehend durch die Entwicklung einer grundlegenden Produktplattform, einzelner modularer Komponenten und deren Verbindungsmöglichkeiten ersetzt. Damit ist eine wesentliche Aufgabe die Definition eines optimalen „Baukastens", d.h. die Vorgabe von verschiedenen Modulen, ihren Schnittstellen und Variationsmöglichkeiten. Ziel ist die Entwicklung einer übergreifenden, generischen Produktarchitektur: „A good product family architecture provides a generic architecture to cap-

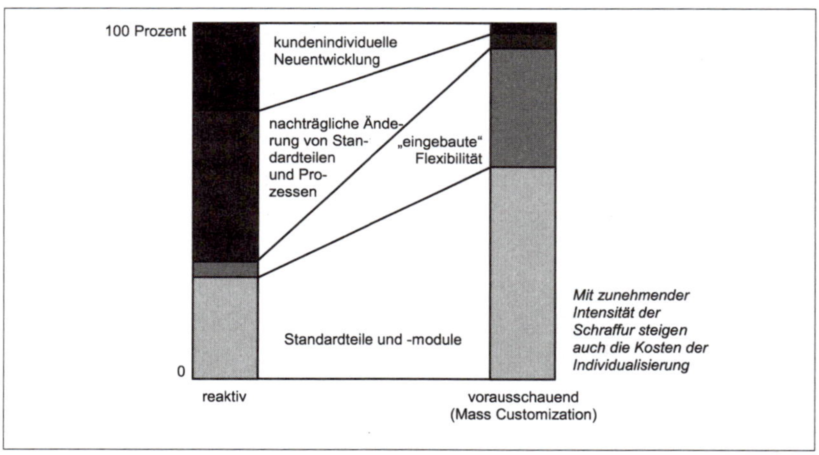

Abb. 5.2: *Reaktive versus vorausschauende Individualisierung (in Anlehnung an [2, S. 44]).*

ture and utilize reusability, within which each new product instantiates and extents so as to anchor future designs to a common product line structure“ [39]. Ansatzpunkt ist dabei aber nicht nur die fertigungsgerechte Gestaltung und Komplexität aus Sicht der Leistungserstellung, sondern auch das Ausmaß der erwarteten Individualisierungswünsche der Kunden bzw. deren Zahlungsbereitschaft für verschiedene Individualisierungsoptionen.

Design for Mass Customization

Um diese beiden Bereiche aufeinander abzustimmen, wurden eine Vielzahl von Strategien und Instrumenten entwickelt, um die geforderte Varietät mit der Kostenposition in Einklang zu bringen, indem jeweils die Differenzierungs- und Kostenwirkungen einer Varietätsoption aus Abnehmer- wie Anbietersicht bewertet werden. Hierzu dienen verschiedene Verfahren, die in Tabelle 5.1 kurz skizziert sind (für nähere Angaben wird auf die dort angegebene Literatur verwiesen, siehe auch [41] für eine ausführliche Diskussion weiterer Verfahren).

Ansatzpunkte der Individualisierung

Einer der wichtigsten Schritte bei der Gestaltung des Leistungsangebots ist die Festlegung der Dimensionen, in denen Individualisierung angeboten werden soll. Unter Dimension wird hier eine Produkt- oder Dienstleistungseigenschaft verstanden, die in ihrer Ausprägung für den Kunden einen gewissen Wert darstellt. Allgemein lassen sich drei Kategorien unterscheiden:

- Passform und Fit
- Funktionalität
- Geschmack oder Design

Passform und Fit

Erste Individualisierungsmöglichkeit sind die individuellen Maße der Kunden bzw. Verwender. Hierunter fällt der große Bereich körpernaher

Produkte wie Kleidung oder Schuhe, aber auch Autositze, Bürostühle oder Höhen von Apparaturen. Weiterhin können auch die Einbaumaße eines Möbelstücks auf die Abmessungen einer Wohnung abgestimmt werden. Passform kann als das Urmotiv von Mass Customization gesehen werden.

Funktionalität

Aus Verwendungssicht bietet eine Individualisierung der Funktionalität viele Möglichkeiten. Ansatzpunkt sind die Eigenschaften eines Produkts in Hinblick auf bestimmte Verwendungszwecke. Beispiele sind die Laufeigenschaften eines Sportschuhs, die Bespannung eines Tennisschlägers oder der Funktionsumfang eines PC. Da eine funktionale Individualisierung auf der Ebene materieller Produkte teilweise recht schwierig und aufwändig ist, bieten sich an dieser Stelle viele

Verfahren	Quelle	Inhalt
DFPV (Design for Product Variation)	Ishii/Juengel/ Eubanks [13]	Methode, um maximale Kundenpräferenz für eine Produktlinie bei gleichzeitiger Minimierung der Lebenszykluskosten der Varietät zu erfassen.
VMEA (Variant Mode and Effects Analysis)	Eversheim/ Schenke/ Warnecke [9]; Schuh/Schwenk [33]	VMEA ist eine Methode zur systematischen Aufbereitung der Vielfaltsinformationen und der graphischen Darstellung der Variantenentwicklung zur Abstimmung zwischen den Unternehmensbereichen. Ziel ist die Analyse der technischen und wirtschaftlichen Aspekte bei Planung und Gestaltung variantenreicher Produktprogramme.
DFMC (Design for Mass Customization)	Jiao/Tseng [15]; Jiao [14]; Tseng/Jiao/Su [40]	DFMC zielt darauf ab, nicht individuelle Produkte zu designen, sondern Produktfamilien. So soll Economies of Scope und Scale schon in einer frühen Designphase Rechnung getragen werden.
OES (Open Engineering Systems)	Simpson/ Lautenschlager/ Mistree [35]	OES sind Systeme industrieller Produkte, Dienstleistungen und/oder Prozesse, die sich schnell an Umweltveränderungen anpassen können und somit den Produzenten in die Lage versetzen, durch kontinuierliche Verbesserungen im globalen Markt wettbewerbsfähig zu bleiben.
Blueprinting-Ansatz	Shostack [34]	Ansatz zur Entwicklung der Leistungsbestandteile von Dienstleistungen. Der Kundenprozess wird in Teilphasen zerlegt und in einem Ablaufdiagramm visualisiert. um so eine Sequenz von Kontaktpunkten aus Kundensicht mit den jeweiligen Interaktionen zu identifizieren.

Tabelle 5.1: *Verfahren der Produktentwicklung für Mass Customization*

Optionen, durch ergänzende individuelle Dienstleistungen gewünschte Funktionen bereitzustellen. So könnte ein individueller Reinigungsroboter zwar genau auf die verschiedenen Bodenbeläge eines Einsatzortes abgestimmt werden, aber vielleicht ist statt dem Einbau einer weiteren Bürste (fiktives Beispiel!) die Kombination mit einem Raumpflegedienst für die entsprechenden Räume einfacher.

Geschmack oder Design

Schließlich kann sich die Individualisierung auf die gustative bzw. visuelle Wahrnehmung der Kunden beziehen. Oft wird Individualisierung auf diesen Bereich beschränkt (manche Autoren sprechen bei einer Individualisierung des äußeren Erscheinungsbildes auch von Personalisierung – dieser Abgrenzung wollen wir aber nicht folgen, siehe Kapitel 4.3). Wir halten aber für viele Branchen ein Mass-Customization-Konzept, das rein am ästhetischen Design ansetzt, für langfristig nicht tragfähig und zu leicht austauschbar, da nicht in einem Maße Nutzen für die Abnehmer geschaffen wird, um die Grundlage einer dauerhaften Kundenbeziehung zu legen.

Unterschiedliche Individualisierungsdimensionen bei Adidas und Nike

Tabelle 5.2 stellt beispielhaft dar, wie diese Kategorien bei Mass Customization in der Schuhindustrie aussehen könnten. Bezüglich der Individualisierungsdimensionen unterschieden sich beispielsweise die Mass-Customization-Programme der Sportschuhhersteller Adidas und Nike grundlegend. Nike hat die Pionierrolle inne und bietet bereits seit 1999 individualisierbare Schuhe im Internet an, bei denen die Kunden die Farbgestaltung frei wählen und beide Schuhe mit einer Aufschrift versehen können. Adidas folgte sehr viel später, dafür aber mit einem deutlich weiterführenden System, das an allen drei Individualisierungsfunktionen ansetzt. Die Kunden durchlaufen beim Kauf zunächst einen Fuß- und Abdruckscan, um die Schuhe nach Maß herstellen zu können. Weiterhin werden entsprechend des Einsatzzwecks der Schuhe (z.B. Position und Feldbelag bei Fußballschuhen) die Sohleneigenschaften und das Fußbett individualisiert. Schließlich sind wie auch bei Nike noch eine Auswahl der Farben und eine individuelle Beschriftung möglich.

Die Unterschiede liegen auf der Hand: Das System von Nike war schnell und einfach umsetzbar, als Interaktionskanal dient das Internet. Dort schafft die Individualisierung der Schuhe einen Differenzierungsvorteil zu anderen Anbietern. Da weiterhin in Standardgrößen gefertigt wird und die Schuhe sich an vorhandenen Modellen ausrichten, sind auch Komplexität und Risiko aus Kundensicht gering. Dies ist das optimale System, um die Imageführerschaft von Nike als Trendsetter zu unterstreichen. Adidas dagegen wird seinem eher sportlichen Image gerecht. Das System betont die Unterstützung eines aktiven Sportlers durch Adidas. Auch gewinnt das Unternehmen durch den weitaus umfangreicheren Konfigurationsvorgang viel mehr Wissen über den einzelnen Kunden – Basis für ein intensives Kundenbindungsprogramm. Dafür sind aber die Komplexität in der Fertigung und vor allem im Interaktionssystem viel höher. Adidas kann – zumindest beim Erstkauf – nicht allein auf das Internet setzen, sondern muss mit ausgesuchten Händlern kooperieren.

Individualisierungsoption	**Anwendung bei Schuhen**	**Beispiel**
Geschmack oder Design	Äußere Aufmachung eines Schuhs	Customatix.com und NikeID (individuell gestaltete Sportschuhe) Maile (individuell gestaltete Anzugschuhe)
Passform	Schuhe nach Maß beruhen entweder auf individuellen Leisten, die direkt nach Kunden-Maßen angefertigt werden ("made-to-measure") oder aber auf einer Zuordnung der Füße eines Kunden auf eine große "Leistenbibliothek" (matching)	Selve.com, miAdidas, Left Foot (Matching) RK-Schuhe (individuelle Leisten für jeden Kunden)
Funktionalität	Komfort; Spezifische Sport-Merkmale	Nordica (Skischuhe, die sich der Fußform anpassen) miAdidas (Fußballschuhe mit speziellen Merkmalen für Spieler-Position und individuelle Fußkinematik)

Tabelle 5.2: *Individualisierungsoptionen am Beispiel Schuh*

Das Varietätsparadox von Mass Customization

Eine zentrale Frage bleibt nach der Entscheidung für die unterschiedlichen Individualisierungsdimensionen noch offen: Wie groß soll das Ausmaß der Individualisierung an jeder Option sein? Wie viele Varianten einer Komponente werden angeboten, wie groß sind die Freiheitsgrade zur Mitgestaltung für jeden Kunden? Hier setzt ein zentraler Kritikpunkt an Mass Customization an [12, 17, 18, 51]: Mass Customization führe zu einer Variantenvielfalt, die die meisten Kunden nicht handhaben könnten und nur die Komplexität unnötig aufblähen würde.

Brauchen Kunden drei Trillionen Milliarden Varianten?

Mit einer gigantischen Variationsbreite sorgte Customatix.com, ein junges US-Startup, bei seinem Start für Aufsehen. Das von ehemaligen Adidas- und Nike-Managern gegründete Unternehmen will mit seinem Angebot bei einer stark Internet-affinen Zielgruppe mit einer Design-orientierten Individualisierung punkten. Über einen vorbildlichen Konfigurator können die Kunden Skating-, Lauf- und Wanderschuhe nach Belieben selbst entwerfen. Zu Beginn des Angebots waren nach Berechnungen des Anbieters über 3.420.833.472.000.000.300.000 verschiedene Kombinationen pro Schuhtyp möglich. Durch neue Modelle wurde die Vielfalt noch einmal erweitert.

Doch ist diese Variantenbreite tatsächlich ökonomisch sinnvoll – sowohl aus Anbieter- als auch aus Abnehmersicht? Ein wichtiger Erfolgsfaktor ist die Lösung des Varietätsparadoxes von Mass Customization: Je mehr Varianten, Konfigurationsmöglichkeiten und Individualisierungsoptionen ein Konzept bietet, je höher also die Variationsbreite des Produktsystems ist, desto eher können einerseits individuelle Kundenbedürfnisse befriedigt werden, desto größer ist aber auch die Komplexität. Dabei soll hier völlig von der fertigungsseitigen Komplexität abstrahiert werden (Fertigungsplanung, Vorhaltung von Materialien, Produktionssteuerung), sondern allein die Komplexität aus Kundensicht betrachtet werden.

Eine hohe Varietät kann auch einen hohen Aufwand für den Kunden bedeuten. Der deutsche Mass-Customization-Pionier Creo Interactive, der eine ähnliche Produktkategorie wie Customatix bediente, hatte sich nach drei Jahren Optimierung des Wertschöpfungsmodells für eine weitaus geringere Variantenzahl entschieden - allerdings bei häufigem Wechsel der angebotenen Optionen. Das Unternehmen hatte mit der Zeit gelernt, dass viele seiner Kunden erst einmal alle möglichen Varianten durchspielen wollen, bevor sie sich entscheiden. Deshalb merkte Creo, dass die Verkäufe stiegen, je weniger Varianten angeboten wurden.

Musik nach Maß

Eine ähnliche Erfahrung machte auch CD Now, ein amerikanische Anbieter von individuellen Musik-CDs (bei denen sich die Käufer aus einer Bibliothek die einzelnen Titel zusammenstellen können). In der Anfangsversion des „Supersonic Boom“ getauften Angebots sollten die Kunden über eine Suchmaschine ihre Wunschlieder auswählen. Die Kunden fühlten sich aber überwältigt von der Auswahl. Nennenswerte Verkäufe kamen erst dann zustande, als CD Now über ein Banner spezielle Themen-CDs anbot, z.B. eine individuelle Weihnachts-CD. „Sales took off when customers were presented with a more manageable set of options. CD Now has also exploited opportunities for customized promotions by linking up with third parties. General Motors (GM), for example, offers potential customers a free customized CD for test-driving a car. It allows customers to choose from a set of 30 song titles to create the CD, which it orders in quantity through CD Now. This is a great way to overcome pricing challenges… and limit options (so the consumer isn't over-whelmed) while giving a substantial number of new consumers the experience of a customized CD“ [50] .

Einflussfaktoren auf den möglichen Varietätsgrad

Gilt also auch für Mass Customization: Weniger ist mehr? Diese Frage ist pauschal sicher nicht zu beantworten und hängt sehr stark von dem

Produkt und der Interaktionsumgebung ab. Einige Anhaltspunkte für die Lösung des Varietätsparadoxon sind die Folgenden:

Wird nur eine einzige Individualisierungsdimension angeboten (meist ist das dann das Design), kann eine hohe Auswahl an Konfigurationsmöglichkeiten notwendig sein, um den Differenzierungsnutzen des Produkts zu vermitteln.

Das eingesetzte Konfigurationstool (siehe Kapitel 5.3) bestimmt entscheidend den handhabbaren Individualisierungsgrad. Je nachdem, wie ein Nutzer durch den Prozess geführt wird und welche Visualisierungsmöglichkeiten sowie automatisierten Beratungssysteme zur Verfügung stehen, kann der Umfang der Varietät erweitert werden.

Ebenso bestimmt der Erfahrungsstand des Abnehmers mit dem Produkt die mögliche Individualisierung. So haben sich europäische Autokäufer an die Auswahl aus großen Ausstattungskatalogen gewöhnt und sind in der Lage, verschiedene Motoralternativen etc. miteinander zu vergleichen. Ganz anders bei amerikanischen Autokunden, für die eine individuelle Bestellung eines Wagen undenkbar ist. Gekauft wird das, was bei einem Händler auf dem Hof steht. Beide Gruppen sind jedoch bei der Konfiguration einer Jeans überfordert: fünf Gürtelschnallen oder sieben? Hier fehlt heutigen Konsumenten jedes Erfahrungswissen.

Anstatt zu jedem Zeitpunkt eine hohe Variantenbreite anzubieten, kann auch eine geringe Auswahl angeboten werden, wobei jedoch einzelne Optionen in einem zyklischen Abstand ausgetauscht werden bzw. rotieren können.

Häufig bietet auch eine Digitalisierung der Wertschöpfungsprozesse neue Möglichkeiten. Mit einem geeigneten Konfigurator ist aus Kundensicht die Kreation eines eigenen Designs oft einfacher als die Auswahl aus unzähligen vorgegebenen. So ermöglichen moderne Digitaldrucktechniken im Textilbereich, aber beispielsweise auch bei Mobiltelefonoberschalen, effizient beliebige Muster und Strukturen auf geeignete Oberflächen aufzubringen.

Wichtiger Einflussfaktor auf den möglichen Individualisierungsgrad ist auch die technische Machbarkeit. In der Schuhindustrie bestimmt der Leisten die genaue Passform eines Schuhs. Dieser kann zum einen für jeden Kunden individuell gefräst werden. Aufwändig, aber mit modernen flexiblen Fertigungssystemen heute auch in Massenmärkten möglich. Allerdings bedarf diese Option neuer Fertigungsstrukturen und einer hohen Qualifizierung des Personals. Eine andere Option ist ein „Matching" der Fußmaße des Kunden auf einen vorhandenen Leisten. Werden in einer Art Bibliothek viele Standard-Leisten vorgehalten, können die bekannten Standardgrößen stark erweitert werden, ohne dass jedoch ein eigener Leisten hergestellt werden muss. Diese Option wählen heute die meisten Schuhhersteller, die nach Mass-Customization-Gesichtspunkten agieren.

Entwicklung modularer Leistungsarchitekturen

Grundlage der Produktentwicklung ist in den meisten Fällen eine modulare Produktarchitektur (vgl. [8, 25, 27, 44]. Doch wie werden modulare Produkt- und Leistungsarchitekturen definiert? Wir wollen in diesem Kapitel die wesentlichen Anforderungen und Möglichkeiten darstellen. Dazu soll als einfaches Beispiel ein Füllfederhalter dienen.

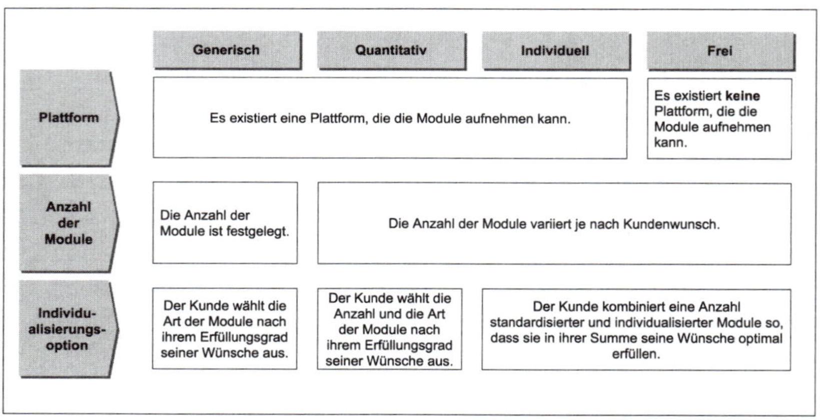

Abb. 5.3: *Arten der Modularisierung*

Ebenen der Modularisierung

Zur Abbildung kundenindividueller Produkte in einer modularen Produktarchitektur bieten sich generell die folgenden Formen einer Modularisierung an (siehe ausführlich [24, 43]):

- ⇨ Generische Modularisierung,
- ⇨ Quantitative Modularisierung,
- ⇨ Individuelle Modularisierung,
- ⇨ Freie Modularisierung.

Abbildung 5.3 gibt einen schematischen Überblick darüber, wie aus den einzelnen Ansätzen zur Modularisierung kundenindividuelle Produkte zusammengesetzt werden können. Mit Ausnahme der freien Modularisierung existiert dabei eine Plattform, welche die vom Kunden gewählten Module aufnehmen kann und mit ihnen zusammen das Gesamtprodukt bildet. Für einen Füllfederhalter kann beispielsweise der innere Teil der Griffläche eine Plattform sein, der das Tanksystem mit der Feder verbindet. Dieses Teil eignet sich daher als Plattform, da es eine Funktion erfüllt, die unabhängig von den Individualisierungswünschen der Kunden erfüllt werden muss und bei der durch eine Individualisierung kein zusätzlicher Kundennutzen ersichtlich ist.

Für die Produktentwicklung eines Mass Customizers stellt sich so die Aufgabe, eine übergreifende (standardisierte) Produktplattform zu wählen, die eine zentrale Funktion des Gesamtproduktes erfüllt, ohne dabei die Individualisierung der Kunden einzuschränken. Alternativ eignet sich ein Basisprodukt als Plattform, das zwar in sich ohne Erweiterung funktionsfähig wäre, jedoch nicht auf individuelle Kundenwünsche eingeht. Ein solches Produkt kann dadurch individualisiert werden, indem es vom Kunden mit zusätzlichen Modulen (quantitative Modularisierung) bestückt wird, mit denen persönliche Wünsche erfüllt werden können.

Nur die freie Modularisierung kommt ohne Plattform aus. Hierbei werden die Module so miteinander frei kombiniert, dass sie in ihrer Summe ein Produkt ergeben, das die individuellen Kundenwünsche abbildet. Ein Beispiel für freie Individualisierung ist das Spielzeugsystem

Lego. In der Realität ist eine freie Individualisierung jedoch weniger verbreitet, da nur wenige Produkte auf eine einheitliche Plattform als Basis verzichten können.

Generische Modularisierung

Die generische Modularisierung sieht vor, dass der Kunde eine fest vorgegebene Anzahl an Modulen auswählt, die er mit der Produktplattform verbindet und so ein Produkt schafft, das seine individuellen Wünsche abbildet. Die Produktentwicklung eines Mass Customizers stellt dem Kunden dabei einen gewissen Umfang standardisierter Module zur Verfügung, die durch ihre jeweiligen Ausprägungen individuelle Kundenwünsche erfüllen können. Beispielsweise lässt sich das Modul „Feder“ dadurch variieren, indem unterschiedliche Materialien, unterschiedliche Beschichtungen und unterschiedliche Strichstärken angeboten werden.

Abbildung 5.4 gibt einen Überblick darüber, wie sich aus diesen Vorgaben unterschiedliche Module ableiten lassen. Die Produktentwicklung stellt dem Kunden in diesen Beispiel zwölf Ausprägungen des Moduls Feder zur Verfügung, aus denen sich der Kunde je nach persönlichen Vorlieben eine aussuchen und mit der Plattform verbinden kann. Ebenso verfährt der Kunde mit den übrigen Modulen. Dabei könnte es sich beispielsweise um die individuelle Gestaltung der Kappe, des Tanksystems, der Grifffläche und des Schaftes handeln.

Quantitative Modularisierung

Aus Sicht der Produktentwicklung sind die Anforderungen, die sich aus der quantitativen Modularisierung ergeben, ähnlich den Anforderungen einer generischen Modularisierung. Der einzige Unterschied hierbei ist, dass sich ein funktionstüchtiges Produkt aus unterschiedlich vielen Modulen zusammensetzen lässt. Im Beispiel des Füllfederhalters wären hier beispielsweise Module denkbar, die zum Aufbewahren des Füllers oder zur repräsentativen Platzierung auf dem Schreibtisch dienen. Das Produkt ist zwar in seiner Funktion als Schreibgerät bereits individuell gestaltet und funktionstüchtig. Durch Hinzufügen weiterer Module kann jedoch der vom Kunden individuell wahrgenommene Nutzen weiter erhöht werden.

Individuelle und freie Individualisierung

Besonders anspruchsvoll wird die Modularisierung aus Sicht der Produktentwicklung dann, wenn eine individuelle oder freie Modularisierung angeboten werden soll. Der Unterschied zu den anderen Formen liegt darin, dass nicht nur standardisierte Module zum Einsatz kommen, sondern die Module zusätzlich vom Kunden individuell verändert werden können. Die Individualisierungsoptionen der einzelnen Module lassen sich dabei wie für das Gesamtprodukt kategorisieren:
- Veränderungen im Design der Module,
- Veränderungen der Funktionalität der Module,
- Anpassung der Passform einzelner Module.

Wird nur die Individualisierung des Designs der Module angestrebt, beispielsweise in Bezug auf die Farbwahl, ist der zusätzliche Aufwand in der Produktentwicklung gering. So beeinflussen die möglichen Farbkombinationen der Module eines Füllfederhalters die Vorgaben der Produktentwicklung nicht. Die Module werden im Produktionsprozess mit der gewünschten Farbe versehen und können so relativ einfach für den Kunden individualisiert werden. Soll sich die Anpassung des Designs jedoch beispielsweise auch auf die Materialwahl erstrecken, muss zusätzlich die Eignung verschiedener Materialen z.B. in Bezug auf Gewicht, Festigkeit oder Bearbeitbarkeit geprüft werden.

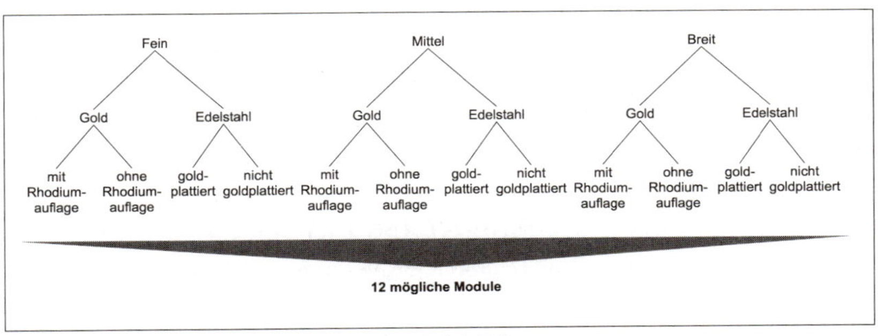

Abb. 5.4: *Mögliche Modulausprägungen des Moduls Feder*

Erstreckt sich die Individualisierbarkeit des Designs einzelner Module jedoch auch auf die individuelle Formgebung, muss die Produktentwicklung ein System bereitstellen, um während des Interaktionsprozess die individuellen Konstruktionen anfertigen zu können bzw. den Kunden Möglichkeiten an die Hand zu geben, mit denen sie diese Aufgabe selbst durchführen können.

Lautet die Vorgabe, auch die Funktionalität der einzelnen Module des Füllfederhalters individuell an die Wünsche des Kunden anzupassen, müssen in der Produktentwicklung derartige Funktionalitätsanpassungen planerisch vorweggenommen werden. So könnte der Kunde beispielsweise auch die Funktionalität des Tanksystems individuell gestalten wollen. Denkbar wäre hier die Integration mehrerer Tanksysteme zur Speicherung verschiedenfarbiger Tinten, oder die Realisierung eines aufwändigen Unterdruck-Speisersystems, um das Auslaufen in einer Niederdruckumgebung (z.B. Flugzeug) wirkungsvoll zu verhindern.

Komplexe Vorgaben an die Entwicklung

Am aufwändigsten erscheint die Aufgabe der Produktentwicklung dann, wenn zu dem Anspruch der kundenindividuellen Funktionalität noch der Anspruch der kundenindividuellen Passform hinzukommt. Komplex wird dieses Unterfangen insbesondere dadurch, dass im Gegensatz zu den anderen beiden geschilderten Fällen individueller Modulindividualisierung die klar definierten Anschlussstellen der Module nicht unberührt bleiben. Durch solche klaren Anschlussstellen bleibt die Kombinationsfähigkeit standardisierter und individualisierter Module untereinander gesichert. Soll jedoch die Passform einzelner Module an die Körpermaße der Kunden (z.B. Handform) angepasst werden können, muss die Produktentwicklung in der Lage sein, parametrisch assoziativ zu konstruieren. Diese Methode bedarf den Einsatz moderner CAD-Systemen (z.B. CATIA v5, Pro/ENGINEER), um die Auswirkungen einer Maßänderung auf die übrigen Maße automatisch auszuführen. Im Beispiel des Füllfederhalters ist es denkbar, dass ein Kunde den Umfang und die Länge seines Füllers an die Größe seiner Hand anpassen möchte.

Ebenso erscheint eine passformgenaue Ausgestaltung der Grifffläche sinnvoll. Eine parametrisch assoziative Konstruktion berechnet dann beispielsweise die Länge und den Durchmesser der Kappe, damit sich diese ästhetisch harmonisch in die gewünschte Gesamtlänge des Füllers fügt und die individuell gestaltete Grifffläche umschließt. So wird während der kundenindividuellen Konstruktion sichergestellt, dass die geforderten Anschlussstellen verfügbar sind.

Wie bereits erwähnt, teilt sich die Produktentwicklung bei Mass Customization in zwei Teile: zum eine in die von einzelnen Kundenaufträgen unabhängige primäre Entwicklung der Produktarchitekturen, die wir zuvor kurz beschrieben haben, zum anderen in die kundenspezifische Konkretisierung der Entwicklung im Rahmen der Konfiguration. Je nachdem, wie weit der Rahmen der möglichen Anpassungen innerhalb des Präferenzraumes gespannt wird und wie stark sich die vom Kunden nachgefragten Ausprägungen unterscheiden, steigt die Komplexität der Handhabung des zu entwickelnden Produktes. Während bei einer traditionellen Variantenfertigung für jede Variante eines Produktes eine spezielle Stückliste erstellt wird, ist dieser Ansatz bei Mass Customization, wo durchaus mehrere Milliarden Varianten denkbar sind, nicht mehr zu halten. Vielmehr werden die Stücklisten während des Interaktionsprozesses mit dem Kunden von einem Konfigurator im Hintergrund selbständig erstellt. Die zusätzliche Komplexität der Stücklisten stellt einen erheblichen Kostentreiber dar. Die Wahl eines geeigneten Modularisierungsverfahrens (vgl. Abbildung 5.4) hilft hierbei, Kosten und Komplexität in ein angemessenes Verhältnis zum Kundennutzen (und damit zur Bereitschaft zur Zahlung eines Premiums) zu stellen.

Potenziale der Modularisierung – Beispiel Reifenindustrie

Die Welt der Autoreifen scheint in unserer heutigen Internetwelt nicht gerade die innovationsträchtigste Branche. Die Reifenindustrie ist typischer Vertreter der „Old Economy". Langwierige und aufwändige Produktionsprozesse und hohe Rüstkosten lassen die Reifenhersteller vor allem nach nach „economies of scale" streben. Das traditionelle

Produktionsverfahren der Reifenproduktion basiert auf einer starren rotierenden Trommel, auf die je nach Modell die einzelnen Lagen des Reifens aufgebracht werden und dann aushärten. Dieser Vorgang wird in großen starren Produktionsanlagen vollzogen, die sehr lange Umrüstzeiten bei einem Modellwechsel aufweisen. Jeder unterschiedliche Reifentyp ist durch eine verschiedene Anzahl und Art der aufgebrachten Lagen und eine unterschiedliche Trommel (als Basis) gekennzeichnet.

Jedoch zeigen die Hersteller Continental und Pirelli, wie eine Modularisierung der Produktarchitekturen auch in dieser Branche eine höhere Flexibilität, Kundennähe und zugleich stark sinkende Kosten ermöglicht. Denn den durch hohe Losgrößen geprägten klassischen Produktionsprozessen stehen auch bei Autoreifen eine steigende Differenzierung und Variantenvielfalt gegenüber. So bietet beispielsweise Continental rund 2 000 verschiedene Pkw-Reifen an, wovon nur 400 relativ häufig nachgefragt werden. Der Jahresbedarf der restlichen 1 600 Typen ist vergleichsweise gering. Diese über das Jahr verteilten Mengen führen zu einem unwirtschaftlichen Aufwand beim Maschinenwechsel (Rüstkosten) und deshalb zu hoher Lagerhaltung.

Das Modular Manufacturing Process von Continental

Um auf diese Herausforderung zu reagieren, hat Continental bereits frühzeitig mit der Entwicklung eines modularen Produktionssystems begonnen, das 1997 in Serie ging. Durch dieses neue Produktionssystem (Modular Manufacturing Process (M.M.P.) genannt) ist es gelungen, die ökonomische Mindestlosgröße eines Reifentyps drastisch zu senken: Zunächst wird in großen Stückzahlen eine typunabhängige Basisversion der Reifen gefertigt. Aus dieser wird erst in einer nachgelagerten Stufe ein Sommer- oder Winterreifen für einen bestimmten Autotyp abgeleitet, indem die Lauffläche nachträglich aufgebracht wird. Dabei kann der Wechsel zwischen zwei Typen in kürzester Zeit geschehen. Dies ist durch die Entwicklung einer neuen Gummimischung möglich, welche die bislang notwendige Kontinuität des Produktionsprozesses aufhebt. Die ökonomische Mindestproduktionsmenge wurde so von vielen tausend Stück auf wenige hundert Stück reduziert.

Das Verfahren von Continental bietet die Möglichkeit, stärker auf Kundenwünsche (Automobilhersteller, Handel) einzugehen. Innerhalb von Stunden anstelle von Wochen können eingehende Aufträge erledigt werden. Beispielsweise lassen sich bei einem plötzlichen Wintereinbruch Lieferengpässe durch eine kurzfristige Umstellung der Fertigung vermeiden. So lässt sich die Lagerhaltung enorm einschränken – bei gesteigerter Flexibilität. Der hier umgesetzte modulare Ansatz ist ein typisches Konzept von Mass Customization im Industriegüterbereich. Auch wenn die Produkte selbst individuell nicht für einen spezifischen Endkunden (Autofahrer) erstellt werden, dienen Ideen von Mass Customization zur Realisation von Kostenersparnissen. Im Falle von Continental wurde dies insbesondere durch Modularisierung der Produkte und Aufspaltung in eine kundenauftragsneutrale „Plattform" und deren Ergänzung nach Auftragseingang um „individuelle" Bestandteile erreicht. Wichtige Aufgabe ist die Wahl des richtigen Vorfertigungsgrades (siehe Kapitel 5.2).

Flexible Fertigungsroboter bei Pirelli

Der italienische Reifenhersteller Pirelli hat eine andere Version dieses Systems entwickelt. MIRS (Modular Integrated Robotized System) soll auch in der Reifenindustrie eine wirklich flexible Kleinserienproduktion ermöglichen. Wie bei M.M.P. von Continental ermöglicht auch hier eine neue Technologie den „gummi-mäßigen" Quantensprung. Der Produktionsprozess basiert von der Grundkonstruktion über die Vulkanisierung bis hin zur Beschriftung auf modernen flexiblen Fertigungsrobotern. Diese basieren auf einer größenflexiblen Trommel, auf der durch flexible Materialzuführungssysteme die verschiedensten Reifentypen (Größen und Qualitäten) gefertigt werden können. Innerhalb des Flexibilitätsrahmens kann eine intelligente Softwaresteuerung alle Umrüstaktivitäten übernehmen, es ist kein manuelles Umrüsten der Produktionsanlagen mehr erforderlich. Um einen neuen Reifentyp aufzulegen, muss Pirelli lediglich ein bestimmtes Programm abrufen.

Reifen auf Zuruf

Das Vorhandensein von Wechselkosten auf der einen und Bestandskosten (Zwischenlagerkosten) auf der anderen Seite führt zu den hinlänglich bekannten Konzepten zur Bestimmung der optimalen Losgröße. Wenn nun, wie bei Pirelli, neue flexible Produktionstechnologien stark sinkende Wechselkosten in der Fertigung (Kosten des Umrüstvorgangs und Ausfallkosten für die Zeit des Wechsels) ermöglichen, dann bewegt sich die optimale Losgröße gegen eins. Reifen könnten nun tatsächlich just-in-time beim Autofabrikanten oder Reifenhersteller in einer Minifabrik hergestellt werden. Für den Reifenhandel ergibt sich die Chance zu einer drastischen Bestandsreduktion, wenn Reifen einfach nach Verbrauch schnell und täglich online beim Hersteller abgerufen werden können, der vielleicht im gesamten Absatzmarkt viele kleine Produktionsstätten (Minifabriken) hat. Pirelli schätzt, dass nach Installation des neuen Systems bis zu 20 Prozent aller Reifen derart flexibel hergestellt werden können. Diese Prinzipien wurden zwar auch schon auf dem Höhepunkt der CIM-Welle Anfang der 1990er beschrieben. Damals versprach der Einsatz moderner Computertechnik in der Produktion die vollintegrierte, automatisierte und hochflexible Fabrik (Computer Integrated Manufacturing). Jedoch scheiterten die meisten der zu diesem Zeitpunkt gestarteten CIM-Projekte, da geeigente Informations- und Kommunikationstechnologien, um tatsächlich jeden einzelnen Kundenwunsch auch effizient an den Produktionsroboter zu bringen, noch fehlten. Dies macht heute erst das Internet möglich.

Kooperation mit Zulieferern

Bei der Einführung einer Mass-Customization-Strategie kommt der Auswahl der Zulieferer eine entscheidende Bedeutung zu. Die hierbei zu treffenden Entscheidungen sind von besonderer strategischer Tragweite, da hier letztendlich über Erfolg und Misserfolg des Mass-Customization-Konzepts entschieden wird. Nicht nur der Mass Customizer, sondern auch die Zulieferer müssen die von Mass Customization geforderte Flexibilität und Effizienz erreichen. Dazu ist der Zulieferer bereits in der Konzeptionsphase in die modulare Produktentwicklung zu integrieren.

Eine Zulieferbeziehung sollte bei Mass Customization langfristig angelegt sein. Im Gegensatz zum Einzelfertiger, der seine Zulieferer für jeden Kundenauftrag neu auswählen kann, muss sich ein Mass Customizer auf die Leistungsfähigkeit und Flexibilität einer vorher festgelegten Gruppe an Zulieferern langfristig verlassen können.

Modularisierung der Wertschöpfung

Die wesentliche Intention einer zwischenbetrieblichen Zusammenarbeit mit externen Zulieferern zur Leistungserstellung und Kundeninteraktion liegt in der Fähigkeit der Komplexitätsbewältigung von Unternehmenskooperationen. Denn eine kundenindividuelle Massenproduktion bietet nicht nur neue Wettbewerbsvorteile, sondern führt aufgrund der Produktion in Losgröße eins (pro Kunde eine Variante) auch zu einer steigenden Variabilität und damit Komplexität der zu koordinierenden Aktionen und beteiligten Einheiten.

Ein Ansatz zur Verringerung dieser Kosten ist die „Verlagerung" von Teilen der Komplexität auf externe Unternehmen (Modularisierung der Wertschöpfung, siehe [23]. Indem die Gesamtaufgabe auf unterschiedliche Organisationen mit jeweils eigenen Kompetenzen zur Vornahme einer (individuellen) Wertaktivität aufgeteilt wird, reduziert sich aus Sicht des einzelnen Unternehmens die innerbetriebliche Komplexität. Gleichzeitig steigt jedoch die Komplexität der Abstimmung untereinander. Das Maß an Individualisierung, das ein Mass Customizer seinen Kunden anbieten kann, bestimmt sich also maßgeblich aus der Leistungsfähigkeit der externen Partner. Diese externen Partner müssen daher bereits während der Konzeptionsphase ausgewählt und integriert werden.

Vorteile einer Zuliefererintegration in Mass Customization

Aus einer Zusammenarbeit mit externen Partnern entstehen insgesamt verschiedene Vorteile, die im Folgenden überblicksartig dargelegt werden [5, 16, 25, 30]:

Spezialisierungs- und Beschleunigungseffekte: Der Einbezug externer Partner, die sich jeweils auf spezielle Kernkompetenzen konzentrieren, kann sich kostensenkend auswirken. Aufgrund von Lern- und Skaleneffekten beim Zulieferer kann mit einer Beschleunigung der Prozesse gerechnet werden. So lohnt sich für Zulieferer eher eine Investition in Spezialmaschinen, die geringere Wechselkosten zwischen verschiedenen Varianten aufweisen. Auch führt die Spezialisierung des Lieferanten auf bestimmte Teile und Komponenten in der Regel zu besserem Verfahrenswissen, das sich in einer Qualitätssteigerung niederschlägt. Die Bestandsminimierung, Vermeidung von Fehlplanungen und schnelle Reaktionsfähigkeit eines solchen Systems kann weitreichende Effizienzvorteile in der gesamten Logistikkette mit sich bringen.

Erweiterung des Individualisierungsgrads: Gerade bei komplexen technischen Produkten besitzt ein Hersteller meist nicht bei allen Bauteilen das notwendige Know-how, diese effizient individuell zu fertigen. Entweder er begrenzt seine Individualisierungsmöglichkeiten bei diesen Teilen und bietet beispielsweise nur die Auswahl zwischen wenigen Standardmodulen an, oder aber er bezieht einen geeigneten Lieferanten in die Individualisierung mit ein. Die Varietät der Ressourcen ist bei Integration spezialisierter Lieferanten in der Regel höher als bei der Internalisierung des Leistungsprozesses in einem Unternehmen, da die externen Partner aufgrund ihres höheren komponentenspezifischen Know-hows meist ein höheres Spektrum an Varianten effektiv verwalten können.

Ökonomisierung der Flexibilität: Während gemeinhin mit einer hohen Flexibilität stets „Organizational Slack" [7] verbunden ist (ungenutzte Kapazitäten als Folge des klassischen Trade-off zwischen Flexibilität und Kosten), erlaubt die Zuliefererintegration den Zugriff auf die (ungenutzten) Ressourcenpotenziale des Partnerunternehmens. Kapazitäten, die derzeit nicht selbst genutzt werden können, werden an den Partner weitergegeben. Damit wird die Verfügbarkeit der Ressourcen von der internen auf die unternehmensübergreifende Ebene verlagert. In einem solchen Verbund ist es grundsätzlich vorteilhaft, „Organizational Slack" durch einen gemeinsam zu nutzenden Ressourcenüberschuss – „Cooperative Slack" [16] – zu substituieren, der den Beteiligten einen gewissen Flexibilitätsgrad garantiert, um Komplexitätssteigerungen und Kosten zum Vorhalten eigener Kapazitäten zu vermeiden (Unterstützung der Kostenebene).

Ansprüche und Gestaltungsfelder der Zuliefererkooperation

Diese Vorteile können nur genutzt werden, wenn es gelingt, die Zulieferer davon zu überzeugen, dass für sie ebenfalls Nutzen aus einer Zusammenarbeit entsteht. Die Einführung einer Mass-Customization-Strategie wirkt sich daher nicht nur auf die Kommunikation mit den Zulieferern, sondern auch auf die Verhandlungsmacht gegenüber diesen aus.

Während bei Massenproduktion Abnahmemengen und Lieferzeiten bereits über einen längeren Planungshorizont im Voraus angegeben werden können, stehen diese Daten beim Mass Customization erst dann fest, wenn der Kunde seine Bestellung abgegeben hat. Daraus können einem Zulieferer Schwierigkeiten in der Planung und Lagerung der vereinbarten Module entstehen. Damit nimmt der Wert ab, den ein Zulieferer in einer Zusammenarbeit mit einem Mass Customizer sieht.

Abbildung 5.5 gibt einen schematischen Überblick darüber, wie ein Mass Customizer die äußeren wirtschaftlichen Einflüsse als Instrument zur Motivation der Zulieferer einsetzen kann. Das Hauptziel dieser Instrumente ist es, die Flexibilität der Hersteller-Zulieferer-Beziehung zu erhöhen. Neben den äußeren Einflüssen wie Anforderungen der Endkunden und Maßnahmen der Wettbewerber ist der Know-how-Transfer auf den Zulieferer eine wirkungsvolle Maßnahme, dessen Mass-Customization- Flexibilität zu erhöhen. Mögliche Transferleistungen sind beispielsweise:

– Weiterleiten des Wissens über die Kunden an den Zulieferer,

- Verkauf von Beratungsleistung zur Mass Customization Einführung an den Zulieferer,
- Erzielung von Prozessstabilität.

Vorteile einer Mass-Customization-Kooperation aus Zulieferersicht

Für einen Zulieferer, der kaum eine Möglichkeit hat, mit dem Endkunden in Kontakt zu treten, bedeutet die Bereitschaft eines Mass Customizers, Kundenwissen zu teilen, eine große Chance, sein Geschäft zu verbessern, sei es im Sinne einer verbesserten Sortimentsgestaltung oder einer besseren Absatzplanung (es kommt hierbei zu einem Transfer der besondern Kostensenkungspotenziale von Mass Customization – sogenannte Economies of Mass Customization – auf den Zulieferer, siehe hierzu Kapitel 7).

Weiterhin kann die Attraktivität gegenüber einem Zulieferer gesteigert werden, indem die Erfahrungen in der Einführung von Mass Customization als Beratungsleistung an den Zulieferer verkauft wird. Damit kann es auch für den Zulieferer lukrativ werden, seine Produktentwicklung und Produktion so umzustellen, dass er in der Lage ist, kleine Stückzahlen mit nur kurzer Vorlaufzeit profitabel herzustellen.

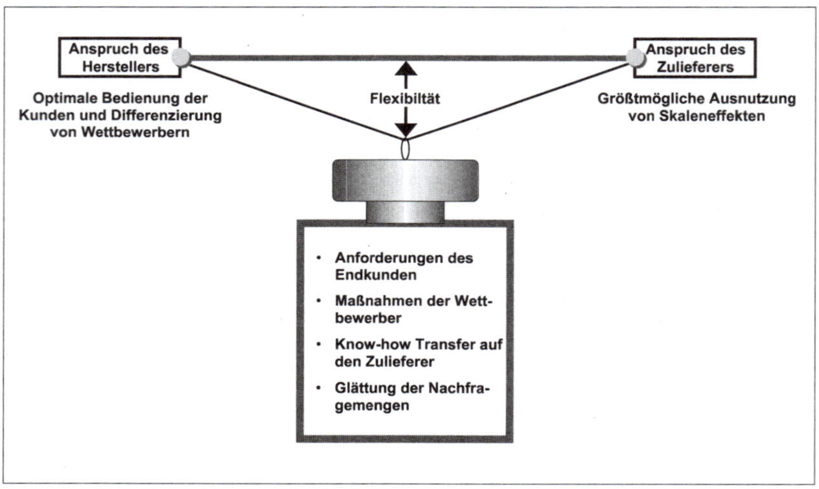

Abb. 5.5: *Flexibilität in der Hersteller-Zulieferer Beziehung*

Bei der klassischen Massen- und Variantenproduktion wurde der Bereich der Zuliefererkommunikation insbesondere durch den Einsatz moderner Business-to-Business-Internetarchitekturen während der letzten Jahre zunehmend perfektioniert. Damit konnten die Kosten der Zulieferkommunikation deutlich gesenkt und der Ablauf optimiert werden. So kann die Lieferfähigkeit einzelner Komponenten entlang der gesamten Zulieferkette überprüft werden. Zulieferer und deren Sublieferanten können durch moderne IuK-Technologien schnell über Änderungen der Produktionsmenge oder -reihenfolge informiert werden. Ziel ist, die Prozesssicherheit aller Beteiligten zu steigern.

Diese Fähigkeit ist essentiell für die Einführung von Mass Customization, bei dem die kurzfristige Kommunikation mit Zulieferern und deren kurzfristige Reaktionsfähigkeit erfolgsentscheidend sind. Denn zur Realisierung eines kooperativen Mass-Customization-Konzepts ist eine Kommunikationsintensität erforderlich, welche die Koordinationsanforderungen einer Massenfertigung deutlich überschreiten.

5.3 Prozessgestaltung: Aufbau des Interaktionssystems

Neben der Gestaltung der Produkt- und Leistungsarchitekturen bilden Definition und Aufbau der Wertschöpfungsprozesse die zweite Ebene der Potenzialgestaltung zur Festlegung des Solution Space. Dabei geht es neben den Fertigungsprozessen und Vertriebssystemen vor allem um den Aufbau der Interaktionsplattform, auf der sich die Kundenintegration vollzieht. Auch das beste modulare System kann nur dann genutzt und in verkaufsfähige Lösungen transferiert werden, wenn den Abnehmern ein entsprechendes Interaktionssystem an die Hand gegeben wird, um die Potenziale des Anbieters zu nutzen. Dabei geht um weit mehr als um ein bloßes technisches Tool, sondern um die proaktive Gestaltung der gesamten Interaktionsbeziehungen. Wir wollen uns in diesem Buch im Wesentlichen auf diesen Bereich beschränken und die Gestaltung von Fertigungssystemen hier nicht näher behandeln (wenn Sie mehr über flexible Fertigungssysteme und modulare Prozessstrukturen für Mass Customization wissen möchten, empfehlen wir folgende Literatur: [2, 24, 25] zu den grundsätzlichen

Ansprüchen; Produktionsplanungs- und -steuerungssysteme für Mass Customization beschreiben [11, 29, 40, 25, 28, 41].

Die Gestaltung des Interaktionssystems vollzieht sich auf mehreren Ebenen: Ein wichtiger Bestandteil ist die Definition des Zeitpunkts der Kundenintegration, ein Punkt, den wir bereits oben (siehe Kapitel 4.5) angesprochen haben. Zentrales Element der Interaktion ist heute meist eine IT-Plattform, der Konfigurator. Diese Systeme führen den Abnehmer und/oder Vertriebsmitarbeiter durch die einzelnen Schritte, die zur Definition einer kundenspezifischen Leistung notwendig sind. Hier konkretisiert sich die Kundenintegration. Doch es geht dabei nicht nur um den Aufbau und die Implementation von IT-Systemen, sondern auch um deren Verankerung in oft mehrschichtigen Vertriebssystemen zwischen Internet und Handel. Diese Aufgaben sollen im Folgenden näher betrachtet werden. Als Ausgangspunkt wollen wir noch einmal einen Gedanken aus Kapitel 4.2 vertiefen: Der Kunde wird vom Konsument zum Co-Designer.

Vom Design for Customer zum Design by Customer

Digitaldruck ist eine der Basisinnovationen, die Mass Customization möglich machen. So lassen sich mit neuen Digitaldruckmaschinen beispielsweise Tapeten nach Kundenwunsch herstellen. Die Geräte, breitformatige Tintenstrahldrucker z.B. von Digital Printing Systems (DPS) aus New York, werden mit Datensätzen von Mustern gefüttert, die an jedem Personalcomputer mit handelsüblicher Software wie Adobe Photoshop entworfen werden können. Die Kunden schicken ihren Entwurf per E-Mail an die Druckerei, die den Datensatz direkt in die Druckmaschine einspeist. Die ersten Tapetendrucker stehen bereits in amerikanischen Heimwerkermärkten.

Der Kunde als Innenarchitekt und Tapeten-Designer ... angesichts des Geschmacks mancher Mitmenschen können schon Bedenken aufkommen. Doch ist diese Lösung ein gutes Beispiel für eine logische Entwicklung der Mass Customization: von einem „Design for Customer“ zum „Design by Customer“.

Können Kunden zum Co-Designer werden?

Bislang wird Mass Customization meist als Produktionsstrategie diskutiert, in letzter Zeit verstärkt auch als E-Business-Strategie. Jedoch hat Mass Customization wesentliche Auswirkungen auf die Entwicklung und das Design der Produkte. Prof. Othmar Wickenheiser vom Internationalen Design Zentrum in Berlin sieht Mass Customization als notwendige Reaktion auf die immer heterogenere Gesellschaft. „Die klassischen Kategorisierungen [von Konsumenten-Milieus] funktionieren nicht mehr. Wir müssen für diese differenzierten Zielgruppen neue Produkte gestalten... Jeder stellt sich online sein Produkt so zusammen, wie er es gerne hätte“ (in einem Interview brand eins, Nr. 12/2000). Doch wollen Menschen wirklich wählen, fragt der brand-eins-Redakteur? Kaufe man sich nicht etwas deshalb eine Marke, etwa einen Volvo, weil man darauf vertraut, dass der Volvo-Designer schon das für einen richtige Auto zusammengestellt hat? Wickenheiser streitet dies ab. Nur wenige Menschen würden sich noch in einer Marke vollständig widerspiegeln. Wickenheisers Antwort: „Der After-Market beim Auto – also das, was man im Nachhinein noch alles daranschrauben kann – blüht. Warum? Weil solche Produkte die Chance bieten, sich mit einem Massenprodukt wie dem Auto noch individuell abzuheben.“

Design-Literacy – Machen steht neben dem Benutzen

Auch für Hartmut Esslinger, deutscher Vorzeige-Designer und Gründer von frog design, bietet Mass Customization die Chance, „den gewünschten Produktinhalt vom virtuellen und realen Müll zu befreien“ (ebenfalls in einem Interview mit brand eins, Nr. 12/2000). Die meisten Güter seien mit „viel zu viel Marketing-Müll – Features, die fast niemand braucht, zu deren Streichung das Marketing aber zu feige ist – beladen.“ Und dass die Kunden überfordert sind und lieber die Produktdefinition den vertrauten Marken überlassen würden, sieht er auch nicht: „Ich glaube, dass wir bei Millionen von Menschen eine sehr qualifizierte Design-Literacy entfachen werden, die die positive Erfahrung des Machens neben die des Benutzens stellen wird."

Design-Literacy. Genau darum geht es: Individualisieren Sie einmal eine Jeans. Sie werden erstaunt sein, wie kompliziert dies ist, wenn Sie wirklich die freie Auswahl zwischen fünf und sieben Gürtelschnallen haben und diese mit zwei, drei, vier oder fünf Taschen kombinieren können. Kaum einer von uns weiß, wie seine optimale Jeans aussehen soll, noch weniger Menschen können diese Wunschjeans tatsächlich exakt beschreiben. Ganz anders beim Auto. Hier sind wir in Europa seit Jahrzehnten gewohnt, uns unser Wunschauto beim Händler aus riesigen Ausstattungs- und Optionskatalogen selbst zusammenzustellen. Doch bei einer Jeans sind wir überfordert.

Aus Kundensicht ist Mass Customization völlig anders im Vergleich zum Kauf eines Massenprodukts. Mass Customization ist komplex, undurchsichtig und risikoreich [31, 32, 51]. Viele Abnehmer besitzen keine ausreichenden Kenntnisse zur Definition der Produktspezifikation, die ihren Bedürfnissen entspricht. Das Resultat ist nicht nur ein erheblicher Zeitaufwand für die Konfiguration, sondern auch eine steigende Unsicherheit. Diese Situation ist um so ausgeprägter, je neuer und individueller die zu erstellende Leistung ist. Unternehmen, die ihren Kunden größtmögliche Varietät bieten und gleichzeitig durch geeignete Maßnahmen bei der Auswahl helfen, erlangen einen großen Wettbewerbsvorteil.

Neue Aufgaben für professionelle Designer und Produktentwickler

Hieraus resultiert die hohe Bedeutung von Design-Tools, Konfiguratoren, die den Kunden beim Design-Vorgang unterstützen. Doch hier wartet auch eine bedeutende Aufgabe für die Design-Profession: Neben der Entwicklung konfigurierbarer Produktarchitekturen muss der professionelle Designer zum Entwickler von Design-Systemen werden, mit denen die Endverbraucher zu Designern werden können. Diese Sichtweise bedeutet für diese Branche eine Revolution (wenigstens für viele selbstverliebte Produktdesigner). Der Designer hat nun nicht mehr die Aufgabe, schöne Produkte zu entwickeln, sondern prozessbezogen

Potenziale bereitzustellen, auf deren Basis die Kunden ihr eigenes Produkt entwickeln können. Der Kunde wird zum „Co-Designer". Doch kann ein Designer, der bislang gelernt hatte, Produkte zu entwerfen, die einem möglichst breiten Kundengeschmack gerecht werden, nun plötzlich Potenziale entwickeln, mit denen viele verschiedene Kunden eigene Produkte kreieren können?

Für Esslinger müssen Produkte zu „individualisierten Ergebnissen eines direkten Dialogs zwischen den Unternehmen, ihren Kunden und den Kreativen werden ... Was dann nach der heutigen statischen Marke kommt, ist die Community-Brand, wobei eine gute Marke für Aktion versus Konsum und für höhere Ziele als nur Kommerz stehen wird." Gut gewählte Worte für ein anspruchvolles Problem. Auch bei einer kundenindividuellen Fertigung ersetzt die Definition des Produkts durch den Kunden nicht die grundlegende Entwicklung. Die meisten Kunden wären nicht nur damit überfordert, ein von Grund auf individuelles Produkt zu definieren, sondern auch die Forderung nach stabilen Prozessen verlangt nach klar definierten Grundprodukten, die dann kundenindividuell spezifiziert werden. Dies ist die neue Aufgabe der professionellen Produktentwickler und Designer. Es bleibt abzuwarten, wie die Branche auf diese Herausforderung reagieren wird.

Konfiguration für Mass Customization

Der Begriff Konfiguration leitet sich vom lateinischen „configuratio" ab und bedeutet übersetzt Anordnung und/oder Gestaltung. Auch im Sinne von Mass Customization ist Konfiguration ein Design- und Schöpfungsprozess innerhalb eines bestimmten Gestaltungsspielraums. Anordnung verlangt dabei nach einzelnen Modulen oder Teilen, aus denen ein Objekt zusammen gesetzt werden kann. Dies sind die Bestandteile der modularen Produkt- und Leistungsarchitektur. Gestaltung bedeutet in diesem Zusammenhang die Möglichkeit bereits vorhandene Elemente abzuändern und sie kreativ zu formen. Als Beispiel für eine Gestaltung können Abmessungen, eine freie Farbgebung oder die Positionierung gelten [32].

Unterstützung durch Konfigurationssysteme

Umgesetzt werden diese Aufgaben durch Konfigurationssysteme, welche die Kundenbedürfnisse mit den Fähigkeiten des Anbieters in Einklang bringen. Sie stellen damit ein integrales Bindeglied zwischen Produktentwicklung, Fertigung und Kundenwunsch dar. Ausgestattet mit einer einfachen Benutzerschnittstelle, leiten diese Systeme den Kunden durch die verschiedenen Schritte zur Erhebung der Individualisierungsinformation – und prüfen sogleich die Fertigungsfähigkeit der gewünschten Variante. Aus Abnehmersicht sind Unterstützung und Führung die beiden Hauptaufgaben eines Konfigurationssystems. Modulare Leistungsarchitekturen haben auf Grund ihrer Kombinationsmöglichkeiten oft eine hohe Komplexität. Ein Konfigurator soll den Anwender bei der Beherrschung dieser Komplexität unterstützen. Ziel ist dabei die Reduktion der Anzahl von möglichen Varianten auf eine einzige, die den Kundenbedürfnissen und Wünschen am Besten entspricht (siehe Abbildung 5.6).

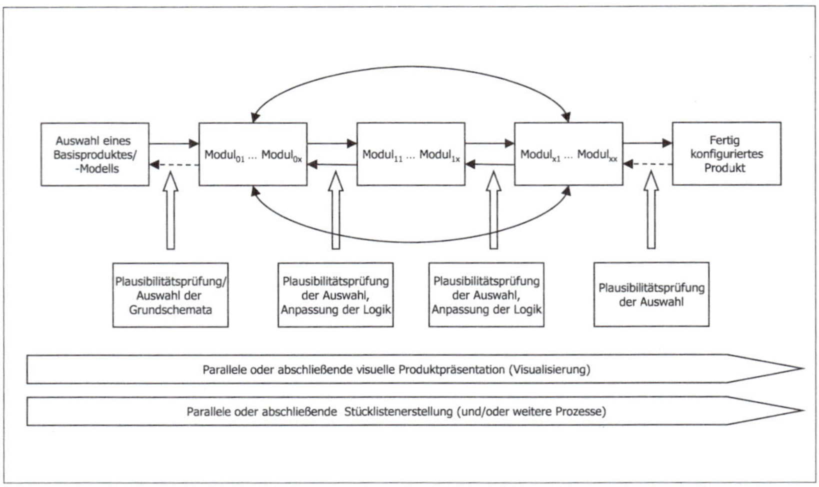

Abb. 5.6: *Der Konfigurationsprozess (entnommen aus [32])*

Ein Konfigurator kann verschiedene Formen und Einsatzgebiete besitzen. So kann er z.B. den Vertriebsmitarbeiter unterstützen, indem er ihm Vorschläge macht oder bei der Produktgestaltung und Plausibilitätsprüfungen hilft (dieser Bereich wird auch als Computer Aided Selling (CAS) bezeichnet). Konfigurationssysteme können sich aber auch direkt an den Nutzer richten und so Aufgaben des Vertriebs automatisieren. In diesem Fall muss ein System das gesamte relevante Unternehmens- und Produktwissen abbilden, das zur Findung einer für Abnehmer wie Anbieter optimalen Leistungsspezifikation führt (siehe hierzu ausführlich [25]).

Aufgaben von Konfigurationssystemen

Aus einer übergeordneten Sicht ergeben sich folgende konkrete Aufgaben und Ansprüche an ein Mass-Customization-Konfigurationssystem (siehe auch Abbildung 5.7), die sowohl für die Konfiguration von materiellen Produkten wie auch Dienstleistungen gelten (die folgende Darstellung folgt der Argumentation in [32]).

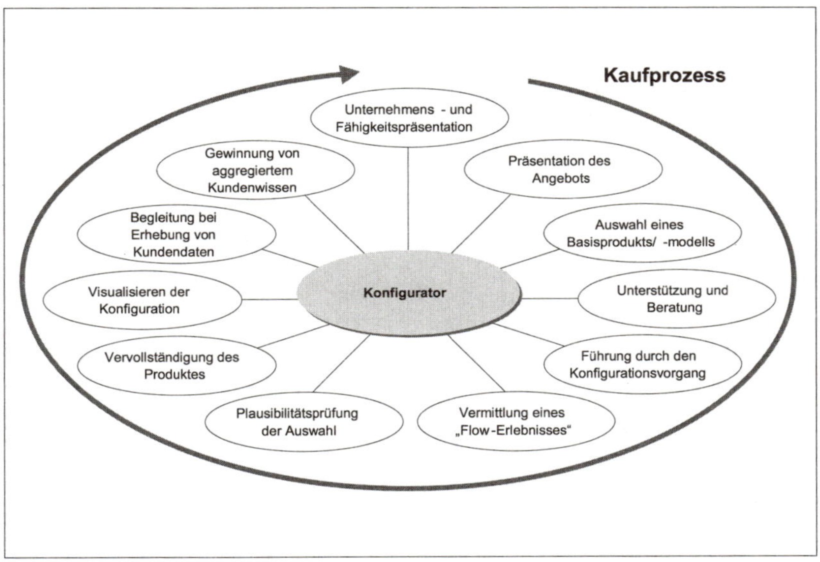

Abb. 5.7: *Aufgaben eines Konfigurators*

Unternehmens- und Fähigkeitspräsentation

Bei Konfigurationssystemen, die durch den User in Selbstkonfiguration bedient werden, repräsentiert das System das Unternehmen und die Fähigkeiten des Anbieters. Der Kunde kommt zunächst nur mit der Website und dem darin integrierten Konfigurator in Kontakt. An dieser Stelle herrschen in der Praxis große Defizite. In den wenigsten Fällen haben es heutige Mass Customizer geschafft, ein Konfigurationssystem zu entwerfen, das einer angemessenen Waren- und Unternehmenspräsentation entspricht. Allzu häufig liegt der Schwerpunkt auf der reinen Produktfindung aus einer recht technischen Perspektive. Doch Mass Customizer verkaufen keine Produkte, sondern Fähigkeiten. In der Kommunikation dieses Wandels herrscht noch ein großer Bedarf.

Kommunikationsprobleme in der Praxis

Viele Mass Customizer legen zwar viel Wert auf eine ausgeklügelte Produktion und tollen Web-Auftritt, verunsichern dann aber ihre Kunden durch eine fehlgeleitete Kommunikation. Einige Beispiele:

- ⇨ Mangelnde Kommunikation der Grenzen: Versprechen Sie nicht Ihren Kunden Individualisierung ohne Grenzen, sondern weisen Sie sie ganz klar auf die Grenzen Ihres Angebots hin. Mass Customization heißt Einschränkung und Beschränkung – das sollten auch Ihre Kunden wissen.
- ⇨ Milliardenfache Konfigurationsmöglichkeiten: Wenn Sie riesige Konfigurationsmöglichkeiten versprechen, sollte Ihr Angebot dieses Versprechen nicht nur kosmetisch erfüllen können. Kunden und vor allem auch die Presse) durchschauen sehr schnell, wenn die versprochenen drei Trillionen Möglichkeiten lediglich durch die Kombination einiger Farboptionen zu Stande kommen. Außerdem: Kunden wollen keine Auswahl, sie wollen nur genau das, was sie wollen. Zu große Angebote wirken oft kontraproduktiv. Bedenken Sie: Auch bei Mass Customization überzeugen Sie mit der Qualität Ihrer Produkte, nicht nur durch deren Konfigurationsmöglichkeiten.
- ⇨ Falsche Lieferzeiten: Wenn Ihre Lieferzeit aufgrund von Problemen mit der Produktion fünf Wochen beträgt, dann kommunizieren Sie dies auch. Den Verlust der potentiellen Kunden, die

deshalb bei Ihnen nicht einkaufen, verschmerzen Sie viel eher als negative Mundpropaganda der Kunden und Journalisten, die statt der propagierten zwei Wochen fünf Wochen warten müssen. Überraschen Sie im Gegenteil Ihre Kunden mit einer kürzen Lieferzeit als der angegebenen (natürlich dürfen solche Maßnahmen auf der Kommunikationsebene nicht darüber hinwegtäuschen, dass Sie langfristig in der Produktion versuchen müssen, ihre Lieferzeiten zu minimieren).

⇨ Kunden haben keine Ahnung von Mass Customization: Nur, weil Sie jetzt das Wort Mass Customization fehlerfrei aussprechen können und die einzelnen Prinzipien dieses Konzepts für Ihr Unternehmen umgesetzt haben, heißt das noch lange nicht, dass auch Ihre Kunden davon etwas verstehen. Stellen Sie weder den Begriff "Mass Customization" nach die Individualität Ihres Angebots per se in den Vordergrund. Sondern vermitteln Sie den Nutzen, den Ihre Kunden davon haben, dass Sie sich all die Mühe mit der Einführung Ihres Mass-Customization-Systems gemacht haben.

Präsentation des Angebots

Ein Konfigurator muss das Spektrum an Variationsmöglichkeiten präsentieren können. Ziel ist es, ähnlich einer Produktpräsentation in einem klassischen Katalog dem User mögliche Ausprägungen der Leistungsarchitektur zu vermitteln. Dazu gehört ebenso, dass neben den Eigenschaften des modularen Systems auch Aufbau, Funktion, Aussehen und Gestaltung des Konfigurationssystems verständlich gemacht werden, um einen sinnvollen Konfigurationsvorgang zu garantieren.

Auswahl eines Basisprodukts oder -modells

Die meisten Mass-Customization-Angebote basieren auf einer einheitlichen Plattform bzw. einem Grundprodukt (Modell, Schnitt etc.), das dann durch Standard- oder kundenindividuelle Module erweitert bzw. modifiziert wird. Deshalb ist eine der wichtigsten Aufgaben des Kunden, zu Beginn des Konfigurationsvorgangs ein geeignetes Basisprodukt auszuwählen. Dieses Basisprodukt beschreibt das zu konfigurierende Objekt in seinen Grundzügen und legt die einzelnen Module fest, die für das kundenindividuelle Endprodukt notwendig sind. Durch die geeignete Wahl des Basisproduktes kann die Komplexität aus Kundensicht stark gesenkt werden. Ebenfalls besteht die Möglichkeit, den Kunden bei der Wahl seines Basisproduktes dahingehend zu beeinflussen, dass finanzielle (z.B. Deckungsbeitrag) und fertigungstechnische Interessen (z.B. Fertigungsaufwand) des Anbieters möglichst gut erfüllt werden. Konfiguratoren, die den Kunden durch den Auswahlprozess begleiten, sollten daher so gestaltet sein, diese Einflussmöglichkeit wahrzunehmen. Dies wird in der Praxis bisher viel zu wenig beachtet.

Unterstützung und Beratung

Eine weitere Aufgabe ist die Beratung und Unterstützung des Users während des Konfigurationsvorganges. Gerade bei individuell gefertigten Produkten spielt die Beratung des Kunden häufig eine wichtige Rolle. Der Abnehmer befindet sich während des Konfigurationsprozesses in einem ständigen Entscheidungszwang, der zusammen mit eventuellen Unsicherheiten zum Abbruch der Konfiguration führen kann. Deshalb ist ein Hilfs- und Beratungssystem von hoher Bedeutung. Hierbei geht es neben technischer oder funktionaler Hilfe vor allem auch um die Unterstützung zum Erkennen und Formulieren der eigenen Bedürfnisse eines Kunden. So sollte ein Konfigurator für Mass Customization von Herrenhemden nicht nur die Auswahl aus vielen Krägen oder Manschetten ermöglichen und eine aktuelle Konfiguration auch exakt visualisieren, sondern ebenso eine Stilberatung anbieten: Welcher Kragen passt zu welchem Anlass und welcher Krawatte? Welcher Stoff harmoniert mit einem bestimmten Anzug? Dieser Anspruch wird von dem bereits erwähnten internetbasierten Konfigurator von Dolzer optimal erfüllt. Insbesondere die klare und unmissverständliche Anleitung, wie Maße zu nehmen sind, reduzieren die Unsicherheit des Kunden.

Beratungssysteme können von einem einfachen Hilfe-Button, der in der Regel die Funktionsweise eines Konfigurationsschritts oder die Eigenschaften einer Komponente erklärt, über automatisch gesteuerte Zusatzinformationen bei bestimmten Verweildauern bis hin zu einem interaktiven Verkaufsberater reichen, der eine komplette Stilberatung anbietet. Zum Aufbau von Vertrauen und zur Reduktion des Risikos von Mass Customization aus Kundensicht ist eine solche Beratungsfunktion von essentieller Bedeutung.

Neben der Information des Anwenders über die gewählte Leistungsspezifikation muss ein Konfigurator auch Auskunft über Attribute der einzelnen Komponenten geben können. Dies sind beispielsweise Beschreibungen und Angaben wie Preis, Gewicht, Lieferzeit, etc. Da diese Attribute die Kaufentscheidung maßgeblich beeinflussen können, sollten diese Angaben nach jedem Konfigurationsschritt aktualisiert werden. Ein Konfigurator, der diesem Anspruch besonders gerecht wird, ist beispielsweise der von Officeshop (vgl. www.officeshop.de).

Führung durch den Konfigurationsvorgang

Je nach Komplexität des Produktes kann – selbst bei guter Produktkenntnis – eine vollständige und korrekte Konfiguration schwierig werden. Ein Konfigurator muss deshalb in der Lage sein, den User durch den Konfigurationsvorgang zu führen. Während des Konfigurationsvorganges werden die Merkmale des kundenindividuellen Produktes durch die Auswahl bzw. den Austausch von Modulen oder Teilen verändert. Die Differenzierung zwischen Auswahl und Austausch begründet sich aus der Art des Konfigurationsvorgangs. Entweder wird nur ein Basismodell abgeändert, das bereits eine vordefinierte Vollständigkeit hat (Standard-Konfiguration), oder aber es werden alle notwendigen Konfigurationsschritte mit begleitender Auswahl von Modulen oder Teilen abgearbeitet, bis eine Vollständigkeit vorhanden ist. Dabei sollte sich die Prozessunterstützung in erster Linie an den Anwendungsfeldern des Kunden orientieren und nicht an der grundlegenden Produktstruktur. Viel zu wenige Konfiguratoren beginnen mit einer Erhebung der eigentlichen Wünsche und Bedürfnisse des Anwenders, sondern konfrontieren den Nutzer sofort mit der Auswahl verschiedenster Module und Komponenten. Ein Ausweg aus dieser Problematik ergibt sich beispielsweise durch eine begleitende Stilberatung, die die zur Verfügung stehenden Variationsmöglichkeiten sukzessive einschränkt. So könnte beispielsweise ein Konfigurator von Maßkonfektion zuerst den Anlass abfragen, zu dem ein Kunde ein maßgefertigtes Hemd bestellen möchte. Wählt er „Business look" als Motivation aus, könnte der Konfigurator Button-Down-Kragen oder auffällige Stoffe von vorneherein ausschließen. Somit rückt das Kundeninteresse in den Vordergrund.

Vermittlung eines Einkaufs- und Flow-Erlebnisses

Die Führung durch das Konfigurationssystem dient neben der eher technischen Unterstützung zur Findung einer passenden Spezifikation auch zur Vermittlung eines besonderen Einkaufserlebnisses. Empirische Studien haben ergeben, dass bei Mass Customization die wahrgenommene Produktzufriedenheit ganz stark mit der erlebten Prozesszufriedenheit korreliert [10, 48]. Für viele Kunden ist die Mitwirkung beim Entwurf eines individuellen Produktes ein besonderes Erlebnis. Der Kunde wird zum eigenen Designer, was Identifikation und Involvement mit dem Endprodukt deutlich erhöhen kann. Aufgabe an einen Konfigurator ist so auch die Vermittlung von Begeisterungseigenschaften.

Im Rahmen einer Internet-Konfiguration hat dabei die „Flow-Theorie" eine große Bedeutung [4, 6, 22]. Diese beschäftigt sich mit Fragen der intrinsischen Motivation (Motivation aus Eigenantrieb) und den Determinanten, die Aktivitäten so erfreulich macht, dass sie um ihrer selbst willen ausgeübt werden. Flow bezeichnet jenen Zustand, bei dem eine Person so in eine Tätigkeit vertieft ist, dass nichts anderes um sie herum eine Rolle zu spielen scheint. Ein Flow entsteht, wenn beispielsweise ein Nutzer merkt, dass er bei Lösung einer als groß wahrgenommenen Herausforderung die notwendigen Fähigkeiten besitzt, um diese zu meistern. Auch eine unmittelbare Rückmeldung über den Grad der Zielerreichung vermittelt ein Flow-Erlebnis, ebenso wie das Gefühl von Kontrolle über eine Situation. Dieses Gefühl entsteht, wenn eine Person den Ablauf bzw. das Ergebnis einer Aktivität beeinflussen und selbst steuern kann.

Novak/Hoffman [22] konnten einen statistisch signifikanten positiven Zusammenhang zwischen Flow und Online-Kauf empirisch nachweisen. Damit liegt die Bedeutung des Flow-Konstruktes für das Kundennutzungsverhalten von Online-Konfiguratoren auf der

Hand. Ein guter Konfigurator kann dazu beitragen, bei den Kunden ein Flow-Erlebnis hervorzurufen – mit den angesprochenen positiven Konsequenzen auf das Kaufverhalten.

Bei der Konfiguration sind einige Voraussetzungen zu erfüllen, mit denen das Entstehen eines Flow-Erlebnisses begünstigt werden kann. Mehr noch als in herkömmlichen Internetanwendungen ist das individuelle Konfigurieren eines Produkts als Herausforderung anzusehen. Wichtig ist es dabei allerdings, den Kunden nicht zu überfordern, da sonst Frustration entsteht. In ganz besonderem Maße muss dem Kunden dabei das Gefühl vermittelt werden, die Situation kontrollieren zu können. Der Kunde muss sich als sein eigener Designer begreifen können. Dazu ist eine zeitnahe Visualisierung des Ergebnisses nötig, um dem Nutzer eine Rückmeldung über seine Tätigkeit geben zu können [48]. Ebenso ist es in dieser Stufe nötig, die durch das Design beeinflussten Parameter wie Preis oder Liefertermin zu übermitteln.

Plausibilitätsprüfung der Auswahl

Mit jeder Auswahl oder Gestaltung eines Moduls ergeben sich für die weitere Konfiguration des Produkts auf Grund der Produktlogik bestimmte Einschränkungen oder zusätzliche Möglichkeiten. Charakteristisch für die Produktkonfiguration ist, dass die Auswahl bestimmter Module zu einer Belegung anderer Module führt, die weitere Auswahlmöglichkeiten begünstigen oder einschränken. Es bestehen also neben den mehrstufigen funktionstechnischen Abhängigkeiten unter Umständen noch weitere Abhängigkeiten. Um diese je nach aktueller Auswahl eines Nutzers aufzuzeigen, gibt es verschiedene Ansätze, um die Abhängigkeiten zwischen einzelnen Konfigurationsschritten zu ermitteln und in sogenannten Konfigurationsregeln zu beschreiben (z.B. prozedurale, entscheidungsregelbasierte und wissensbasierte Systeme). Die Realisierung dieser Prüfungen und Regeln ist von der Funktionsweise der Konfigurationslogik und der dafür eingesetzten Technologie abhängig.

Vervollständigung des Produktes

Ein Konfigurator sollte in der Lage sein, über die Beratung hinaus den User bei der Konfiguration soweit zu unterstützen, dass die Bemühungen auf jedem Fall zu einem sinnvollen Ergebnis führen. Hilfsmittel dazu ist die Möglichkeit einer Auto-Vervollständigung der Konfiguration, so dass immer ein vollständig konfiguriertes Produkt aus dem Prozess hervorgeht. Dies reduziert einerseits die Unsicherheit des Kunden, da ihm nach jedem Schritt ein mögliches Endergebnis mitgeteilt wird. Andererseits wird das Flow-Erlebnis des Kunden dadurch bestärkt, dass er zu jedem Stadium des Konfigurationsprozesses ein mögliches Endergebnis seiner Tätigkeit sieht. So wird seinem Wunsch nach Kontrolle genüge getan.

Darstellung der Konfiguration (Visualisierung)

Visualisierung ist ein wesentlicher Erfolgsfaktor eines guten Konfigurators. Sowohl während als auch am Ende des Konfigurationsvorgangs muss den Kunden das individuell konfigurierte Produkt möglichst realistisch präsentiert werden. Die Visualisierung ersetzt das physische Produkt, das bei kundenindividueller Fertigung zum Zeitpunkt des Kaufabschlusses noch nicht verfügbar ist. Ziel ist es, den Kunden bei seinen Entscheidungen zu unterstützen, aber auch, seine Kreativität anzuregen. Technisch ist eine Visualisierung meist einer der aufwändigsten Teile eines Konfigurators, hinzu kommt das Problem langer Übertragungszeiten, wenn eine Visualisierung auf einem externen Server individuell erstellt („Rendering") und dann auf den Computer des Anwenders übermittelt wird. Aus Anbietersicht bedeutet deshalb Visualisierung stets eine Abwägung zwischen dem technisch Machbaren und dem zur Komplexitäts- und Risikoreduktion wünschenswertesten und einer praktikablen Lösung mit einer hoher Effizienz.

Begleitung bei der Erhebung von Kundendaten

Studien, die sich mit den Ursachen eines Abbruchs von Onlineverkäufen beschäftigen, zeigen sehr oft, dass genau dann ein Kaufvorgang abgebrochen wird, wenn persönliche Angaben vom Nutzer erfragt werden (Adressdaten, Zahlungsinformation etc.). Dies gilt in einem Mass-Customization-System im besonderem Maße. Bei kundenindividuellen Produkten sind oft sehr persönliche Angaben wie Körpermaße, Abmessungen, aber auch Vorlieben oder Angaben über Hautprobleme nötig. Der Konfigurator muss nicht nur in der Lange sein, die Ermittlung dieser Angaben zu unterstützen, sondern auch im besonderen Maße „vertrauenswürdig" sein. Allerdings kann die Investition, die ein Nutzer bereits durch die Auseinandersetzung mit dem Produkt getätigt hat (in Form von Zeit und Mühe) als wichtiger Anreiz dienen, einen Kauf abzuschließen, vor allem, wenn ein Flow-Zustand erreicht wurde. Entsprechend einfach (und intuitiv) muss dann aber auch der Abschluss der Konfiguration durch den eigentlichen Kaufvorgang sein.

Produktsurrogat bei Bestellung und Order-Tracking

Das Ergebnis der Konfiguration sollte dem Kunden schließlich in geeigneter Form mit nach Hause gegeben werden können. Dies kann beispielsweise durch einen Ausdruck auf Papier oder in Zukunft gar durch ein kleines Rapid-Prototyping Modell geschehen. Bedenken Sie: Ein Mass-Customization-Kunde zahlt meist vor Auslieferung und muss entgegen des Standardkaufs oft mehrere Wochen auf sein Produkt warten. Eine anspruchsvoll gestaltete Bestätigung der Bestellung dient so als wichtiges Surrogat der noch nicht ausgelieferten Ware. Ebenso ist es essentiell, eine Wartezeit von mehr als einer Woche durch Feedback und Statusmeldungen zu überbrücken (bzw. dem Kunden selbst ein Order-Tracking-Tool an die Hand zu geben). Manche Mass Customizer lassen ihre Kunden bis zu sechs Wochen ohne jede Zwischenmeldung warten – dies widerspricht der persönlichen Anmutung des Prozesses und dem Involvement der Kunden durch das Co-Design völlig und schafft eine schlechte Ausgangslage zum Loyalitätsaufbau.

Gewinnung von aggregiertem Kundenwissen

Eine wichtige Aufgabe ist schließlich die systematische Auswertung der während des Konfigurationsvorgangs erhobenen Informationen. Denn Voraussetzung für ein dauerhaft erfolgreiches Mass-Customization-Konzept ist nicht nur die Fähigkeit, Produkte variabel und kostengünstig zu fertigen, sondern gleichermaßen der Einsatz des dabei gewonnenen Wissens zum Aufbau einer dauerhaften Kundenbindung. Durch den Konfigurationsvorgang erhält der Hersteller Zugang zu implizitem Wissen („sticky information", [45]) der Kunden. Dadurch werden die Kosten eingespart, die normalerweise erforderlich sind, um dieses Kundenwissen zu decodieren (beispielsweise durch aufwändige Marktforschung), zu verstehen und weiterzugeben. Kundenbedürfnisse werden somit schneller und vor allem genauer verstanden. Deshalb sollte ein Konfigurator auch (im begrenzten Maße) Informationen erheben, die für Wiederkäufe oder ein Cross-/Up-Selling interessant sind (Verwendungszyklen, Anwendungsintensitäten, Feedback etc.). Auch Kundenforen stellen eine Form der Kundenintegration dar. Dieses Mittel zum Zugang zu Kundenwissen wird durch einige Spezialanbieter im Internet derzeit bereits gepflegt, Mass Customizer allerdings machen von dieser Möglichkeit noch recht wenig Gebrauch.

Ebenso sollten Mechanismen und Instrumente bestehen, um das Wissen aus einer Kundenbeziehung in aggregierter Form dem Gesamtunternehmen und allen Kunden zur Verfügung zu stellen. Ziel ist ein kontinuierlicher Lernprozess und eine dynamische Verbesserung des Leistungspotenzials. Ebenso ermöglicht das systematische Auswerten der Log-files, die die Kundenaktivitäten protokollieren, eine systematische Verbesserung des Konfigurators.

Best-Practice-Beispiele von Konfigurationssystemen

Den besten Einblick in die Ansprüche und Möglichkeiten von Konfigurationssystemen bietet ein aktives Probieren solcher Systeme, von denen viele auch mit einem anonymen Zugang im Internet zur Verfügung stehen. Die folgende Tabelle 5.3 soll einige Startpunkte für Ihre Entdeckungsreise geben. Es handelt sich dabei um eine rein subjektive Auswahl der Autoren ohne Anspruch auf Vollständigkeit.

Marktübersicht und Technik von Konfigurationssystemen

Eine ausführliche Darstellung der technischen Hintergründe von Konfigurationssystemen speziell für die Anwendungszwecke von Mass Customization sowie eine ausführliche Übersicht über die Anbieter entsprechender Systeme liefert eine aktuelle Marktstudie von Rogoll und Piller [32]. Die Studie vergleicht erstmals die Angebote auf dem deutschsprachigen Markt und stellt die verschiedenen Herangehensweisen an den Aufbau von Produktkonfiguratoren vor. Im Gegensatz zu anderen Studien im Bereich Konfiguration wird dabei genau auf die besonderen Ansprüche von Mass Customization geachtet, bei der die Konfiguration häufig web-gestützt in Selbstbedienung durch den Nutzer stattfindet. Ausführlich werden dazu die Ansprüche an einen Konfigurator aus technischer wie strategisch-marketingorientierter Sicht diskutiert. Die Studie ist im Internet zu beziehen (www.mass-customization.de).

Tool-Kits für Open Innovation

Eine besondere Art von Konfigurationssystemen kommt bei Konzepten von Open Innovation zum Einsatz (siehe Kapitel 4.4). Man spricht in diesem Fall auch von „Tool-Kits for User-Driven-Innovation“ [46] oder „Innovations-Kits“. Im Gegensatz zu Konfiguratoren für Mass Customization ist das Ziel hier nicht, eine fertigungsfähige, kundenindividuelle Spezifikation zu ermitteln, sondern vielmehr aktuelle und potenzielle Kunden kreativ neue Produkte oder Produktvariationen schaffen zu lassen, die dann in der Regel in einem Massenmarkt vielen Kunden angeboten werden sollen [38, 48]. Im Gegensatz zu Mass Customization ist der Ausgangspunkt deshalb nicht eine vorgegebene Produktarchitektur, sondern vielmehr ein Anwendungs- oder Nutzungsbedürfnis der (potenziellen) Kunden.

Ziele des Einsatzes von Tool-Kits für Open Innovation

Der Einsatz von Innovations-Kits hat zwei Zielrichtungen. Zum einen sollen die Innovationsaktivitäten von Nutzern gezielt genutzt werden, um auch neue Produkte entwickeln zu können, die genau auf die Bedürfnisse der Kunden abgestimmt sind. Ziel ist, in einem gewissen Maß Entwicklungs- und Innovationsaktivitäten an die Anwender auszulagern. Das geschieht dadurch, dass den Nutzern ein Werkzeug an die Hand gegeben wird, mit dessen Hilfe eigene, bedarfsgerechte Lösungen gefunden werden. Dabei sollen vor allem Problemlösungsprozesse adressiert werden, die auf Kundenzufriedenheit und -bedürfnisse unmittelbare Auswirkungen haben („need-related problems").

Zum anderen sollen diese Tool-Kits Zugang zu implizitem Wissen („sticky information") der Nutzer bieten [45]. Viele Kunden sind sich ihrer Wünsche nicht bewusst oder können diese nicht explizit formulieren. Die Folge davon, dass ein Anbieter die Bedürfnisse der Kunden nicht genau versteht, sind kostspielige Nachbesserungen oder Produkte, die am Markt vorbei entwickelt werden. Und dies trotz oft aufwändiger Iterationsprozesse während der Produktentwicklung: Die Marktforschungsabteilung kommt mit irgendwelchen Ansprüchen des Marktsegments, die Produktentwicklung entwirft einen Prototypen, dieser wird getestet, modifiziert, wieder getestet... und so weiter, bis endlich ein Produkt auf den Markt gebracht wird, das dann doch keiner (mehr) haben will. Durch die Verwendung von Innovation-Toolkits sollen Kunden lernen, ihre eigenen Wünsche besser zu konkretisieren und durchlaufen einen „learning by using"-Prozess. Der Einsatz von Innovations-Kits lässt Wissen direkt dort nutzen, wo es sich bereits befindet: beim Kunden.

Beispiel: Einsatz von Tool-Kits zur Entwicklung von Aromastoffen

Thomke und von Hippel [38] dokumentieren folgenden Fall der Produktentwicklung bei einem Hersteller von Aromen für die Nahrungsmittelindustrie, der die Einsatzpotenziale eines Tool-Kits gut zeigt. Produkte von BBA (jetzt International Flavors and Fragrances) sind spezielle Aromen, um den Geschmack von nahezu allen verarbeiteten

Nahrungsmitteln zu verstärken und zu verbessern. Die Entwicklung dieser hinzugefügten Aromastoffe erfordert einen hohen Grad an Expertise und kundenspezifischer Anpassung und gleicht in der Praxis mehr Kunst als Wissenschaft.

Ein traditionelles Produktentwicklungsprojekt bei BBA läuft folgendermaßen ab: Ein Kunde fordert einen fleischartigen Geschmack für ein Soja-Produkt und die Probe soll innerhalb einer Woche geliefert werden. Die Aromaexperten von BBA machen sich an die Arbeit und verschicken die Probe innerhalb von sechs Tagen. Drei frustrierende Wochen folgen, bis der Kunde antwortet „Eigentlich schon gut, aber wir brauchen es weniger rauchig und eher kraftvoll." Der Kunde weiß genau, was er damit meint, aber für die Aromaexperten von BBA ist

Gestaltungsbereich	**Beispiel eines Konfigurators im Internet**
Unternehmens- und Fähigkeitspräsentation	Procter&Gamble's Reflect.com (www.reflect.com) BMW Mini Car (www.mini.de) ic! Berlin Sonnenbrillen (www.ic-berlin.de)
Präsentation des Angebots	Customatix Fashionschuhe (www.customatix.com) Elkamet Straßenlaternen (www.elkamet.de)
Auswahl eines Basisproduktes oder -Modells	Welcome 24/7 Küchen (www.officekitchen.de) Modula Computer (www.systemkonfigurator.de) Officeshop Büromöbel (www.officeshop.de)
Unterstützung und Beratung	Maßkonfektion Swisstex (www.swisstex.net) ECCE Terram Geschenkportal (www.schenkenohnedenken.de) mi-adidas Sportschuhe (www.miadidas.de)
Führung durch den Konfigurationsvorgang	BMW Car Konfigurator (www.bmw.de) Porsche Car Konfigurator (www.porsche.de) Dolzer Hemden Shop (www.dolzershop.de)
Vervollständigung des Produktes	ABC Computer (http://pc-konfigurator.suk.de) Dolzer Hemden Shop (www.dolzershop.de) USM Möbel (über www.perspectix.com)
Darstellung der Konfiguration (Visualisierung)	Orako Handyschalen (www.designyourhandy.de) Customatix Fashionschuhe (www.customatix.com) Campe-Ohff Maßhemden (www.campe-ohff.de)
Begleitung bei der Erhebung von Kundendaten	Dolzer Hemden Shop (www.dolzershop.de) Dell Computer (www.dell.com)
Gewinnung von aggregiertem Kundenwissen	Procter&Gamble's Reflect.com (www.reflect.com) Customatix Fashionschuhe (www.customatix.com) Selve AG (www.selve.net)

Tabelle 5.3: *Best Practice Beispiele der verschiedenen Ansprüche an einen Konfigurator*

diese Aussage oft schwer interpretierbar. Je nach Produkt iteriert der Prozess zwischen BBA und Kunde noch einige Male – mit Aufwand, Wartezeit und Kosten für beide Seiten. Denn BBA trägt einen Großteil der Entwicklungskosten, hat aber erst dann Einnahmen, nachdem sowohl der Kunde als auch dessen Kunden (die Konsumenten) vollständig zufrieden sind (ein Entwicklungsprozess kostet dabei zwischen wenigen 1000 USD für die Abänderung eines existierenden Geschmacks bis zu mehr als 300.000 USD für eine neue Geschmackfamilie). Im Durchschnitt akzeptiert der Abnehmer letztendlich nur 15 Prozent aller neuen Geschmacksstoffe für einen vollständigen Markttest, und nur 5 Prozent bis 10 Prozent werden schließlich im Markt eingeführt.

Um auf dieses Problem zu reagieren, hat BBA Innovationsaktivitäten auf die Kunden verlagert. Dazu wurde ein Internet-basiertes Tool-Kit entwickelt, das eine große Datenbank von Geschmacksprofilen enthält. Ein Kunde kann diese Information am Bildschirm auswählen, verändern und sein neues Design direkt an eine Prototyping-Anlage senden, die bei Großkunden sogar beim Abnehmer angesiedelt sein kann. Diese stellt die Probe innerhalb von Minuten her. Nachdem die Probe getestet wurde, kann der Kunde die erforderlichen Veränderungen vornehmen. Wenn der Geschmack z.B. zu salzig ist, kann dieser Parameter leicht im Profil verändert werden, und die Maschine stellt sofort eine neue Probe her. Damit werden die Iterationsprozesse auf den Kunden verlagert. Dieser nimmt die zeitaufwändigen „trial-and-error"-Prozesse vor, nicht mehr der Hersteller.

Ansprüche an ein Open-Innovation-Tool-Kit

Funktionsweise und Erscheinungsbild von Konfiguratoren für Mass Customization und Open Innovation sind sehr ähnlich, letztere besitzen jedoch einen größeren Freiheitsgrad oder richten sich an ausgewählte User-Gruppen, die ein besonderes Interesse an einer Mitwirkung haben (beispielsweise Lead-User). Ähnlich wie bei Mass-Customization-Konfiguratoren bekommt der Nutzer auch bei Innovation-Toolkits zunächst Standardmodule vorgegeben, mit denen er dann in einem trial-and-error-Prozess die für ihn optimale Lösung generiert. Ein Tool-

Kit für Open Innovation muss folgenden wesentlichen Ansprüchen genügen [46]:
- Ermöglichung kompletter Problemlösungszyklen,
- Benutzerfreundlichkeit und Motivationsstiftung,
- Bibliothek vorhandener Lösungen und Abstimmung mit Fähigkeiten.

Ermöglichung kompletter Problemlösungszyklen

Ziel ist es, die Kunden in einem wiederholten iterativen Prozess „Experimente" durchführen zu lassen, um so in einem Lernprozess zur gewünschten Lösung zu kommen. Der Anwender muss komplette Problemlösungszyklen ausüben können, um einen Lernprozess zu ermöglichen. Viele Kunden sind wie die Nahrungsmittelentwickler von BBA im Beispiel: kenntnisreich, aber heute noch ohne Möglichkeit, ihr Wissen und ihre Intuition auch in ein konkretes Produkt umzusetzen.

Benutzerfreundlichkeit und Motivationsstiftung

Das Tool-Kit muss auch ohne spezielles Design-Wissen funktionieren und einfach von den Benutzern adaptiert werden können. Dazu müssen die Toolkits benutzerfreundlich, d.h. intuitiv zu bedienen sein. Die Schaffung einer Innovationsumgebung, die die User motiviert, selbst innovativ tätig zu werden, ist ein wichtiger Erfolgsfaktor. Hier besteht aus Anbietersicht eine ähnliche Aufgabe wie bei der Entwicklung von Mass-Customization-Konfiguratoren: Die wahrgenommenen Mühen müssen aus Nutzersicht durch die wahrgenommenen Benefits ausgeglichen werden. Dazu gehören neben einer gut gelungenen Oberfläche und Bedienbarkeit des Tool-Kits auch die Vermittlung des Nutzens, den ein Kunde durch seine Mitwirkung bei der Innovation hat und die Einbindung motivationsstiftender Funktionen.

Bibliothek vorhandener Lösungen und Abstimmung mit Fähigkeiten

Ein Tool-Kit muss eine Bibliothek bereits vorhandener Lösungen besitzen, seien es vollständige Lösungen als Ausgangsdefinition oder modulare Komponenten und Teilprozesse. Dem Benutzer sollten häufig verwendete Standardalternativen vorgegeben werden, damit sie sich auf das konzentrieren können, was ihnen wichtig erscheint. Ziel ist es, Doppelarbeit zu vermeiden. Jedoch darf im Gegensatz zu einem Mass-Customization-Konfigurator der Lösungsspielraum nicht zu eng sein. Weiterhin muss eine Verbindung zum Leistungserfüllungssystem bestehen, um zum einen die (schnelle) Fertigungsmöglichkeit der Lösung zu garantieren bzw. mögliche Restriktionen und Erweiterungspotenziale zu identifizieren, damit es langfristig zu einer zielgerechten Entwicklung der Fähigkeiten und Kapazitäten des Anbieters kommt.

Grenzen des Einsatzes

Dieses Outsourcing der Produktentwicklung auf die Kunden macht die traditionelle Produktentwicklung aus zwei Gründen besser und schneller. Erstens kann eine Firma die teuren und fehleranfälligen Bemühungen umgehen, die Kundenbedürfnisse im Detail zu verstehen. Zweitens können die trial-and-error-Zyklen, die bei der Produktentwicklung unweigerlich entstehen, sehr viel schneller vorankommen, da die Iterationen nur durch den Kunden ausgeführt werden.

Derzeit finden sich erst wenige Tool-Kits im Internet, die zudem oft nur wenige der oben genannten Ansprüche vollständig erfüllen (ein Beispiel ist die MSN Microsoft Gamezone (www.msn.com), auf der online aktuelle Computerspiele von Microsoft in der Vollversion genutzt werden können. Dabei wird allerdings der Spielverlauf für Auswertungszwecke aufgezeichnet. Auch haben die User Möglichkeiten, Verbesserungsvorschläge und Anregungen zu den Spielen abzugeben).

Allerdings sind „Tool-Kits“ weder eine Wunderwaffe noch sind sie einfach einzuführen. Bei der technischen Entwicklung bestehen noch große Restriktionen. Ebenso besitzen erst wenige Kunden Erfahrung im Umgang mit diesen Systemen. Deshalb steht ihre Einführung – vor allem im Konsumgüterbereich – noch vor vielen Fragezeichen. Wir sehen hier aber die Entstehung eines sehr interessanten Bereichs, dessen Nutzung in der Zukunft vielleicht genauso selbstverständlich erscheint wie der Einsatz von CAD-Systemen und Rapid-Prototyping-Technologien heute, die viele Produktentwicklungsprozesse ebenfalls grundlegend revolutioniert haben. Allerdings gibt es bislang noch keine Standardsoftware für Innovation-Kits. Ein gemeinsames Forschungsprojekt der Technischen Universität München und Ludwigs-Maximilians-Universität München definiert hierzu derzeit die wesentlichen Anforderungen und erstellt einen entsprechenden Prototyp (siehe www.winserv.info).

In einer ersten Stufe können aber auch Mass-Customization-Konfiguratoren Open Innovation unterstützen, indem die aggregierte Auswertung der gewählten wie auch verworfenen Konfigurationen aller Nutzer für das Finden von Varianten für eine standardisierte Variantenproduktion genutzt wird (bei einem simultanen Angebot individueller und massenhafter Leistungen) bzw. dazu beiträgt, Produktarchitekturen und Vielfalt einer Mass Customization zu verbessern. Mass Customizer besitzen an dieser Stelle, insbesondere wenn sie parallel noch ein massenhaftes Produktprogramm haben, einen entscheidenden Vorsprung.

Kollaboration in Multi-Channel-Systemen

Mass Customization stellt auch an das Absatzsystem neue Ansprüche, die neue Kooperationsformen im Vertrieb verlangen. Auf den ersten Blick bieten die neuen IuK-Technologien sehr effiziente Möglichkeiten, Transaktionen zwischen Hersteller und Kunde direkt abzuwickeln und die Individualisierungsinformationen zu erheben. Gerade bei niedrigpreisigen Produkten beruht die Umsetzung unmittelbar auf der transaktionskostensenkenden Wirkung eines Direktvertriebs per Internet. Und auch bei hochpreisigen Gütern ist bei jedem einzelnen Gut eine direkte Interaktion zwischen jedem einzelnen Abnehmer und Mass Customizer notwendig. Jedoch spricht eine Reihe von Gründen für eine Integration des Handels in ein Mass-Customization-Konzept in Form einer intensiven Kooperation zwischen Hersteller und Handel.

Ansatzpunkt der Kooperation ist der Konfigurationsvorgang. Dabei ist es wichtig zu unterscheiden, ob es sich um den ersten Kauf eines Kunden oder um einen Wiederholungskauf auf Basis eines bestehenden Kundenprofils handelt. Vor- und Nachteile eines bestimmten Kanals differieren bei Erst- und Wiederholungskauf zum Teil erheblich.

Der Aufbau eines geeigneten und leistungsfähigen Multi-Kanalsystems ist eine der größten Herausforderungen bei der Einführung eines Mass-Customization-Systems. Kleine Unternehmen haben meist nicht den notwendigen Marktzugang und auch nicht ausreichend Markt-Know-how, um ausreichend schnell genügend potenzielle Kunden anzusprechen und sind deshalb auf die Kooperation mit Vertriebspartnern angewiesen. Für große Markenartikler dagegen bedeutet Mass Customization häufig den Einstieg in den Direktvertrieb und damit eine Konfrontation mit bestehenden Handelspartnern. Auch hier müssen deshalb geeignete Kooperationsformen gefunden werden. Eine Reihe von Mass-Customization-Pionieren ist unseres Erachtens gescheitert, da eben kein genügender Marktzugang bestand:

Der Individualisierungshändler xaaaz hat trotz großer Bemühungen erst viel zu spät das Konzept von Online-Shop-in-Shops umsetzen können. Der Aufbau einer eigenen Site und der Versuch, diese mit „Traffic“ zu füllen, haben lange Zeit zu viel Kraft gefordert, ohne den durchschlagenden Erfolg zu erzielen. Das gleiche galt für den amerikanischen Konkurrenten getCustom. Auch Creo Interactive kam trotz großer Presseresonanz erst dann zum Zuge, als der Otto-Versand und ein amerikanischer Händler die Schuhe ins Sortiment aufgenommen haben.

Levi Strauss hat es bis heute nicht geschafft, das Original-Spin-System aus den eigenen Läden herauszuholen und in eine breite Masse zu bringen. Hauptgrund sind unseres Erachtens Probleme im Vertriebssystem und die Teilung der Kundendaten (für Nachbestellungen) zwischen Levi und potenziellen Handelspartnern. Ebenso blockiert der eigene Vertrieb für die großen Handelsketten eine Ausweitung des Systems, da dieses die bestehende Margenstruktur über den Haufen wirft.

Reflect.com hat nach zwei Jahren im Internet eingesehen, dass viele Kunden nur dann relativ hochwertige Kosmetik kaufen, wenn sie diese auch real fühlen und erleben können. Die P&G-Tochter setzt deshalb jetzt auf eigene Läden und testet auch Kooperationen mit Dritten. Ziel ist dabei vor allem, die Kunden durch einen offline-Erstkauf mit dem System vertraut zu machen und Wiederholungskäufe dann ins Internet zu verlagern.

Kundennähe spricht für eine Handelskooperation bei der Konfiguration

Insbesondere Hersteller, die den größten Teil ihres Umsatzes durch Handelspartner erzielen, werden bei der Einführung von Mass Customization keinen Alleingang wagen können, ohne diese wichtige Absatzquelle zu riskieren (Vermeidung von Channel-Konflikten). Daher ist es notwendig, traditionelle Vertriebspartner in die Einführung einer Mass-Customization-Strategie zu integrieren. Doch neben dieser eher zwangsweisen Integration aufgrund der Handelsmacht schafft in vielen Fällen erst eine bestehende Handelsstruktur die notwendige Kundennähe. Denn auch langfristig werden viele Konsumenten nicht bereit sein, nur durch einen interaktiven elektronischen Kontakt ihre Einkäufe zu tätigen. Das Vertrauen der Kunden gegenüber physischen Vertriebsniederlassungen ist zumindest beim Erstkauf höher als gegenüber einem Online-Konfigurator.

Herausforderungen einer Zusammenarbeit: Das Beispiel mi-adidas

Der Sportartikelhersteller Adidas hat bei der Einführung seiner individuellen Marke „mi-adidas“ die konsequente Integration traditioneller Handelspartner verfolgt. Die Interaktion mit dem Kunden erfolgt dabei in den Verkaufsräumen unabhängiger Sportgeschäfte. Dort werden die Maße der Kunden aufgenommen, das spezifische Abrollverhalten analysiert und Vorstellungen in Bezug auf Design anhand von virtuellen Prototypen erörtert. Alle Daten werden dann automatisiert an die Produktionsstätte von Adidas in Asien übermittelt. Sind die individuellen Schuhe hergestellt, werden sie über den Vertriebspartner an die Kunden ausgeliefert. Der Handel bekommt damit einen weiteren

Kundenkontakt – Möglichkeit für einen Wiederholungskauf. Eine der größten Herausforderungen für Adidas war jedoch der Aufbau des Kooperationsnetzwerkes mit dem Handel und die Abwicklung der geteilten Kundeninteraktion zwischen Hersteller und Händler. Dabei traten vier zentrale Herausforderungen auf, die im Folgenden kurz betrachtet werden:

Übergang vom Produktvermarkter zum Lösungsanbieter

Da bei Mass Customization weniger das Produkt als vielmehr der Individualisierungsprozess im Vordergrund steht, muss der Einzelhandel bei der Erhebung der Individualisierungsinformation Kompetenz vermitteln. Die meisten der Adidas-Handelspartner sind es jedoch gewohnt, (Standard-) Produkte zu verkaufen und nicht, diese zusammen mit den Kunden zu entwerfen und zu entwickeln. Die klassische Distributions- und Sortimentsfunktion wird durch die Unterstützung des Konfigurationsvorgangs und der Kundenintegration abgelöst. Dies gilt zum einen dann, wenn für die Erhebung der Kundenwünsche bestimmte Instrumente notwendig sind (3D-Scanner in der Bekleidungsindustrie, Systeme der Virtuellen Realität). Zum anderen trägt eine Kooperation mit dem Handel entscheidend dazu bei, das aus Kundensicht wahrgenommene Risiko der Individualisierung zu mindern.

In diesem Zusammenhang ist es für einen Anbieter wie Adidas von Vorteil, die Erfahrungsqualität der Kunden mit einem Händler zu nutzen. Dies sind qualitätsrelevante Kriterien, die auf vergangenen (positiven) Erfahrungen des Abnehmers mit dem betreffenden Händler basieren. Hier haben etablierte Kaufhäuser und Einzelhändler eine sehr gute Ausgangsposition. Dazu wird oft im Rahmen einer längerfristigen Kooperation ein Shop-in-Shop-Konzept verwirklicht, das die Produkte exponiert präsentiert. In Handelsunternehmen können neue Abteilungen im Sinne eines „Konfigurations-Shops“ eingerichtet werden.

Zum Abbau der Unsicherheit des Kunden gilt es dort, in der Vorkaufphase Kompetenz zu vermitteln (Pre-Selling-Quality). Dies hebt den Stellenwert einer angemessenen Schulung der beteiligten Mitarbeiter hervor. Das Vertriebspersonal muss nicht nur in der Lage sein, die entsprechenden Spezifikationen richtig zu erfassen und an die Fertigung weiterzugeben. Wichtig ist vor allem die optimale Beratung des Kunden, welche Produktspezifikation seine Bedürfnisse am Besten erfüllt. Die Mitarbeiter an der Kundenschnittstelle müssen deshalb erhebliches Produkt- und Prozess-Know-how besitzen. Da die Ansprüche an die Verkäufer eines standardisierten Massenprodukts viel geringer sind, muss in Form einer Ausbildungskooperation das Verkaufspersonal eine entsprechende Weiterbildung erhalten, was wiederum Fragen der Beständigkeit einer Handelskooperation aufwirft. Am wichtigsten erscheint aber, dass sich der Händler überhaupt seiner Rolle als Lösungsanbieter und nicht mehr nur Regalpfleger bewusst wird. Dies gilt für das Management genauso wie für das Verkaufspersonal. Hier sehen wir in der Mass-Customization-Praxis noch erhebliche Defizite.

Interaktion mit mehreren Verkaufskanälen

Aufgrund des ganzheitlichen Individualisierungsansatzes benötigt „mi adidas" ein stationäres Interaktionsinstrument. Die Produkte werden sowohl auf speziellen Veranstaltungen in traditionellen Einzelhandelsgeschäften als auch an verschiedenen Orten während Sportveranstaltungen verkauft. Im ersten Fall bucht der Einzelhändler ein Team von Adidas zur Unterstützung, die Verkäufe erfolgen aber innerhalb des Händlersystems. Im zweiten Fall verkauft Adidas direkt an den Endnutzer. Gleiches gilt für geplante Nachbestellungen im Internet. Langfristig birgt diese Doppelstrategie Konfliktpotenzial. Einerseits sind die bestehenden Kundenbeziehungen des Einzelhandels für Adidas interessant. Andererseits wird dieser keine hohen Investitionen tätigen wollen, wenn Adidas nun erstmals auch in den Direktvertrieb einsteigt. Doch aus Kundensicht bedarf dieses mehrstufige System einer klaren Kommunikation, damit keine Verwirrung entsteht. Ziel ist die Integration aller verwendeten Vertriebskanäle in ein ganzheitliches System, das der Kunde über einen einheitlichen Zugang („one face to the customer") erreichen kann.

Verteilung der Gewinne und Eigentum an den Kundendaten

Wie auch im Massengeschäft ist die Verteilung von Gewinn und Marge zwischen Hersteller und Händler Ansatzpunkt vieler Verhandlungen. Der Hersteller will sein Produkt mit möglichst wenigen Hindernissen durch den Handel „leiten“ und hohe Markteintrittsbarrieren errichten, während der Einzelhändler daran interessiert ist, von niedrigen Markteintrittbarrieren und Wettbewerb unter den Herstellern selbst zu profitieren.

Eine Kooperation mit dem Handel muss deshalb auch den Aufbau dauerhafter Kundenbeziehungen unterstützen. Ein Händler kann eigene dauerhafte Beziehungen mit seinen Abnehmern eingehen und Wissen aufbauen, beispielsweise darüber, wie die Individualisierung am besten und effizientesten erhoben wird (siehe dazu auch Kapitel 8). Existiert jedoch einmal eine solche Beziehung zwischen einem konkreten Kunden und dem eigentlichen Hersteller, ist oft ein Direktvertrieb die effizientere Lösung (z.B. Bestellung per Telefon oder Internet).

Ein besonderes Problem für Adidas ist dabei die Gewinnverteilung bei Wiederholungskäufen, wenn der Erstkauf bei einem Händler abgewickelt wurde, der Zeit und Aufwand in die Datenerhebung und Kundenberatung gesetzt hat, der Kunde dann aber sein zweites Paar Schuhe auf der Adidas-Web-Site direkt bestellt. Die Erhebung der Kundeninformation im Handel muss entweder mit einer deutlich höheren Marge als üblich entlohnt werden. Oder die einmalige „Anbahnungs- und Individualisierungsprämie“ wird durch ein neues Provisionssystem ersetzt, mit dem der Handelspartner an Folgebestellungen beteiligt wird, selbst wenn diese über die Web-Site des Herstellers abgegeben wird.

Doch nicht nur Margen aus dem Verkauf eines Schuhs, sondern auch die Informationen über die einzelnen Kunden stellen ein wichtiges Kapital im Mass-Customization-Geschäft dar (siehe Kapitel 7). Richtig implementiert kann „mi adidas“ zu einem wichtigen Loyalitäts-Management-Tool werden. Doch wem gehören die Kundendaten, wer nimmt die Nachbestellungen entgegen, wem gehört das Wissen aus der Aggregation der Kundendaten zu übergreifenden Marktforschungswissen?

Synergieeffekte der Zusammenarbeit

Durch die Analyse der erhobenen Kundendaten können nicht nur die individualisierten Produkte verbessert werden, sondern auch die Standardprodukte, da bessere Marktforschungsinformationen und genauere Prognosen der Kundenbedürfnisse zur Verfügung stehen. Aber auch dem Einzelhandel könnte dieses Wissen nutzen, um das Angebot an Standardprodukten verschiedener Marken zu optimieren. Für ihn könnte es auch interessant sein, diese Informationen mit anderen Zulieferern zu teilen. Die resultierenden Konflikte verhindern das Erlangen von Lerneffekten und Synergien zwischen dem traditionellen Geschäft und dem Mass-Customization-System. Auch hier müssen genaue Verträge entwickelt werden, um Konflikte zu vermeiden.

Formen von Vertriebskooperationen für Mass Customization

Grundsätzlich bestehen mehrere Möglichkeiten, die Interaktion mit den Kunden kooperativ zu gestalten (eine weitere wichtige Gestaltungsebene auf der Prozessebene ist die Integration der Zulieferer in ein Mass-Customization-Konzept):

⇨ Direktvertrieb Hersteller-Kunde: Viele Firmen, die normalerweise mehrere Verkaufskanäle bedienen, nutzen allein einen Direktvertrieb für ihre individualisierten Produkte (z.B. Mattel, Levi Strauss, Nike). Einige der Probleme, die bei Einschaltung des Einzelhandels entstehen, werden so von vornherein umgangen. Da die Individualisierungsinformationen direkt durch den Hersteller erhoben werden, können Fehler vermieden und Transaktionskosten gesenkt werden. Lerneffekte zur Gestaltung der Konfigurationsprozesse fließen an einer Stelle zusammen. Damit kann schneller Erfahrung gewonnen werden, wie eine skalierbare Verkaufsplattform für mehrere Standorte zu gestalten ist. Ebenso bietet eine interne Lösung die höhere Anerkennung der Marke durch ein forciertes, öffentlichkeitswirksames Vorgehen. Allerdings besitzen nicht alle Hersteller das notwendige Know-how, das erforderlich ist, um direkt an den Endkunden zu verkaufen. Auch ist der Aufbau entsprechender Vertriebskanäle sehr teuer und langwierig. Wichtig ist bei diesem Modell, gegenüber bestehenden

Vertriebspartnern im massenhaften Geschäft zu kommunizieren und dokumentieren, dass sich das Mass-Customization-Konzept nicht gegen die etablierten Vertriebskanäle richtet, sondern diese im Gegenteil durch eine Stärkung des Markenimages aktiv unterstützen kann.

⇨ Hersteller getriebene Zusammenarbeit: In einem weiteren Modell nutzt der Hersteller zwar die Nähe des Einzelhandels zum Markt und dessen Kenntnis der Kunden, bleibt aber der klar dominierende Partner in der Beziehung. Der Hersteller ist Initiator des Mass-Customization-Ansatzes, der gegenüber dem Handel als Profilierungsinstrument (Imageführerschaft, Kundenbindung, Premium-Margen) genutzt wird. Diesen Ansatz hat z.B. Adidas gewählt. Wichtig ist dabei aber die frühe Einbindung des Handels in die Konzeption des Gesamtsystems.

⇨ Einzelhandel getriebene Zusammenarbeit: Aufgrund der Nähe zum Kunden ist es dem Einzelhandel häufig möglich, Bedürfnisse und Trends schneller und präziser zu erfassen als der Hersteller. Dazu kommt ein steigender Preiswettbewerb, aus dem innovative Einzelhändler einen Ausweg durch den Verkauf von Mass-Customization-Produkten sehen. Die Fertigung geschieht meist durch einen Hersteller, der für den Kunden nicht in Erscheinung tritt. Diesen Ansatz verfolgen C&A oder Lands'End. Auch der Otto-Versand wählte diese Lösung durch die Integration von Creo-Fashionschuhen in seine Kataloge und die Otto-Web-Site.

Tabelle 5.4 gibt einen Überblick über die Vor- und Nachteile von Mass Customization aus Sicht eines Handelsunternehmens für die Bekleidungsindustrie. Die Tabelle soll einen Anhaltspunkt geben, wie ein solches System gegenüber dem Handel zu kommunizieren ist.

Kooperationsmodelle unter Beteiligung von Intermediären und Brokern

Über eine Kooperation mit dem Handel hinaus können aber noch weitere externe Partner absatzseitig in ein Mass-Customization-System integriert werden. Um Konflikte zwischen den Vertriebskanälen zu entschärfen und mangelnde Erfahrung der Hersteller mit den Endkunden auszugleichen, kann es sinnvoll sein, einen Intermediär einzuschalten, der für den Konsumenten sichtbar in Aktion tritt [25]. Ein Beispiel hierfür ist possen.com, eine niederländische Firma, die mittels 3D-Ganzkörperscannern Körpermaße und weitere Profilinformationen für eine Maßkonfektion erhebt. Die Daten werden von Possen und kooperierenden Einzelhändlern zur Fertigung individueller Kleidung verwendet. Die Spezialisierung eines Players (Possen) auf die Erhebung der Kundendaten führt dazu, dass sich teure Geräte wie Ganzkörperscanner schneller amortisieren und spezifisches Know-how aufgebaut wird. Nachteilig ist die erforderliche Koordination aller Partner (hohe Transaktionskosten). Außerdem befindet sich der Intermediär aufgrund

Mass Customization aus Sicht des Handels in der Bekleidungsindustrie	
Vorteile	**Nachteile**
Geringe Lagerbestände	Konfusion mit Standardware
Reduktion des Mode-Risikos	Notwendigkeit zur Mitarbeiterqualifikation
Verkaufsfläche wird weniger mit Fertigware blockiert	Investitionen in Interaktions- und Konfigurationssysteme
Geringeres Umlaufvermögen, da Kunden bezahlen, bevor die Ware bestellt wird	Langwieriger Prozess beim Erstkauf
Ausweg aus dem Preiskampf durch neue Wertschöpfungsprinzipien	Abhängigkeit vom Hersteller (Kunden sieht Händler als wesentlichen Partner, der für Fehler im System verantwortlich gemacht wird, selbst wenn Hersteller Urheber des Fehlers ist)
Bessere Kenntnis der Kunden und Chance zur höheren Kundenbindung	unklare Eigentümerschaft von Kundendaten
Premium-Preise und Upgrading des Sortiments	Gefahr einer Abwicklung von Wiederholungskäufen am Handel vorbei
Innovatives Image durch Assoziation mit innovativem Mass Customizer	Wartezeiten und Lieferzeitproblematik
Höhere Kontaktfrequenz durch Abholung einer Bestellung	
Kooperatives Verhältnis zu Hersteller	
„Kostenloses Marketing“ durch hohe Beachtung in der Presse	

Tabelle 5.4: *Vor- und Nachteile des Mass Customization aus Sicht einer Handelskette in der Bekleidungsindustrie*

der Daten in einer relativ starken Position. Hersteller und Einzelhändler müssen eine vertikale Integration fürchten, das heißt, der Intermediär könnte selbst zum Mass Customizer werden und eigene Produkte anbieten.

Entsprechend der Matrix in Abbildung 5.8 können verschiedene Formen der Integration von Intermediären unterschieden werden. Die eine Abgrenzungsdimension bildet dabei der Grad der Interaktion zwischen Abnehmer und Handelspartner. Die zweite Dimension ist der Umfang der Wertschöpfungsprozesse, die durch den Broker vollzogen werden (siehe genauer [31]).

⇨ Kontakt-Spezialisten (Feld 1): Hier stellt der Intermediär lediglich in einem Provisionsgeschäft den Kontakt zwischen Abnehmer und Mass Customizer her. Dies kann ein klassischer Händler sein, der einen Kunden, der im Standardprogramm kein passendes Produkt findet, auf die Mass-Customization-Lösung verweist. Alle weiteren Schritte des Geschäfts (Individualisierungserhebung, Fertigung, Distribution, Inkasso etc.) werden im Direktvertrieb übernommen. Eine weitergehende Form ist die Installation eines Multimediaterminals

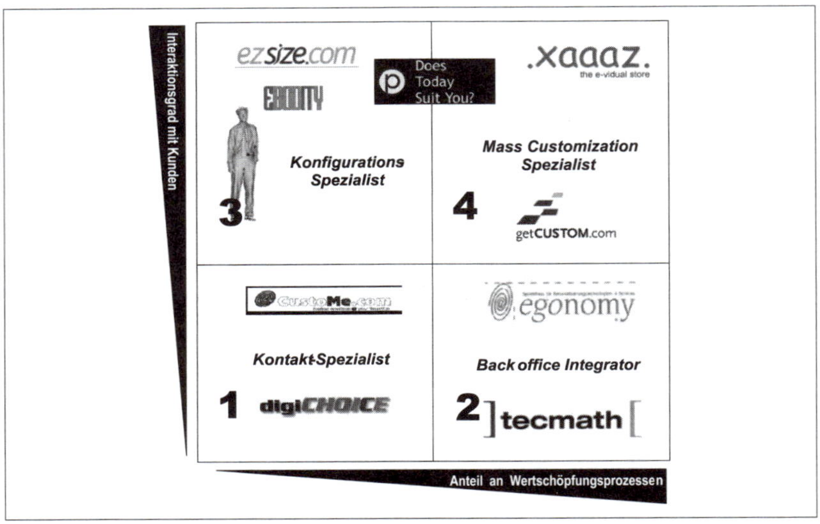

Abb. 5.8: *Abgrenzung verschiedener Formen von Intermediären für Mass Customization*

im stationären Handel, wo der Kunde selbständig sein gewünschtes individuelles Produkt entwirft und bestellt. Im Internet haben sich in dieser Kategorie inzwischen eine Reihe spezialisierter Börsen bzw. Portale für Mass-Customization-Produkte gebildet. Der größte Anbieter dieser Vermittlungsleistungen, digichoice.com, listet mehr als tausend verschiedene Anbieter. Der Kontakt-Spezialist leistet selbst keinen Beitrag zur Umsetzung der Individualisierung. Eine wesentliche Komplexitätsreduktion findet nicht statt.

⇨ Back-Office-Integratoren (Feld 2): Eine andere Klasse von Intermediären werden vom Abnehmer selbst gar nicht wahrgenommen. Sie wirken vor allem im Rahmen der Integration der Wertschöpfungsaktivitäten und besitzen Prozess-Know-how. Unternehmen wie TecMath oder corpus-e wirken als Beratungsspezialisten und Prozessintegratoren beispielsweise in der Bekleidungsindustrie, indem sie generische Daten aus 3D-Scannern für verschiedene Hersteller konfektionsmusterbezogen aufbereiten und bereitstellen.

⇨ Konfigurations-Spezialisten (Feld 3): Ein höherer Integrationsgrad wird erreicht, wenn der Intermediär auch die Individualisierungsinformation erhebt. Dazu muss er ein relativ hohes Produkt-Know-how besitzen, da er auch für die Beratung des Kunden verantwortlich ist. In diesem Bereich sind in letzter Zeit eine Reihe interessanter Wertschöpfungskonzepte für den Bekleidungsbereich entstanden, indem lediglich auf dreidimensionales Ganzkörperscannen spezialisierte Unternehmen im Markt aufgetreten sind. Das angeführte Beispiel von Possen ist hier einzuordnen.

⇨ Mass-Customization-Spezialisten (Feld 4): Der stärkste Grad der Kooperation wird bei einer absatzseitigen Wertschöpfungspartnerschaft erreicht. Der Mass-Customization-Partner ist in die Individualisierung voll integriert und übernimmt die gesamte Kommunikation zwischen Hersteller und Endabnehmer. Typische Gestaltungsformen einer solchen Integration mit enger Bindung an den Hersteller sind Franchise- oder Vertragshändlersysteme. Teilweise nimmt der Kunde den eigentlichen Mass Customizer nicht mehr war. Dies ist vor allem dann vorteilhaft, wenn der Intermediär einen höheren Bekanntheitsgrad und eine stärkere Kompetenzanmutung als der Hersteller besitzt. Zusätzlich bietet der Intermediär oft kundenindividuelle Dienstleistungen an, sei es eine Montage am Verwendungsort, eine maßgeschneiderte Finanzierung oder eine Beratung während des Gebrauchs des Produkts. Vertrauensbildung und Kompetenzvermittlung erfolgen in enger Abstimmung zwischen Handelspartner und Hersteller. Diese Form besitzt die stärkste simultane Unterstützung aller drei Mass-Customization-Optionen. Allerdings ist die Übertragung dieser theoretischen Vorteile in die Praxis nicht einfach: Alle Versuche, ein solches Geschäftsmodell im Markt umzusetzen, sind bislang gescheitert.

Jetzt geht es los

Mit der Gestaltung des Interaktionssystems ist ein weiterer wichtiger Schritt auf der Potenzialebene abgeschlossen. Nun ist der Solution Space gesetzt, und die ersten Kunden können kommen. Die folgenden drei Kapitel beschreiben darauf aufbauend die Ansprüche, Vorteile und Herausforderungen, die sich aus den anderen drei Ebenen von Mass Customization ergeben: Differenzierungs-, Kosten- und Beziehungsebene.

Literatur

[1] Albers, Sönke / Clement, Michel *(1998): E-Commerce erfordert Top-Marketing, in: Horizont, Nr. 36 vom 3.9.1998, S. 64.*

[2] Anderson, David M. *(1997): Agile product development for mass customization, Chicago 1997.*

[3] Baldwin, Carliss / Clark, Kim *(1997): Managing in the age of modularity, in: Harvard Business Review, 75. Jg. (1997), H. 5, S. 84-93.*

[4] Bauer, Hans H. / Grether, Mark / Borrmann, Ulrike *(2001): Die Erklärung des Nutzerverhaltens in elektronischen Medien mit Hilfe der Flow-Theorie, in: Marketing ZFP, 23. Jg. (2001), Nr. 1, S. 17-30.*

[5] Blecker, Thorsten *(1999): Unternehmung ohne Grenzen, Wiesbaden: Gabler 1999.*

[6] Csikszentmihalyi, Mihaly *(1999): Das Flow-Erlebnis, 7. Aufl., Stuttgart: Klett Cotta 1999.*

[7] CYERT, RICHARD M. / MARCH, JAMES G. *(1963): A behavioral theory of the firm, Englewood Cliffs 1963.*

[8] *(2000): Approaches to mass customization, in: Journal of Operations Managements, 18. Jg. (2000), S. 605-625.*

[9] EVERSHEIM, WALTER / SCHENKE, FRANZ / WARNKE, LUCA *(1998): Komplexität im Unternehmen verringern und beherrschen – optimale Gestaltung von Produkten und Produktionssystemen, in: Dietrich Adam (Hg.): Komplexitätsmanagement, Wiesbaden: Gabler 1998, S. 29-45.*

[10] FRANKE, NIK / PILLER, FRANK T. *(2002): Key Research Issues in User Interaction with Configuration Toolkits in a Mass Customization System, im Erscheinen.*

[11] HÖCK, MICHAEL *(1998): Produktionsplanung und –steuerung einer flexiblen Fertigung, Wiesbaden: Gabler 1998.*

[12] HUFFMAN, CHYNTHIA / KAHN, BARBARA *(1998): Variety for sale: mass customization or mass confusion, in: Journal of Retailing, 74. Jg. (1998), H. 4, S. 491-513.*

[13] ISHII, KOS / JUENGEL, CHERYL / EUBANKS, C. FRITZ *(1995): Design for product variety, Arbeitspapier, Department of Mechanical Engineering, Stanford University 1995.*

[14] JIAO, JIANXIN *(1998): Design for mass customization by developing product family architectures, Diss., The Hong Kong University of Science and Technology 1998.*

[15] JIAO, JIANXIN / TSENG, MITCHELL *(1996): Design for mass customization, in: CIRP Annals, 45. Jg. (1996), Nr. 1, S. 153-156.*

[16] KALUZA, BERND / BLECKER, THORSTEN *(1999): Dynamische Produktdifferenzierungsstrategie und Produktionsnetzwerke, in: Kurt Nagel / Roland Erben / Frank T. Piller (Hg.): Produktionswirtschaft 2000 – Perspektiven für die Fabrik der Zukunft, Wiesbaden: Gabler 1999, S. 265-280.*

[17] KNOLMAYER, GERHARD *(1999): Kundenorientierung, Mass Customization und optimale Variantenvielfalt in: R. Grünig et al. (Hg.): Strategisches Management und Marketing, Bern: Haupt 1999, S. 67-91.*

[18] KNOLMAYER, GERHARD *(2002): On the Economics of Mass Customization, in: Claus Rautenstrauch et al. (Hg.): Moving towards mass customization, Heidelberg: Springer 2002, S. 3-18.*

[19] KÖSTER, OLIVER *(1998): Strategische Disposition: Konzept zur Bewältigung des Spannungsfeldes Kundennähe, Komplexität und Effizienz in Leistungserstellungsprozessen, Diss., Universität St. Gallen 1998.*

[20] LEE, C.-H. SOPHIE / BARUA, ANTESH / WHINSTON, ANDREW *(2000): The Complementarity of Mass Customization and Electronic Commerce, in: Economics of Innovation and New Technology, 9. Jg. (2000), H. 2, S. 81-110.*

[21] MEIER, ROLAND / PILLER, FRANK T. *(2001): Strategien zur effizienten Individualisierung von Dienstleistungen, in: Industrie-Management, 17. Jg. (2001), Nr. 2, S. 13-17.*

[22] NOVAK, THOMAS P. / HOFFMANN, DONNA L. *(1996): Marketing in Hypermedia Computer-Mediated Environments: Conceptual Foundations, in: Journal of Marketing, 60. Jg. (1996), H. 7 (July), S. 50-68.*

[23] PICOT, ARNOLD / REICHWALD, RALF / WIGAND, RALF *(2002): Die grenzenlose Unternehmung, 5. Aufl., Wiesbaden: Gabler 2002.*

[24] PILLER, FRANK T. *(1998a): Kundenindividuelle Massenproduktion - Die Wettbewerbsstrategie der Zukunft. München, Wien: Carl Hanser 1998.*

[25] PILLER, FRANK T. *(2001): Mass Customization, 2. Aufl., Wiesbaden: Gabler 2001.*

[26] PILLER, FRANK T. / REICHWALD, RALF / MÖSLEIN, KATHRIN *(2000): Information as a Critical Success Factor for Mass Customization, Or: Why Even a Customized Shoe Not Always Fits, Proceedings of the ASAC-IFSAM 2000 Conference (Marketing Track), Montreal, Quebec, Canada, 9-12 July, 2000.*

[27] PILLER, FRANK T. / WARINGER, DANIELA *(1999): Modularisierung in der Automobilindustrie – neue Formen und Prinzipien: Modular Sourcing, Plattformkonzept und Fertigungssegmentierung als Mittel des Komplexitätsmanagements, Aachen: Shaker 1999.*

[28] RAUTENSTRAUCH, CLAUS / SEELMANN-EGGEBERT, RALPH / TUROWSKI, KLAUS *(Hg.) (2002): Moving towards mass customization, Heidelberg: Springer 2002.*

[29] RAUTENSTRAUCH, CLAUS / TANGERMANN, HOLGER / TUROWSKI, KLAUS *(2002): Manufacturing Planing and Control Content Management in Virtual Enterprises Pursuing Mass Customization, in: Claus Rautenstrauch et al. (Hg.): Moving towards mass customization, Heidelberg: Springer 2002, S. 103-118.*

[30] REICHWALD, RALF / PILLER, FRANK T. *(2000): Produktionsnetzwerke für die Kundenindividuelle Massenproduktion, in: Bernd Kaluza / Thorsten Blecker (Hg.): Produktionsmanagement in Unternehmensnetzwerken und Virtuellen Unternehmen, Heidelberg: Springer 2000, S. 598-628.*

[31] REICHWALD, RALF / PILLER, FRANK T. / LOHSE, CHRISTOPH *(2000): Broker Models for Mass Customization Based Electronic Commerce, in: Proceedings of the Americas Conference on Information Systems - AMCIS 2000, Long Beach, California, 10.-13. August 2000, S. 750-756.*

[32] ROGOLL, TIMM / PILLER, FRANK T. *(2002): Marktstudie 2002/03: Konfigurationssysteme für Mass Customization und Variantenproduktion: Strategie, Erfolgsfaktoren und Technologie von Systemen zur Kundenintegration, München: ThinkConsult 2002 (zu beziehen über www.mass-customization.de).*

[33] SCHUH, GÜNTHER / SCHWENK, UDO *(2001): Komplexität managen – Strategien, Methoden, Tools, München/Wien: Hanser 2001.*

[34] Shostack, Lynn *(1984): Designing Services that Deliver, in: Harvard Business Review, 62. Jg., H. 1 (Jan-Feb 1984), S. 133-139.*

[35] Simpson, Timothy / Lautenschlager, Uwe / Mistree, Farrokh *(1998): Mass customization in the age of information: the case for open engineering systems, in: Alan L. Porter et al. (Hg.): The information revolution, Greenwich 1998, S. 49-71.*

[36] Smith, Michael / Bailey, Joseph / Brynjolfsson, Erik *(2000): Understanding digital markets: review and assessment, in. Erik Brynjolfsson / Brian Kahin (Hg.): Understanding the digital economy, Boston: MIT Press 2000, S. 49-97.*

[37] Stotko, Christof M. *(2002): Das wirtschaftliche Potenzial von Mass Customization als Maßnahme zur Erhöhung der Kundenbindung, Arbeitsbericht Nr. 30 des Lehrstuhls für Allgemeine und Industrielle Betriebswirtschaftslehre der Technischen Universität München, Juli 2002.*

[38] Thomke, Stefan / von Hippel, Eric *(2002): Customers as Innovators: A New Way to Create Value, in: Harvard Business Review, 80. Jg. (2002), Heft 4.*

[39] Tseng, Mitchell / Jiao, Jianxin *(2001): Mass Customization, in: Gaviel Salvendy (Hg.): Handbook of Industrial Engineering, 3 rd edition, New York: Wiley, S. 684-709.*

[40] Tseng, Mitchell / Jiao, Jianxin / Su, Chuan-Jun *(1997): Virtual prototyping for customized product development, in: Integrated Manufacturing Systems, 8. Jg. (1997), H. 6, S. 334-343.*

[41] Tseng, Mitchell / Piller, Frank T. (Hg.) *(2002): Advances in Mass Customization (working title), New York/Heidelberg: Springer 2002 (erscheint Ende 2002).*

[42] Tseng, Mitchell et al. *(1997): A collaborative control system for mass customization manufacturing, in: CIRP Annals, 46. Jg. (1997), H. 1, S. 373-376.*

[43] Ulrich, Karl T. / Tung, Karen *(1991): Fundamentals of product modularity, in: Andie Sharon et al. (Hg.): Issues in design-manufacture-integration, New York: Wiley 1991, S. 73-79.*

[44] Victor, Bart / Boynton, Andrew C. *(1998): Invented Here, Boston: Harvard Business School Press 1998.*

[45] von Hippel, Eric *(1998): Economics of product development by users: the impact of „sticky" local information, in: Management Science, 44. Jg. (1998), H. 5, S. 629-644.*

[46] von Hippel, Eric *(2001a): Toolkits for User Innovation, MIT-SSM Working Paper #*

[47] Weiber, Rolf *(2000): Herausforderung Electronic Business, in: Rolf Weiber (Hg.): Handbuch Electronic Business, Wiesbaden: Gabler 2000, S. 1-39.*

[48] Wiedemann, Steffen *(2002): Die Nutzung von Mass Customization Konfiguratoren – eine empirische Analyse, Diplomarbeit am Lehrstuhl für Innovationsforschung und Technologiemanagement, LMU München 2002.*

[49] WILDEMANN, HORST *(1998): Die modulare Fabrik, 5. Aufl., München: TCW 1998.*

[50] WIND, JERRY / RANGASWAMY, ARVIND *(2001): Customerization: the next revolution in mass customization, in: Journal of interactive marketing, 15. Jg. (2001), H. 1 (Winter), S. 13-32.*

[51] ZIPKIN, PAUL *(2001): The limits of mass customization, in: Sloan Management Review, 42. Jg. (2002), Heft 3, S. 81-87.*

6 Von der Differenzierung zum Wettbewerbsvorteil: Der Mass-Customization-Marketing-Mix

Warum führen individuelle Produkte zu einem Wettbewerbsvorteil? Wie kann der „Differenzierungsvorteil Individualität" in steigende Preise und Margen transferiert werden? Und mit welchen Ansätzen werden die Kunden im Rahmen der Marketingkommunikation auf den höheren Nutzen eines Mass-Customization-Angebots aufmerksam gemacht? In diesem Kapitel geht es um die Differenzierungsebene von Mass Customization. Darunter werden alle markseitigen Aktivitäten einer Produkt-, Preis-, Kommunikations- und Distributionspolitik für die kundenindividuelle Massenproduktion verstanden. Diese „klassischen" Gestaltungsfelder werden durch zwei neue ergänzt: Konfigurationspolitik und Beziehungsmanagement.

Stichworte: Erweitertes Idealpunktmodell, Begrenzte Varietät beim Mass Customizer, Preispolitische Potenziale individueller Massenprodukte, Individualisierung von Preisen, Empirische Forschung zur Zahlungsbereitschaft, Modulare Preise und offene Preisdifferenzierung, Marketingstrategie.

Frank T. Piller und Christof M. Stotko

6.1 Das erweiterte Idealpunktmodell

Im Rahmen der Individualisierung eines Produktes bestimmt der Kunde, welche Eigenschaften das Produkt erhalten soll – weitgehend nach seinen eigenen Vorstellungen. Oder anders ausgedrückt: Die Differenzierungswirkung von Mass Customization entfaltet sich in der besseren Möglichkeit, die Eigenschaften einer Leistung genauer an den individuellen Idealpunkt jedes Kunden anzupassen [9, 12, 13, 18]. Hieraus ergibt sich ein Differenzierungsvorteil des Anbieters gegenüber seiner Konkurrenz, d.h. eine höhere Attraktivität der kundenindividuell massengefertigten Produkte. Dieses Grundprinzip haben wir bereits weiter oben (Kapitel 3) näher beschrieben. Das Modell soll an dieser Stelle noch weiter konkretisiert werden, da es den Rahmen der Differenzierungsstrategien und Marketingpolitik bildet. Abbildung 6.1 stellt die Möglichkeiten eines Mass Customizers, den Idealpunkt eines Kunden zu treffen, den Potenzialen eines Massenproduzenten und traditionellen Einzelfertigers gegenüber. Dazu spannen wir einen Präferenzraum auf, der durch die denkbaren Individualisierungsdimensionen für ein Produkt gebildet wird (in diesem Beispiel sind dies Funktionalität, Design und Passform). Innerhalb dieses Präferenzraumes liegen die möglichen Idealpunkte verschiedener Kunden oder Kundengruppen.

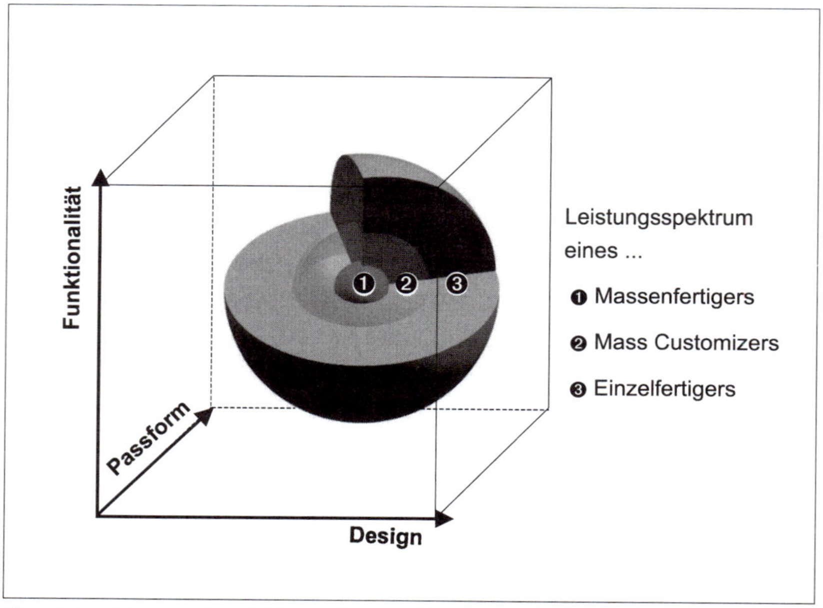

Abb. 6.1: *Leistungsspektren bei Massenfertigung, Mass Customization und traditioneller Einzelfertigung, um den Idealpunkt der Kunden zu treffen*

Das Leistungsspektrum des Massenfertigers

Das Leistungsspektrum eines Massenfertigers ist auf eine enge Ausprägung der präferenzbildenden Dimensionen beschränkt. Die Produkte eines Massenproduzenten haben nur dann eine hohe Kaufwahrscheinlichkeit, wenn sich die Präferenzpunkte der Kunden im unmittelbaren Umfeld der zentralen Kugel befinden (1), die in der Abbildung das Leistungsprofil von eines beispielhaften Massenproduzenten beschreibt. Die Entscheidung, wie das Leistungsspektrum für ein konkretes Angebot aussieht, wird ex-ante auf Basis aggregierter Daten der Marktforschung getroffen. Ziel ist es, die individuellen Kundenpräferenzen so zu verdichten, dass das Massenprodukt den Präferenzen relevanter Kundensegmente am nächsten kommt. Diese Vereinfachung ermöglicht zwar auf der einen Seite die Effizienzvorteile einer Massenproduktion, wird aber aus Sicht der Präferenzbildung mit dem Nachteil erkauft, dass die Lösung für viele Kunden einen Kompromiss darstellt bzw. den Kunden hohe Suchkosten abverlangt, um aus allen möglichen massenhaften Varianten die am besten Passende zu finden.

Das Leistungsspektrum bei Einzelfertigung

Ein traditioneller Einzelfertiger dagegen versucht durch den Einsatz von Universalmaschinen, Know-how in der kundenbezogenen Entwicklung und eine hohe Flexibilität im gesamten Leistungssystem den möglichen Präferenzraum komplett auszufüllen (Kugel (3) in Abbildung 6.1). Dadurch können sie bei divergierenden Präferenzen der Nachfrager genauer passende Leistungen anbieten. Theoretisch sollten dies die Nachfrager durch eine höhere Zahlungsbereitschaft honorieren, denn individuelle Produkte bedeuten keine Kompromisse, sind im Gebrauch oft mit geringeren Kosten verbunden, bieten einen höheren Komfort, oder wirken imagefördernd – diese Liste ließe sich lange fortsetzen. Damit sind individualisierte Leistungen nicht so leicht vergleichbar. Für den Anbieter entsteht damit ein quasi-monopolistischer Handlungs- und Preissetzungsspielraum, um den höheren Abnehmernutzen abzuschöpfen.

Soweit die Theorie. In der Praxis übertreffen die Kosten für die Bereitstellung eines derart großen Leistungsspektrums oft die Streuung der Präferenzen vieler Kunden. Viele Einzelfertiger sind heute unseres Erachtens „zu individuell", das heißt, ihrer Flexibilität und ihren Flexibilitätskosten steht keine entsprechend höhere Zahlungsbereitschaft der Kunden gegenüber.

Begrenzte Varietät beim Mass Customizer

Auch ein Mass Customizer bietet ein größeres Spektrum an Ausprägungen innerhalb der Präferenzdimensionen an, begrenzt aber die mögliche Varietät. Im Beispiel in Abbildung 6.1 ergibt sich so die mittlere Hüllform (Kugel (2), die Lage im Zentrum ist rein zufällig; denkbar ist z.B. auch, an einer Dimension keinerlei Auswahl zu bieten). Dabei wird versucht, die Ausprägungen möglichst vieler Kunden treffen zu können und eine maximale Überdeckung von Kundenwünschen und angebotenem Leistungsspektrum zu erreichen. Ziel ist es, die positiven Wirkungen einer Differenzierung durch Individualität zu verwirklichen und die dadurch mögliche höhere Zahlungsbereitschaft abzugreifen, ohne, dass steigende Kosten (und damit Preise) einen Wechsel des Marktsegments bedeuten. Wie aus der Abbildung hervorgeht, kann es dabei durchaus vorkommen, dass das Leistungsangebot eines spezialisierten Massenfertigers (kleine schwarze Kugeln) nicht abgedeckt wird. Dies deckt sich jedoch völlig mit dem Anspruch, nur das anzubieten, was vom Kunden finanziell honoriert wird.

Mass Customization geht zwar von der Möglichkeit aus, Preis-Premiums zu verlangen, berücksichtigt aber, dass in den meisten Märkten die Mehrheit der Kunden nicht bereit ist, für eine individuelle Leistung exorbitante Aufpreise zu zahlen. Deshalb soll im Folgenden genauer diskutiert werden, welche preispolitischen Möglichkeiten ein Mass Customizer besitzt.

6.2 Drückt ein 200 Euro Schuh? Preispolitische Potenziale individueller Massenprodukte

Genauso einheitlich, wie Ende der 1990er Jahre noch die allgemeinen Lob- und Begeisterungshymnen über die schöne neue Internet-Welt die Presselandschaft beherrschten, dominieren heute Berichte über das Ende des „Mythos Internet und New Economy". Einer der Internet-Mythen, der jetzt durch die Wirklichkeit überholt wurde, ist die These „Alle Macht geht vom Kunden aus". Vollkommene Markttransparenz und die Möglichkeit, sich online mit anderen Verbrauchern zusammenzuschließen, führen nur theoretisch dazu, dass der Käufer künftig Preise und Konditionen diktieren. Doch der Markt tappt nicht in diese „Transparenzfalle". Eine Machtverschiebung zu Gunsten des Verbrauchers findet bislang nicht statt.

Denn die meisten der sogenannten Powershopping-Plattformen verstehen sich letztendlich weniger als Partner der Verbraucher, sondern sind vielmehr Dienstleister für die Industrie: Sie helfen, Restposten loszuschlagen und vor allem Kundeninformationen zu sammeln. Gerade nach dem Fall des Rabattgesetzes besteht so die Möglichkeit, das Wissen, wie viel denn ein Kunde maximal für einen Artikel zahlen würde (z.B. bei www.ihrpreis.de; www.priceContrast.com), auch tatsächlich entsprechend zu nutzen: Jeder Kunde zahlt den Preis, den er „verdient". Basis ist aber nicht eine größere Macht des Kunden, sondern vielmehr der Informationsvorsprung der Hersteller!

Individualisierung der Preise kann die Individualisierung der Produkte ergänzen

Mass Customization bietet vor diesem Hintergrund weitere Möglichkeiten für eine innovative Preispolitik. Idealvorstellung ist dabei die bereits von Pigou [17] als „Preisdifferenzierung ersten Grades„ bezeichnete Festlegung eines individuellen Preises für jeden Abnehmer in dem Maße, mit dem die gesamte Konsumentenrente dieses Kunden abgeschöpft werden kann (unter der Annahme, dass dabei mindestens die variablen Kosten dieses Unternehmens erfüllt sind). Die Konsumentenrente entspricht dem Differenzbetrag zwischen der

Zahlungsbereitschaft eines Abnehmers und dem Preis, den dieser für das Produkt bezahlt. Ziel ist es damit, genau die Zahlungsbereitschaft eines Kunden abzugreifen [15]. Diese Option wird oft als unrealistisch und „unfair" eingestuft. Wenn eine Preisdifferenzierung sich aber nicht auf gleiche, sondern unterschiedliche, individuelle Produkte bezieht, sieht die Situation schon anders aus. Eine Individualisierung der Preise kann dann eine Individualisierung der Produkte begleiten [24].

Welche Nutzendimensionen erlauben höhere Preise?

Ziel der Differenzierungspolitik von Mass Customization ist, den Kundennutzen als wettbewerbsentscheidendes Merkmal einer angebotenen Leistung herauszustellen. Bei einer erfolgreichen Differenzierung darf kein anderer Wettbewerber die relevanten Produktdimensionen besser erfüllen als der Anbieter, der so den Status eines Quasi-Monopolisten erlangt und damit Preiszuschläge erzielen kann, die über den Grenzkosten zur Erstellung der Leistung liegen. Gutenberg [8] bezeichnet diese Fähigkeit eines Unternehmens, besondere Präferenzen der Abnehmer für bestimmte Produkte zu schaffen, als „akquisitorisches Potenzial".

Treiber ist dabei bei Mass Customization natürlich in erster Linie die Individualisierung im Sinne einer Übereinstimmung der Produkteigenschaften mit dem Idealpunkt der Leistung (siehe Kapitel 4.3). Das klassische Erlöspotenzial einer Leistungsindividualisierung entspricht dem Wert, den die Reduktion der Unsicherheit über die „Passgenauigkeit" der gekauften Güter aus Abnehmersicht widerspiegelt [4, 11]. Im Gegensatz zur Auswahl eines möglichst passenden Produkts aus einem breiten Variantenangebot bedeutet Mass Customization zum einen, dass ein Abnehmer keinen Kompromiss zwischen den erwarteten und den tatsächlichen Leistungseigenschaften eingehen muss, sondern tatsächlich ein Produkt mit höherem „Fit" bekommt.

Zum anderen reduzieren sich auch die Suchkosten für den Kunden, die bei einer klassischen Variantenproduktion aus der Suche der richtige Lösung aus allen Angebotenen resultieren. An dieser Stelle ist eine Klarstellung wichtig: Nur bei wenigen Produkten im Konsumgüterbereich wird Mass Customization eine höhere Qualität im Sinne von

Fit zwischen Leistungseigenschaften und Kundenwünschen ergeben können als ein Massenprodukt. Doch häufig ist es für die Kunden viel zu aufwändig, genau dieses Produkt im Massenmarkt zu finden – und eine individuelle Fertigung „on demand“ erscheint sowohl für den Kunden als auch den Hersteller Erfolg versprechender.

Diese Differenzierungsstrategie wird durch andere differenzierende Faktoren wie die Adressierung von Begeisterungseigenschaften oder eine Imageführerschaft noch verstärkt [1, 10]. So kann ein Mass-Customization-System aus Abnehmersicht (im Konsumgüterbereich) noch weitere Nutzeffekte haben, die ebenfalls die Preisbereitschaft erhöhen:

- ⇨ Imageeffekte durch individuelle Produkte (Snob-Effekt) gegenüber Peers,
- ⇨ Spaß und Selbsterfüllung durch „Meisterung“ des Konfigurationsvorganges (so wird der schnelle Erfolg von Dell bei Aufkommen des Geschäfts im Privatkundenmarkt unter anderem auch auf das Gefühl der Pionierkunden zurückgeführt, „smarter“ als die Nachbarn zu sein, da man es geschafft hat, einen Computer selbst zusammenzustellen),
- ⇨ Wahrnehmung des Kaufvorganges als besonders Erlebnis,
- ⇨ Befriedigung der Lust auf Abwechselung und etwas Neues zu probieren,
- ⇨ Befriedigung des Umweltbewusstseins durch passende Produkte und weniger Verschwendung,
- ⇨ Verfügbarkeit eines originellen Geschenkartikels.

Die Gesamtheit des so wahrgenommenen Nutzens macht die Einmaligkeit eines Mass-Customization-Angebots aus. In der Theorie kann ein Hersteller in dieser Situation ungeachtet eines geltenden Marktpreises den Preis für sein Produkt weitgehend autonom festlegen und zwar ausgerichtet am jeweiligen Nutzen eines Produkts für einen Abnehmer. Das Produkt ist nicht mehr vergleichbar, deshalb führt eine Preissteigerung auch nicht zur Abwanderung der Kunden [2, 26].

Empirische Forschung zur Zahlungsbereitschaft bei Mass Customization

Eine explorative empirische Studie zur Zahlungsbereitschaft bei über 2 500 Konsumenten [20] bestätigte auch prinzipiell diese Möglichkeit. Bei den dort abgefragten Beispielprodukten (Schuhe, Jeans, Uhren und Handys) waren die Kunden bereit, teilweise deutliche Aufschläge für eine Individualisierung zu zahlen. Einige Ergebnisse (siehe im Detail [20]): Innerhalb der untersuchten Zielgruppe bestand z.B. eine deutlich erhöhte Zahlungsbereitschaft für Schuhe nach individuellen Maßen. Ein etwas anderes Bild ergibt sich bei der Betrachtung der Designschuhe. Während der optimale Preis bei den weiblichen Befragten deutlich über dem Durchschnittpreis des Standardproduktes liegt, fällt bei den männlichen Befragten dieser Preis unter den Durchschnittspreis. Hieraus lässt sich schließen, dass Männer eine Mitwirkung beim ästhetischen Design von Schuhen nicht als interessante Individualisierungsoption erachten. Frauen scheinen dagegen für individuell designte Schuhe eher offen zu sein und sind auch bereit, dafür einen deutlichen Aufpreis zu zahlen. Auch bei individuellen Jeans (in Hinblick auf Maße und Schnitt) zeigt sich ein Unterschied zwischen den Geschlechtern: Bei Männern stimmt der optimale Preis einer individuellen Hose mit dem durchschnittlichen Betrag überein, der für Jeans von der Stange ausgegeben wird. Die weiblichen Befragten würden dagegen eine Individualisierung der Jeans mit einem höheren Preis honorieren. Dieses Ergebnis deckt sich auch mit den Erfahrungen von Pionieranbietern der Mass Customization im Jeans-Markt.

Grenzen individueller Preise

Jedoch ist die Wirklichkeit nicht ganz so einfach: Der Kundennutzen ist zwar ein Indikator für den maximal möglichen Preis – spiegelt aber nicht den optimalen Absatzpreis wider. Zwar sinkt mit der Individualisierung innerhalb gewisser Grenzen die Preiselastizität der Nachfrage, aber in der Praxis ist der Preisspielraum oft gering. Es besteht eine Obergrenze, ab der die potenziellen Abnehmer nicht mehr bereit sind, den aus der Attraktivität der Leistung resultierenden Mehrpreis zu honorieren, und auf billigere Konkurrenzprodukte ausweichen, auch wenn diese ihren Anforderungen nicht genau entsprechen. Zudem muss ein Anbieter, der den Preisspielraum einer individuellen Leistungserstellung entsprechend der Theorie ausnutzen möchte, nicht nur die Wünsche jedes Kunden erheben und in individuelle Produkte umsetzen, sondern darüber hinaus den Wert der Individualisierung (Nutzenzuwachs beim Kunden durch individuelle Leistung) messen können – was die Kenntnis der Preissensibilität aller Kunden voraussetzt.

Neue Internettechnologien ermöglichen Erhebung der Zahlungsbereitschaft

Letzteres wurde lange als unmöglich angesehen. Jedoch gibt es hier, Dank des Internets, neue Möglichkeiten (siehe ausführlich [24, 25]). Hilfsmittel ist auch hier der Konfigurator, der von innovativen Firmen zur Preisindividualisierung eingesetzt wird, ohne dass dahinter eine echte Produktindividualisierung steht (Soft Customization). Durch die intensive Kommunikation mit den Kunden werden deren spezifischen Produktpräferenzen und Preisbereitschaften ermittelt und in ein individuelles Angebot überführt. Das beste Beispiel in diesem Bereich kommt von dem Stromversorger E.ON.

E.On Mixpower: Individueller Strom oder Betrug?

Eine innovative Methode, die Preissensitivität seiner Kunden zu erfahren, hat der Energiekonzern E.ON eingeschlagen. Die Kampagne „MixPower" vermittelt dem Kunden das Gefühl, er könne seine Stromquellen selbst mixen, also in Bezug auf sein Umweltbedürfnis und seine Preisbereitschaft individualisieren. Auf der Internetseite verspricht E.ON: „E.ON MixPower eröffnet Ihnen die Möglichkeit, Stromquellen selbst zu mixen: aus Wasser, Wind, Sonne, Biogas, Kernenergie und Kohle." Über einen Konfigurator, „Mixpult" genannt, kann ein (potenzieller) Kunde über Schieberegler den Anteil der Primärenergiequellen an seiner Stromversorgung festlegen. Diese haben entsprechend ihrer Knappheit und Umweltverträglichkeit („grünes Gewissen") unterschiedliche Preise je Kilowattstunde (kWh). Ein Kunde kann nun die Kosten und die

Umweltverträglichkeit gegeneinander abwägen und mit seiner persönlichen Zahlungsbereitschaft in Einklang bringen. Angezeigt werden jeweils Preis und Umweltverträglichkeit (CO2-Emissionen je kWh, die weiteren externen Kosten werden in einer FAQ-Liste beschrieben). Die folgende Tabelle gibt einen Überblick über die Spannbreite der Energiekosten.

Über einen individuellen „Mix" der Primärenergiequellen kann der Kunde somit seine Ziele in Bezug auf Kosten, Umweltverträglichkeit und Nachhaltigkeit optimieren. Abbildung 6.2 gibt einen Überblick, wie sich die beiden Kenngrößen Preis und CO2-Emissionen in Abhängigkeit der Kombination der Primärenergiequellen verändern. So zahlt beispielsweise ein Kunde, der 100 Prozent Sonnenenergie beziehen will einen Aufschlag von 450 Prozent zum reinen Kernenergienutzer – für das gleiche Produkt.

Wie schafft es E.ON. jedoch, das Commodity Strom zu individualisieren? Durch einen geschickten Formulierungstrick in den Vertragsbedingungen. Einem Kunde, der sich beispielsweise für das Szenario „Umwelt" entschieden hat, wird nicht garantiert, dass sein Strom tatsächlich in dieser Kombination erzeugt wurde. Vielmehr bedient sich E.ON der Metapher des großen „Stromsees", der aus den sechs Primärenergiequellen gespeist wird und aus dem alle Kunden ihren Strom beziehen. Die individuelle Wahl der Primärenergiequellen schlägt sich im Zeitablauf in einer langfristig angelegten Energieerzeugungs- und -einkaufspolitik nieder. So soll beispielsweise ein großes Interesse

Primärenergiequelle	**Preis [cent/kWh]**	**CO2 – Emissionen [g/kWh]**
Kernenergie	13,29	33,50
Kohle	15,33	1 003,90
Wasser	16,36	40,10
Biogas	21,80	33,30
Wind	23,46	24,00
Sonne	72,80	168,80

Tabelle 6.1: *Preisspanne bei der Strom-Individualisierung bei E.ON-Mix-Power (Daten entnommen aus www.eon.de, Stand: Juli 2002)*

an Sonnenenergie durch Zukauf bzw. Ausbau von Sonnenkraftwerken berücksichtigt werden.

Diese Kundgebung zahlen die Pionierkunden jedoch mit ihrer ganz persönlichen Preisbereitschaft – für ein und dasselbe Produkt. Da das System wohl zu einfach zu „durchschauen" war, hat das Konzept trotz Werbemillionen für Testimonial Arnold Schwarzenegger bislang nicht den gewünschten Erfolg gehabt. Die Idee dahinter ist aber unseres Erachtens eine ideale Möglichkeit, die Preisbereitschaft der Kunden zu erfahren. Wir sehen Mix-Power mehr als ein „Innovations-Kit" als einen Konfigurator für Mass Customization. Denn selbst wenn die Kunden nicht bestellen und Verträge abschließen, können doch die gewählten Kombinationen und „Probeverträge" als wichtige Marktforschungsinformation dienen, wie die zukünftige Produktpolitik zu gestalten ist und welche Preise die Kunden prinzipiell dafür zu zahlen bereit sind.

Modulare Preise und offene Preisdifferenzierung

Letztendlich steht aber auch bei E.ON ein Preisbaukasten hinter der individuellen Preisgestaltung. Hierbei wird das Entgelt anhand eines klar strukturierten und durchschaubaren Systems an die gelieferte Leistung angepasst. Hilfsmittel ist wieder das Konfigurationssystem, um individuelle Preisobergrenzen in einer Interaktion mit den Kunden

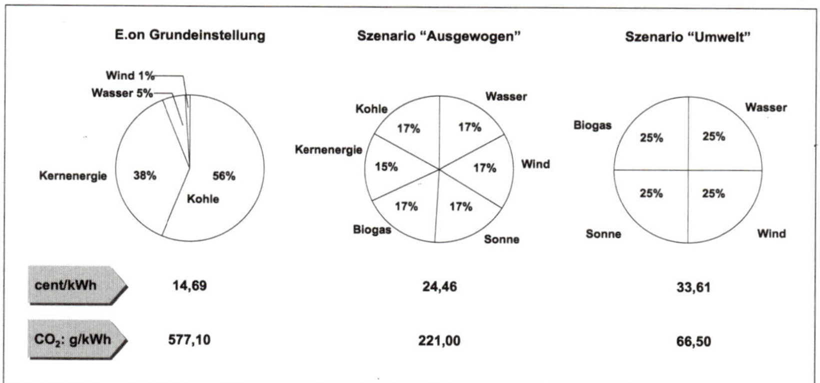

Abb. 6.2: *Beispielhafte Kalkulationen für verschiedene Strom-Mixe (Daten entnommen aus www.eon.de, Stand: Juli 2002)*

zu erheben. Grundsätzlich ist der Kunde bei einem solchen modularen Preisbaukasten für die Preisbestimmung selbst „verantwortlich".

In der Regel basiert diese Preisindividualisierung auf modular aufgebauten Produkten und Leistungen, deren Module einzelne, verschieden aufwändige (bzw. verschieden bewertete) Optionen aufweisen, die zu unterschiedlichen Preisen angeboten werden: Leder- oder Stoffverkleidung, vergoldete oder Messingstecker, Markenkomponente oder „No-Name"-Bauteil. Auch kann ein Kunde vor die Wahl gestellt werden, ob er gegen Preisnachlass bestimmte Serviceleistungen selbst übernehmen will: Bestellung per Internet oder persönliche Beratung durch Verkaufspersonal; Selbstaufbau oder Installation vor Ort; Garantieansprüche innerhalb der gesetzlichen Gewährleistung im Laden oder 3-Jahre-vor-Ort-Service.

Ein Beispiel: Ein Maßkonfektionär kann aus jeder Kundenbeziehung den maximalen Ertrag ziehen, indem er dem Kunden gegen Mehrpreis zusätzliche Kann-Optionen anbietet. Damit könnten beispielsweise Kunden zufriedengestellt werden, die gerne offene, durchgeknöpfte Ärmelschlitze und Handkanten haben. Andere Kunden, die auf diese Details zu Gunsten eines geringeren Abgabepreises verzichten, sind ebenfalls attraktiv, da ihrer geringeren Preisbereitschaft auch ein geringerer Aufwand der Produktherstellung gegenübersteht. Abbildung 6.3 gibt schematisch an, wie sich die Preisbereitschaft des Kunden und der Deckungsbeitrag des Herstellers bei einem modularen Aufbau für ein Bekleidungsstück zusammensetzen könnte.

Die praktischen Erfahrungen in der Bekleidungsindustrie zeigen, dass eine modulare Preisgestaltung große Chancen bietet. Zwar sind die Kunden empirischen Marktforschungsumfragen zu Folge lediglich bereit, einen Aufschlag von fünf Prozent für kundenindividuell gefertigte Bekleidung zu zahlen (vgl. Abbildung 6.3, Daten aus [28]). Auch in den anderen Umfragen werden Aufpreise um 30 Prozent als akzeptabel genannt. Praktische Erfahrungen zeigen jedoch, dass in der Realität häufig Aufpreise von bis zu 100 Prozent realisierbar sind (siehe Kapitel 3). Damit bestätigen sich unsere Vorbehalte gegen eine klassische Marktforschung bei Mass Customization. Denn Kunden, die einmal interaktiv in die Konfiguration integriert sind, setzen sich ganz anders mit einem Produkt auseinander als dies Kunden tun, die sich ein Produkt von der Stange aussuchen. Damit steigt während des Kaufvorganges über das Involvement auch die Preisbereitschaft. Voraussetzung ist jedoch ein entsprechendes modulares Produktkonzept und ein Konfigurationssystem, das die Preisindividualisierung dynamisch unterstützt. Hier ist die Praxis noch ganz am Anfang.

Wichtigster preispolitischer Vorteil einer Individualisierung ist aber in vielen Märkten die Vermeidung eines Preiswettbewerbs, der zu Recht oft als ruinöser Wettbewerb bezeichnet wird. Nur Anbieter, die neben einer günstigen relativen Kostenposition auch über hohe Finanzkraft verfügen, können einen solchen Preiswettbewerb überstehen. Je homogener das Produkt in den Augen der Kunden ist, desto bedrohlicher wird die Auseinandersetzung auf der Preisebene. Die Kaufentscheidung wird durch die Individualisierung auf die Ebene des Nutzens verlagert. Der Preis dient nur noch als Zusatzinformation, nicht jedoch als das kaufbestimmendes Kriterium, solange er die akzeptierte Obergrenze nicht überschreitet [7, 23]. Weiterhin sollten Anbieter, die eine Einführung von Mass Customization erwägen, ihre Entscheidung nicht nur von möglichen Mehrpreisen abhängig machen. Premium-Preise sind nur eine Option, zusätzliche Mehrkosten in der Produktion durch eine auftragsbezogene Einzelfertigung auszugleichen. Die „Economies of Mass Customization", d.h. Kostensenkungspotenziale durch eine

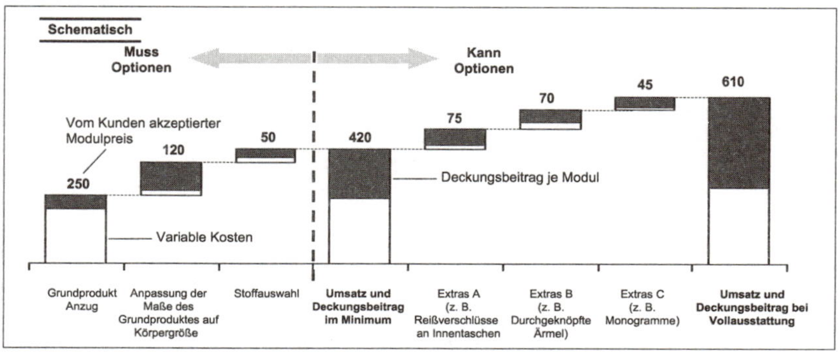

Abb. 6.3: *Vom Kunden akzeptierte Modulpreise und Deckungsbeiträge am Beispiel Maßkonfektion*

Integration der Kunden in die Wertschöpfung, bergen oft ebenso große Potenziale (siehe Kapitel 7).

6.3 Marketingpolitik für Mass Customization

Um die Differenzierungsvorteile von Mass Customization nutzen zu können, müssen die Kunden erst einmal auf das Angebot aufmerksam werden – hier unterscheidet sich Mass Customization nicht von anderen Wertschöpfungssystemen. Damit verlieren aus Marketingsicht die klassischen „vier Ps" des Marketing – Produktpolitik, Place (Distributionspolitik), Promotion (Kommunikation) und Preispolitik – nicht an Gültigkeit. Jedoch gibt es im Vergleich zum alten „massenhaften" Marketing eine wichtige Unterscheidung, die im veränderten Wertschöpfungsmodell fußt.

Vom Transaktions- zum Interaktionsmodell

Traditionelle Massenproduktion folgt einem transaktionsorientierten Marketingmodell, das vier Stufen umfasst:
Entwicklung → Herstellung → Vertrieb → Auslieferung.

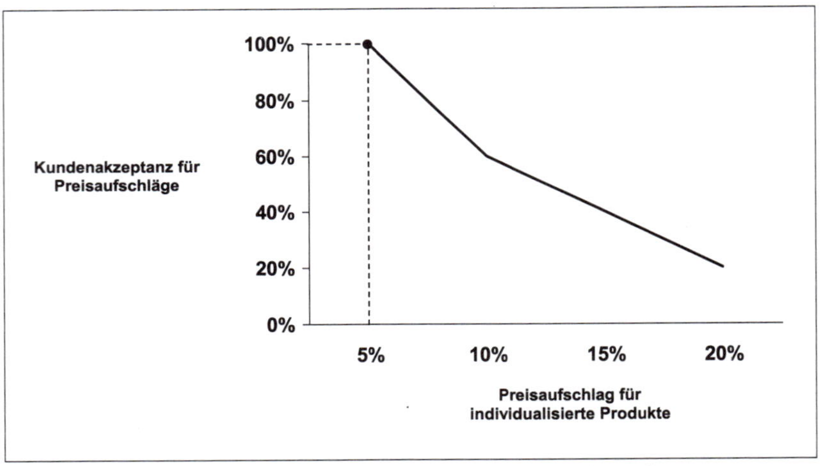

Abb. 6.4: *Premium-Bereitschaft für Maßkonfektion laut Umfrage-Ergebnissen bei Konsumenten (Daten entnommen aus [28])*

Mass Customization dagegen basiert auf einem Interaktionsmodell aus:
Basisentwicklung → Vertrieb → Co-Design → Herstellung → Auslieferung → Beziehungsaufbau.

Deshalb müssen die vier klassischen Ebenen des Marketingmix durch zwei neue Parameter ergänzt werden, um den Erfordernissen von Mass Customization gerecht zu werden: Konfigurationspolitik und Relationship Management. Abbildung 6.5 zeigt den Mass-Customization-Marketingmix im Überblick (siehe auch [21, 22, 27]). Viele in dieser Systematisierung aufgeführten Punkte haben wir bereits angesprochen, so dass wir uns im Folgenden auf einen integrierenden Überblick beschränken können. Lediglich die Kommunikationspolitik (Promotion, „Werbung") werden wir dabei ausführlicher betrachten.

Grob lässt sich der Marketingmix für Mass Customization in zwei Bereiche festlegen: zum einen die eher leistungsobjektbezogenen Funktionen der Produkt-, Preis- und Distributionspolitik, zum anderen die unmittelbar kunden- bzw. interaktionsbezogenen Aufgaben der Kommunikations- und Konfigurationspolitik sowie des Beziehungsmanagement.

Produktpolitik

Eine zentrale Aufgabe des Produktmanagements ist der Aufbau der grundlegenden Produkt- und Leistungsarchitekturen und die Festlegung der möglichen Individualisierungsgrade sowie des Zeitpunkts der Kundenintegration. Dies ist eine Basisaufgabe bei Festlegung des „solution spaces" und wurde dort bereits vorgestellt (siehe Kapitel 5). Hinzu kommt auf der operativen Ebene („tägliches Geschäft") die operative Absatzmengenplanung. In einem mehrstufigen Prozess ist festzulegen, bis zu welcher Vorfertigungsstufe die einzelnen Komponenten auftragsunabhängig vorgefertigt werden und ab welcher Stufe die kundenspezifische Fertigung erfolgt. Für die vorzufertigenden Komponenten sind dann pro Absatzperiode die erforderlichen Mengen und Spezifikationen zu disponieren.

Prämisse der Produktpolitik für Mass Customization ist die Gestaltung des Trade-offs zwischen kundenindividueller und effizienter Leistungserstellung. Auf Ebene der Endprodukte verhindert das „make-to-order"-Prinzip von Mass Customization etliche Planungsprobleme einer klassischen anonymen Variantenfertigung (siehe hierzu Kapitel 7.3). Auf Komponentenebene ist jedoch weiterhin eine anonyme Planung nötig, die höheren Qualitätsbedingungen genügen muss (schnelle Reaktionszeit). Je größer deshalb das Angebot an Auswahlmöglichkeiten, desto komplexer und aufwändiger wird die Planung auf dieser Ebene. Der Schuhfabrikant Creo Interactive tauschte so nach dem Swatch-Prinzip seine angebotenen Designs ständig aus: Zu einem Zeitpunkt waren relativ wenige Motive zur Auswahl angeboten, die aber im Wochenrhythmus wechselten. Dies erfordert vom Produktmanagement ein Denken in viel kürzeren Zeitabschnitten – herkömmliche Planungen auf Kollektionsebene sind viel zu langsam.

Entsprechende Planungssoftware und eine Modifikation der bekannten Absatzplanungssysteme für die Belange von Mass Customization fehlen noch. Das Forschungsprojekt EwoMacs (siehe www.ewomacs.de)

Abb. 6.5: *Der Mass-Customization-Marketing-Mix*

der Technischen Universitäten München und Ilmenau sowie des Fraunhofer-Instituts IFF soll hier Abhilfe schaffen.

Preispolitik

Die Besonderheiten der Preispolitik für Mass Customization resultieren aus der Differenzierungsposition (Abbildung des Idealpunktes und Aufbau einer quasi-monopolistischen Handlungsposition). Die Möglichkeiten einer kundenspezifischen Preisgestaltung und Modularisierung der Preise haben wir zu Beginn dieses Kapitels ausführlich vorgestellt.

Distributionspolitik

Ziel der Distributionspolitik ist die Gestaltung eines Absatzkanalsystems, das sowohl den spezifischen Ansprüche an die Konfiguration als auch die Gewinnung und Nutzung der Kundeninformation gerecht wird. Distributions- und Konfigurationspolitik gehen deshalb bei Mass Customization in einander über. Hierzu bedarf es abgestimmter Multikanal-Strategien, deren Aufbau und Konditionsgestaltung eine der größten Herausforderungen eines Mass-Customization-Systems darstellt. Besonders wenn neben dem individuellen noch ein massenhaftes Produktangebot besteht, sind oft Channel-Konfikte vorprogrammiert. Entsprechende Kooperationsansätze mit dem Handel haben wir bereits vorgestellt (Kapitel 5.3).

Konfigurationspolitik

Die Konfigurationspolitik ist eine der Mass-Customization-spezifischen Kernfunktionen. Ein Mass Customizer bietet am Markt letztendlich keine Produkte, sondern Fähigkeiten an – Fähigkeiten, für und vor allem mit jedem Kunden eine individuelle Lösung zu gestalten. Konfiguratoren als Interaktionsplattform zwischen Hersteller und Abnehmer haben deshalb neben ihrer technischen Funktion der Produktfindung auch eine wesentliche Marketingaufgabe (siehe Kapitel 6). Nach unserer Erfahrung sehen häufig viele Unternehmen die Konfiguration viel zu technisch und bemerken nicht, dass die Gestaltung des Interaktionsvorgangs und der Einbeziehung der Kunden in die Wertschöpfung auch wesentliche präferenzbildende Aufgaben hat [5]. Der Konfigurator ist das wesentliche Aushängeschild des Unternehmens, hier konkretisiert sich das gesamte Leistungsversprechen! Die Vermittlung von Kompetenz, aber auch von Begeisterung, muss die bei Kaufabschluss nicht mögliche Auslieferung des Produkts ausgleichen.

Bei Einführung von Mass Customization wird die Gestaltung des Konfigurationssystems noch viel zu oft der IT-Abteilung überlassen – hier liegt unseres Erachtens ein wesentlicher Grund, warum Mass-Customization-Pioniere gescheitert sind.

Beziehungsmanagement

Die direkte Interaktion mit jedem Kunden bietet neue Möglichkeiten für den Aufbau einer intensiven, wissensbasierten Beziehung mit jedem Kunden. Dies verlangt aber auch nach einer ausgereiften Beziehungspolitik (Customer Relationship Management, CRM). Gerade für klassische Massenproduzenten ist die aktive Nutzung der neuen Kundenbindungspotenziale oft recht schwierig. Levi Strauss brauchte fast vier Jahre, bis die individuelle Fertigung auch um ein entsprechendes CRM-Programm ergänzt wurde. Heute sorgt ein eigener „Director Mass Customization“ für die entsprechende Koordination. Aufgrund der zentralen Stellung und strategischen wie wirtschaftlichen Bedeutung des Beziehungsmanagements für Mass Customization haben wir diesen Bereich als eigene Ebene definiert, die in Kapitel 8 ausführlich behandelt wird.

Kommunikationspolitik

Was nützt das tollste Mass-Customization-Angebot, wenn es niemand kennt? Aufgabe der Kommunikationspolitik ist in diesem Zusammenhang, die potenziellen Kunden über das Angebot kundenindividueller Produkte und Dienstleistungen zu informieren. Generell ist Aufgabe der Kommunikationspolitik, alle auf den Markt gerichteten Informationen eines Unternehmens zum Zweck der Beeinflussung von Meinungen,

Einstellungen, Erwartungen und Verhaltensweisen im Sinne des Anbieters zu planen und durchzuführen [3].

Investitionssummen, Budgets und Zeitrahmen der Kommunikationspolitik bleiben bei Mass Customization im Wesentlichen gleich, auch wenn die besondere Differenzierungsposition und Imagewirkung (zumindest bei Pionierunternehmen einer Branche) die Unterstützung durch „free marketing“ in Form von Medienberichterstattung stark fördert (so berichten z.B. mehr als 1000 Veröffentlichungen über die „Personal Pair“ von Levi Straus). Ebenso kann die besondere Differenzierungsposition zu höherer Wahrnehmung und Involvement der Zielgruppe führen. Procter&Gamble hofft deshalb darauf, seine neue Marke „Reflect“ innerhalb von fünf Jahren als Top-Kosmetik-Marke etablieren zu können (alle anderen heute im Kosmetikbereich etablierten Marken haben dafür zehn bis 15 Jahre gebraucht).

Inhaltlich unterscheiden sich die Maßnahmen zur Verkaufsförderung von kundenindividuellen Produkten im Vergleich zu Standardprodukten durch zwei Aspekte: die Komplexität der Produkte und die besondere Rolle, die der Kunde dabei durch seine Integration in den Wertschöpfungsprozess spielt. Ein Kommunikationskonzept für Mass Customization kann in vier Phasen geteilt werden, die die Kommunikationsmaßnahmen je nach Stellung der Kunden (Neu-/Altkunden) differenzieren.

Schritt 1: Bekanntmachung des Mass-Customization-Konzepts

Inhalt der ersten Phase ist die „Kundenausbildung“. Ziel ist, die potenziellen Kunden über die schiere Möglichkeit einer Individualisierung zu informieren, die Sinnhaftigkeit individueller Produkte und deren Preisgestaltung zu erläutern und hervorzuheben, wo die Grenzen der zur Zeit realisierten Leistungsstufe liegen. Hierbei gelten die gleichen Regeln wie bei der Neueinführung eines Standardgutes. Es muss also sorgsam abgewogen werden, ob die Resonanz, die eine anfängliche Kommunikation im Markt hervorruft, befriedigt werden kann. Um das Kundenvertrauen nicht gleich zu Beginn der Markteinführung überzustrapazieren, ist es in diesem ersten Schritt wichtig, „mit offenen

Karten zu spielen". Das heißt, die derzeit tatsächliche Leistungsfähigkeit muss im Vordergrund der Öffentlichkeitsarbeit stehen, nicht visionäre „Traumblasen" noch nicht realisierter Leistungsfähigkeit. Hier haben vor allem amerikanische Mass-Customization-Pioniere Fehler gemacht. Custom Foot hatte in kürzester Zeit ein tolles Verkaufssystem mit acht eigenen Filialen und tollem CRM-Programm, war aber nicht in der Lage, die bestellten Individualschuhe auch fristgerecht (und auch oft nicht passend) zu liefern.

Schritt 2: Markteintritt mit kundenindividuellen Produkten

Ziel des zweiten Schrittes ist, die Komplexität aus Kundensicht zu minimieren und Vertrauen in die Leistungsfähigkeit zu generieren. Dazu dient neben klassischer vertrauensstiftender Werbung vor allem die Nutzung des Interaktionstools, um Vertrauen und Kompetenz zu demonstrieren. Deshalb ist in diesem Schritt die Integration der Interaktionspartner in die Kommunikationspolitik entscheidend. Adidas arbeitet beispielsweise zur Einführung des „miadidas"-Programms sehr stark mit Events, die bei bestimmten Sportveranstaltungen das Mass-Customization-Angebot herausstellen. Ein weiteres Hilfsmittel in dieser Phase kann sein, einen Imagetransfer von Marken, die als Massengüter vertrieben werden, auf das Mass-Customization-Angebot zu versuchen. Ebenso ist jedoch auch eine positive Rückkopplung der innovativen Mass-Customization-Marken auf die traditionellen Massenmarken zu überprüfen.

Schritt 3: Kommunikation mit bestehenden und potenziellen Kunden

Die nächste Phase zielt auf die präferenzstiftende Beeinflussung aktiver und identifizierter potenzieller Kunden. Ein wesentlicher Bereich ist dabei die Intensivierung der Kommunikation mit den Kunden dahingehend, dass diese eine gewisse „design literacy", also die Fähigkeit, kundenindividuelle Produkte selbst zu konfigurieren, entwickeln. Damit wird die Grundlage geschaffen, künftig den Anteil der Wertschöpfung stärker auf die Seite des Kunden zu verlagern.

Dies ist das wesentliche Ziel der stationären Läden, die Reflect betreibt. Hier konfiguriert eine Kundin zusammen mit einer geschulten Verkäuferin an einem Internet-Kiosk das erste Kosmetikprodukt. Damit sollen Vertrauen aufgebaut, die Einfachheit der Konfiguration erklärt und die Nutzer mit dem Aufbau des Interaktionstools vertraut gemacht werden. Ebenfalls wird so direkt im Internet der Kundendatensatz angelegt, so dass für die Kundin Folgebestellungen so einfach wie möglich werden. Die Fähigkeit, den Kunden bereits in der Anpreisungsphase das Gefühl geben zu können, individuell behandelt zu werden, stellt einen entscheidenden Wettbewerbsvorteil auf dem Weg dar, das anfänglich wahrgenommene Risiko beim Kunden zu reduzieren.

Schritt 4: Aufbau einer dauerhaften individuellen Kundenbeziehung
In der vierten Phase geht es um den Aufbau einer dauerhaften Kundenbeziehung zwischen Anbieter und Abnehmer. Ab hier ist die Kommunikationspolitik individuell und muss die vielen Möglichkeiten nutzen, die im Rahmen des „one-to-one"-Marketing schon lange diskutiert werden (siehe z.B. [16, 14]). Hierbei ist große Sorgfalt auf die Kommunikation zu legen, damit das Individualisierungsversprechen des Produkts um eine adäquate Folgekommunikation ergänzt wird. Wir werden diesen Aspekt noch in Kapitel 8.3 vertieft aufgreifen.

Mass Customization braucht starke Marken
Mass Customizer wie Reflect.com oder myCerial sind Beispiele für den oft propagierten Trend, dass mit Mass Customization Markennamen an Bedeutung verlieren, weil der Kunde sich seine eigene Marke schaffe und selbst zur Marke werde. Doch wäre es fatal, Mass Customization mit einer Ablösung klassischer Markenwelten gleichzusetzen. Im Gegenteil: Marken sind relevanter denn je. Doch damit gelten auch bei Mass Customization die alten Gesetze über Markenerfolg sowie Kosten und Dauer zum Aufbau einer Markenbekanntheit. Die Beziehung zwischen Kunde und Anbieter kann in einem Mass-Customization-Geschäft als Kooperation angesehen werden, die für beide Seiten Nutzen stiftet, aber auch Input erfordert. Deshalb ist hier das Vertrauen, das Marken

stiften können, für die Abnehmer bei Mass-Customization-Produkten noch viel wichtiger als bei Massenartikeln. Denn Produktvergleiche sind wegen der deutlich geringeren Transparenz im Vergleich zu Standardtransaktionen beinahe unmöglich.

Marken schaffen die Standardisierung auf der emotionalen Ebene, die teilweise durch die Individualisierung auf der Produktebene verloren geht. Klassische Markenartikler haben deshalb unserer Meinung nach einen deutlichen Vorteil, wenn es um die Einführung einer Mass-Customization-Lösung geht. Markennamen repräsentieren aber in Zukunft weniger ein konkretes Produkt als vielmehr die besondere Fähigkeit eines Mass Customizers, individuellen Nutzen für seine Kunden zu stiften. Hier ist eine Transformation des Markenkerns notwendig. Die markenpolitische Aufgabe der Vermarktung von Leistungsfähigkeiten und Kompetenz ist im Dienstleistungssektor gängige Praxis. Für viele Produkthersteller ist dies aber völliges Neuland.

Damit ist die Differenzierungsebene abgesteckt. Doch der besondere Vorteil einer individuellen Leistungserstellung kann nur dauerhaft erfolgreich sein, wenn er auch entsprechend effizient umgesetzt wird. Hierzu dient die Kostenebene der Mass Customization.

Literatur

[1] BELZ, CHRISTIAN ET AL. *(1997): Industrie als Dienstleister, St. Gallen: Thexis 1997.*

[2] CHAMBERLIN, EDWARD H. *(1962): The Theory of Monopolistic Competition, 8th edition, Cambridge: Harvard University Press 1962.*

[3] DILLER, H. *(1996): Kundenbindung als Marketingziel, in: Marketing - Zeitschrift für Forschung und Praxis, 18. Jg., Nr. 2, S. 81-94.*

[4] DU, XUEHONG / TSENG, MITCHELL M. *(1999): Characterizing customer value for product customization, in: Proceedings of the 1999 ASME Design Engineering Technical Conference, 12.-15-9.1999, Las Vegas, S. DFM8916-1-11.*

[5] FRANKE, NIK / PILLER, FRANK T. *(2002): Key Research Issues in User Interaction with Configuration Toolkits in a Mass Customization System, (im Erscheinen).*

[6] FRANKE, NIK / SHAH, SONALI *(2002): How communities support innovative activities: an exploration of assistance and sharing among end-users, in: Research Policy, 2002 (im Erscheinen).*

[7] GLAZER, RASHI *(1999): Winning in smart markets, in: Sloan Management Review, 40. Jg. (1999), H. 2 (summer), S. 59-69.*

[8] GUTENBERG, ERICH *(1984): Grundlagen der Betriebswirtschaftslehre, Band 2: Der Absatz, 17. Aufl., Berlin 1984.*

[9] HILDEBRAND, VOLKER G. *(1997): Individualisierung als strategische Option der Markt= bearbeitung, Wiesbaden: Gabler 1997.*

[10] HINTERHUBER, HANS ET AL. *(1998): Kundenzufriedenheit durch Kernkompetenzen, in: Horst Wildemann (Hg.): Innovationen in der Produktionswirtschaft, München: TCW 1998, S. 339-369.*

[11] HOMBURG, CHRISTIAN / GIERING, ANNETTE / HENTSCHEL, FREDERIKE *(1999): Der Zusammenhang zwischen Kundenzufriedenheit und Kundenbindung, in: Die Betriebswirtschaft (DBW), 59. Jg., H. 2, 174-195.*

[12] HOMBURG, CHRISTIAN / WEBER, JÜRGEN *(1996): Individualisierte Produktion, in: Werner Kern et al. (Hg.): Handwörterbuch der Produktionswirtschaft, 2. Aufl., Stuttgart: Schäffer-Poeschel 1996, Sp. 653-663.*

[13] JACOB, FRANK *(1995): Produktindividualisierung: Ein Ansatz zur innovativen Leistungsgestaltung im Business-to-Business-Bereich, Wiesbaden: Gabler 1995.*

[14] LUDWIG, MARC ALEXANDRE *(2000): Beziehungsmanagement im Internet, Lohmar/Köln: Eul 2000.*

[15] OLDEROG, TORSTEN / SKIERA, BERND *(2000): The Benefits of Bundling Strategies, Schmalenbach Business Review, 1. Jg., S. 137-160.*

[15] PEPPERS, DON / ROGERS, MARTHA *(1997): Enterprise one to one: Tools for competing in the interactive age, New York: Doubleday 1997.*

[16] PIGOU, ARTHUR C. *(1920): The Economics of Welfare, London: Macmillan 1920.*

[17] PILLER, FRANK T. *(1998a): Kundenindividuelle Massenproduktion - Die Wettbewerbsstrategie der Zukunft. München, Wien: Carl Hanser 1998.*

[18] PILLER, FRANK T. *(2001): Mass Customization, 2. Aufl., Wiesbaden: Gabler 2001.*

[19] PILLER, FRANK T. / HÖNIGSCHMID, FLORIAN / MÜLLER, FLORIAN *(2002): Individualität und Preis: Eine empirische Untersuchung zu Preissensibilität und Zahlungsbereitschaft bei Mass-Customization-Produkten, Arbeitsbericht Nr. 28 des Lehrstuhls für Allgemeine und Industrielle Betriebswirtschaftslehre der Technischen Universität München, Mai 2002.*

[20] RIEMER, KAI / TOTZ, CHRISTIAN *(2001): The many faces of personalization - an integrative economic overview of mass customization and personalization, in: Mitchell M. Tseng / Frank T. Piller (Hg.): Proceedings of the 2001 World conference on mass customization and personalization, Hong Kong, 1.-2.10.2001.*

[21] SCHNÄBELE, PETER *(1997): Mass Customized Marketing – effiziente Individualisierung von Vermarktungsobjekten und -prozessen, Wiesbaden: Gabler 1997.*

[22] SEBASTIAN, KARL-HEINZ / KOLVENBACH, CLAUS *(2000): Wie Sie mit intelligenten Konzepten der Preishölle entkommen, in: Absatzwirtschaft, 2000, H. 5, S. 64-72.*

[23] SKIERA, BERND *(2002): Individuelle Preisbildung bei individualisierten Produkten, Individualisierungsmodul zum vorliegenden Buch.*

[24] SKIERA, BERND / SPANN, MARTIN *(2000): Flexible Preisgestaltung im Electronic Business, in: Rolf Weiber (Hg.): Handbuch Electronic Business, Wiesbaden: Gabler 2000, S. 539-558.*

[25] WEIGAND, JÜRGEN / LEHMANN, ERIK *(1997): Produktdifferenzierung, in: Wirtschaftswissenschaftliches Studium (WiSt), 26. Jg. (1997), H. 9, S. 477-480.*

[26] WIND, JERRY / RANGASWAMY, ARVIND *(2001): Customerization: the next revolution in mass customization, in: Journal of interactive marketing, 15. Jg. (2001), H. 1 (Winter), S. 13-32.*

[27] ZITEX *(1999): Das Marktpotenzial für industrielle Maßkonfektion aus Sicht der Konsumenten, des Textileinzelhandels und der Bekleidungsindustrie, Abschlußbericht zum Forschungsvorhaben des Ministeriums für Wirtschaft und Mittelstand, Technologie und Verkehr des Landes NRW im Rahmen der ZiTex (Zukunftsinitiative Textil NRW), veröffentlicht als Arbeitspapier 35 der Forschungsstelle für allgemeine und textile Marktwirtschaft (FATM) an der Universität Münster 1999.*

7 Die Kosten: Economies of Mass Customization

Wie kann man mit Kundenintegration denn Geld verdienen? Scheitert eine kundenindividuelle Leistungserstellung nicht an viel zu hohen Kosten? Welche neue Kostensenkungspotentiale können die steigenden Kosten wieder ausgleichen? Und wie rechnet sich dies in der Praxis? Dieses Kapitel diskutiert auf der Kostenebene den Ertragsmechanismus von Mass Customization. Anhand eines ausführlichen Praxisbeispiels mit realen Zahlen zeigen wir, wie hohe zusätzliche Kosten in der Produktion und Kundeninteraktion durch neue Kostensenkungspotentiale wieder mehr als ausgeglichen werden können – die Economies of Mass Customization.

Stichworte: Ertragsmechanismus, Verlust der Vorteile von Spezialisierung und Standardisierung, Individuelle Produkte mit stabilen Prozessen, Umgang mit den steigenden Kosten, Mass Customization als Organisationstyp der Fertigung, Neue Kostensenkungspotenziale: Economies of Mass Customization, Make-to-order statt make-to-stock, Beispiele für Verschwendung durch eine klassische Variantenproduktion, Verbesserung des Wissen über (und durch) die Kunden, Marktforschungseffizienz, Nutzung von Kunden-Know-how zur Konfiguration, Neue alte Erfolgskriterien im Wettbewerb.

Christof M. Stotko und Frank T. Piller

7.1 Der Ertragsmechanismus von Mass Customization

Die dargestellten Differenzierungsvorteile der einzelkundenbezogenen Leistungserstellung werden durch steigende Kosten erkauft. Auf diesem klassischen Gegensatz steigender Qualität (im weitesten Sinne) auf der einen und zunehmendem Aufwand auf der anderen Seite beruht das

Porter'sche Paradigma der Unvereinbarkeit von Differenzierung und Kostenführerschaft (die sog. Alternativhypothese). Nach Michael Porter [29] muss sich ein Unternehmen klar entscheiden, ob es entweder einen Differenzierungsvorteil durch eine einzigartige Leistungsposition oder eine herausragende Kostenposition (und damit Preisführerschaft) anstrebt. Beides zusammen zu erreichen, geht nach Porters Ansicht nicht.

Mass Customization überwindet diese Forderung, sich für eine Strategie entscheiden zu müssen und baut auf die Kombination beider Ansätze: Differenzierung durch Individualität zu Preisen (und damit zwangsläufig langfristig auch Kosten), die noch von der gleichen Zielgruppe akzeptiert werden, die bisher zu den gewohnten Massengütern griffen. Wir haben den wettbewerbstheoretischen Hintergrund dieser Forderung bereits an anderer Stelle ausführlich erläutert und wollen deshalb hier nicht tiefer in Theorie einsteigen [23, 24, 27].

Ziel dieses Kapitels ist es, die wesentlichen Kosten- und Ertragsmechanismen von Mass Customization argumentativ gegenüberzustellen. Mass Customization bietet aber auch neue Kostensenkungspotenziale, die die zusätzlichen Kosten einer individuellen Leistungserstellung wieder ausgleichen können. Egal aus welcher Perspektive Sie sich mit Mass Customization beschäftigen – die Kenntnis der Kostenwirkungen ist essentiell für eine fundierte Argumentation. Wir haben in unserer praktischen Arbeit mit Mass Customizern oft festgestellt, dass viele Manager nur bestimmte Kostenblöcke betrachten und andere außer Acht lassen. Deshalb soll dieses Kapitel einen Rahmen für die Argumentation vorgeben, dessen Konkretisierung dann unternehmensspezifisch vorgenommen werden muss.

Abbildung 7.1 zeigt anhand der Allegorie einer „Profitzwinge" schematisch vereinfachend die Einflüsse auf den Ertrag durch Mass Customization. Die im letzten Kapitel behandelte Differenzierungsebene begründet die neuen Ertragspotenziale (Erhöhung der Preisbereitschaft, Ausbruch aus dem Preiswettbewerb, Alleinstellungsmerkmal im Wettbewerb, Imageführerschaft etc.). Mass Customization verschiebt aber auch die Kostenstruktur eines Unternehmens. Auf der einen Seite ist zusätzlicher Aufwand (zusätzliche Produktions- und vor allem Transaktionskosten) nötig, um das Angebot individuell für jeden einzelnen Kunden anzupassen und dieses Ertragspotenzial bereitzustellen. Auf der anderen Seite gibt es jedoch viele Felder, in denen durch das Angebot kundenindividueller Lösungen Kosten gesenkt werden können. Diese Mass-Customization-spezifischen Kostensenkungspotenziale bezeichnen wir zusammenfassend als Economies of Mass Customization. Sie lassen sich in vier Felder differenzieren (Modularity, Decoupling, Integration, Relationship), die in Abschnitt 7.3 genauer beschrieben werden.

In Abbildung 7.1 wird gezeigt, wie die Kosten zur Erschließung der Potenziale in einer der bildlichen Drehbewegung auf beiden Seiten der Profitzwinge (gestrichelte Pfeile) einer Erhöhung des Gewinns entgegenwirken. Eine Mass-Customization-Strategie ist nur dann langfristig tragfähig, wenn die zusätzlichen Kosten durch steigende Preise und neue Kostensenkungspotenziale ausgeglichen werden können. Im Folgenden wollen wir beide Bereiche näher betrachten.

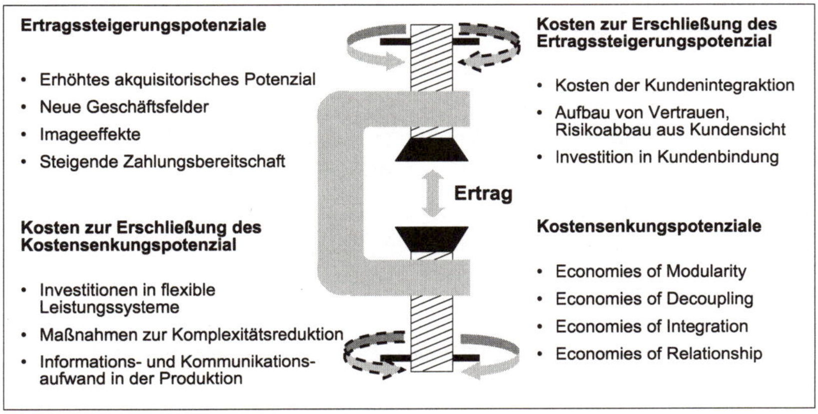

Abb. 7.1: *Profitzwinge von Mass Customization*

7.2 Zusätzliche Kosten durch Mass Customization

Mass Customization verursacht zusätzliche Kosten, die zum einen aus Investitionen in den Aufbau des Individualisierungspotenzials (Solution Space) resultieren (fixe Kosten), und zum anderen im operativen Geschäft anfallen (variable Kosten). Wichtig ist dabei eine Betrachtung über alle Wertschöpfungsbereiche hinweg, denn allzu oft werden in der Praxis lediglich die Kosten in der Produktion bedacht. Dabei sind bei vielen Mass Customizern aber vor allem die zusätzlichen Kosten, die auf die Interaktion mit den Kunden zurückzuführen sind, erfolgskritisch und bedürfen daher besonderer Aufmerksamkeit. In Anlehnung an eine einfache Unterteilung aller Kosten in Produktions- und Transaktionskosten [21] gehört damit das besondere Augenmerk den Transaktionskosten. Beide Bereiche sollen im Folgenden kurz betrachtet werden. Dabei werden die einzelnen Kostenblöcke nur sehr knapp vorgestellt. Wichtiger als Anleitungen zur Quantifizierung ist uns die sich ergebende Struktur.

Kostentreiber in der Produktion

Fixe produktionsbezogene Kosten resultieren aus dem Aufbau der Produktarchitekturen sowie der notwendigen flexiblen Fertigungskapazität. Wie bereits in Kapitel 5.2 beschrieben, ist der Aufbau modularer Leistungsstrukturen relativ aufwändig, da außer den Komponenten auch die Schnittstellen möglicher Kombinationen reaktiv vorausgeplant werden müssen. Fixe zusätzliche Kosten ergeben sich weiterhin aus Investitionen in flexible Fertigungsanlagen und in den Aufbau der notwendigen internen Kapazitäten zur Beherrschung des stark steigenden Informations- und Koordinationsaufwands einer individuellen Produktion.

Verlust der Vorteile von Spezialisierung und Standardisierung

Mit Abkehr von der massenhaften Fertigung von Standardprodukten gehen auch die Vorteile einer Spezialisierung und Standardisierung verloren. Der Produktivitätsverlust von Mass Customization im Vergleich zu einer Massen- bzw. Großserienfertigung liegt insbesondere in den folgenden Punkten begründet:

⇨ Größenvorteile durch Spezialisierung und Standardisierung gehen verloren,
⇨ ein erhöhter Rüstaufwand der Maschinen zur Erstellung kundenindividueller Produkte fällt an,
⇨ der Koordinationsaufwand zwischen Vertrieb, Fertigung und Zulieferern erhöht sich,
⇨ die Komplexität durch die Integration der spezifischen Kundeninformation in den Produktionsablauf wird größer,
⇨ es wird notwendig, jeden einzelnen Kundenauftrag in Echtzeit verfolgen zu können,
⇨ die Möglichkeit fällt weg, in Zeiten geringerer Auslastung auf Vorrat zu produzieren.

Geringere Wiederholungsgrade eines Arbeitschritts führen auch zu einer eingeschränkten Wirksamkeit des Lerngesetzes der Produktion. Damit sind nicht nur einer Steigerung der Arbeitsproduktivität Grenzen gesetzt, sondern häufig müssen auch qualifiziertere Arbeitskräfte mit entsprechend höheren Personalkosten eingestellt werden. Die kundenindividuellen Varianten erhöhen die Anzahl der verwendeten Teile in der Produktion und reduzieren die Größe der Fertigungslose, so dass sich oft instabile, häufig wechselnde Produktionsprozesse ergeben. Dies fordert flexible Fertigungskonzepte, die ihrerseits für eine erhöhte Komplexität des Fertigungssystems sorgen. Auch bei einer Dienstleistungsproduktion ergeben sich entsprechend geringere Rationalisierungsmöglichkeiten.

Steigende Komplexität der Produktionsplanung und -steuerung

Zusätzlich steigt der Aufwand zur Koordination der betrieblichen Abläufe, da Umfang und Verflechtungen der Wertschöpfungsprozesse zunehmen. Abbildung 7.2 zeigt die Ansprüche an die Gestaltung der Leistungskette einer individuellen Leistungserstellung im Vergleich zur

Massenproduktion. Der Unterschied liegt vor allem im Ausmaß der Planungs- und Steuerungskomplexität, die mit jedem Prozessschritt verbunden ist. Insbesondere Produktionsprogrammplanung und Qualitätskontrolle besitzen einen erheblich höheren Aufwand.

Ansprüche an die Qualitätskontrolle

Ebenso bedarf eine kundenindividuelle Produktion einer aufwändigeren Qualitätskontrolle. Während bei einer Fertigung von Standardprodukten Stichproben genügen, müssen bei einer individualisierten Produktion alle Produkte einer Qualitätsprüfung unterzogen werden, da nicht nur die stetigen Fertigungsbedingungen fehlen, welche die Voraussetzung einer validen Stichprobe bilden, sondern auch pro Produkt zusätzlich die Einhaltung der Individualisierungswünsche des Kunden geprüft werden muss (nichts ist geschäftsschädigender für einen Mass Customizer als eine unpassende Maßfertigung!).

Individuelle Produkte mit stabilen Prozessen

Um Mass Customization in der Realität umsetzen zu können, sind Instrumente erforderlich, die die Komplexität und zusätzlichen Kosten im Produktionsablauf beherrschbar machen. Hierzu dient in erster

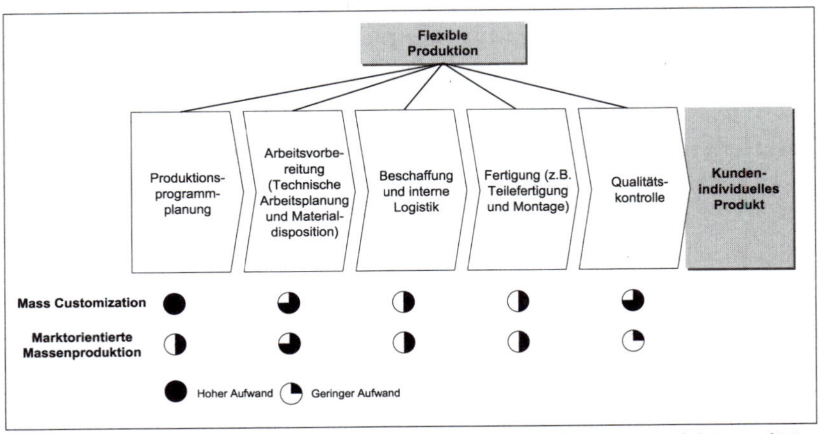

Abb. 7.2: *Vergleich der Planungs- und Steuerungskomplexität zwischen Massenproduktion und Mass Customization*

Linie die konsequente Modularisierung sowohl auf Produkt- als auch auf Prozessebene, um eine hohe externe, also marktbezogene, Varietät mit einer geringen internen Varietät zu verbinden [23, 24]. Ziel von Mass Customization ist es, externe Varietät bei interner Stabilität zu erbringen. Während ein klassischer Einzelfertiger jeden Produktionsprozess für jeden Kunden neu „erfindet", basiert Mass Customization auf stabilen Prozessen, die für alle Kunden konstant sind (dieses Prinzip ist sehr schön beschrieben in [28]; siehe auch [44, 16]). Mass Customization bedeutet eben nicht Flexibilität um jeden Preis, sondern vor allem eine Begrenzung der angebotenen Varietät, um fertigungsseitig die Kosten in den Griff zu bekommen.

Umgang mit den steigenden Kosten am Beispiel Sportschuh-Industrie

Wichtiger Einflussfaktor auf die fertigungsbezogene Komplexität ist die Produktentwicklung. Die Definition der Produktarchitekturen und grundsätzlichen Individualisierungsmöglichkeiten beeinflusst die Fertigungskosten ganz entscheidend. Individuelle Sportschuhe lassen sich relativ leicht herstellen, wenn diese einen relativ einfachen modularen Aufbau haben. Bestehen alle Turnschuhe aus den gleichen Modulen (z.B. Sohle, Zunge, Obermaterial, etc. ...), die den Wünschen der Kunden in Bezug auf Design (z.B. Farbe, Stickerei, etc. ...) und Größe angepasst werden können, vereinfacht sich die Produktprogrammplanung. Wird jedoch für jeden individuellen Kundenwunsch auf uneinheitliche Elemente zurückgegriffen (z.B. einzelgefertigte Sohlen, handgefertigte Stickereien, etc.), steigen die Fertigungskosten entsprechend.

Ein wichtiger Einflussfaktor auf die Höhe der Kosten ist dabei die zur Verfügung stehende Produktionstechnologie. Um trotz hoher Variabiliät eine hohe Stabilität zu erreichen, nutzt der Fashionschuh-Mass-Customizer „Customatix" moderne Digitaldrucktechniken. Das Unternehmen bietet einzelne Modelle modischer Straßenturnschuhe mit mehr als 60 verschiedenen Sohlen an, die sich vor allem bezüglich der Farben und Muster unterscheiden (weniger in Bezug auf Material, Haftung, etc.). Dazu kommen noch zahlreiche verschiedene Größen, so dass das Unternehmen bei acht angebotenen Größen mindestens 480 verschiedenen Sohlen vorrätig haben müsste, um immer lieferfähig zu sein. Die individuelle Herstellung einer Sohle in Auflage eins ist relativ aufwändig. Es muss daher nach Möglichkeiten gesucht werden, die es einerseits erlauben, die individuellen Kundenwünsche abzubilden, andererseits aber nicht zu deutlich höheren Kosten führen. Hier bieten neue Technologien oft Ansatzpunkte.

Potenziale flexibler Fertigungstechnologien

Customatix setzt eine innovative Drucktechnik ein, um die Sohlen kundenindividuell zu gestalten. Dabei wird auf eine Standardsohle, die nach kostenoptimierten Verfahren der Massenfertigung hergestellt werden kann, das vom Kunden gewünschte Gestaltungselement (beispielsweise das Abbild einer nackten Fußsohle) gedruckt. So lassen sich hohe Rüstaufwände vermeiden. Der ganze Prozess ist weitgehend digitalisierbar und damit fertigungstechnisch stabil. Ebenso reduzieren sich die Lagerkosten dramatisch, da anstatt der 480 vorgefertigten „Sohlen-Designs" nur die acht generischen Grundgrößentypen bereitgehalten werden müssen, die nach Kundenwunsch bedruckt werden können. Anstatt zu prognostizieren, wie viele Sohlen der vorgehaltenen Designs verkauft werden, ermöglicht die Integration des Kunden und die flexible Technologie des Bedruckens, den Vorfertigungsgrad möglichst weit nach hinten zu verschieben. Damit sinkt das Risiko des Anbieters, nachgefragte Designs nicht auf Lager zu haben bzw. nicht nachgefragte Designs lagern zu müssen.

Match-to-oder statt Customize-to-order

Customatix bietet seine Schuhe nur in Standardgrößen an. Anders miAdidas, wo die Schuhe nach Maß gefertigt werden. Allerdings sind entsprechend der Prinzipien von Mass Customization hierbei nicht unendlich viele Größen möglich, sondern die Füße eines Kunden werden einem vorhandenen Leisten aus einer größeren Bibliothek (je nach Modell zwischen 30 und 75 Stück) zugeordnet („match-to-order"). Damit steigt die Wahrscheinlichkeit, einen genau passenden Schuh zu bekommen, aus Kundensicht dramatisch, ohne jedoch jeden Schuh tatsächlich „von der Pike" individuell fertigen zu müssen („customize-to-order"). Fertigungstechnisch ändert sich daher im Vergleich zu einem Massenprodukt nicht viel. Die Fertigung eines individuellen Leistens würde dagegen auch beim heutigen Stand der Technik (beispielsweise Rapid Prototyping) noch immer hohe zusätzliche Kosten verursachen (für die Schuhindustrie versucht hier das EuroShoe-Projekt einen Ausweg zu finden, siehe www.euro-shoe.net).

Warum CIM sein Versprechen erst heute erfüllen kann

In den genannten Beispielen können zwar durch neue Technologien bzw. die Begrenzung der Varietät die zusätzlichen Produktionskosten in Grenzen gehalten werden. Dennoch steigen in beiden Fällen die Transaktionskosten der Abstimmung und Koordination der Fertigung. Investitionen in flexible Fertigungsanlagen machen es theoretisch schon lange möglich, die Vorteile einer Massenproduktion auf die Erstellung kundenindividueller Produkte zu übertragen. Hierauf beruht die ganze Diskussion um CIM (Computer Integrated Manufacturing) und die automatisierte Fabrik, die seit den 1970er Jahren geführt wird. Doch neben entsprechender Produktionstechnik zur Reduktion der Rüstkosten können erst heutige Informationstechniken die Potenziale der Fabrik effizient mit den Kundenwünschen verbinden. Das heißt, erst heutige Informationstechnologien ermöglichen den wirtschaftlichen Einsatz dieser CIM-Konzepte. Information wird damit zum wesentlichen Erfolgsfaktor von Mass Customization.

Mass Customization als Organisationstyp der Fertigung

Die Diskussion wird in der Matrix von Abbildung 7.3 zusammengefasst, die Mass Customization noch einmal von Massenfertigung und traditioneller Einzelfertigung abgrenzt. Als Dimensionen dienen die Variabilität der erzeugten Produkte und die Spezifität bzw. Strukturiertheit der Leistungserstellungsprozesse. Während bei einer traditionellen Einzelfertigung zwar eine hohe kundenbezogene Variabilität möglich ist, wird diese mit sehr spezifischen und damit unstrukturierten Leistungserstellungsprozessen erkauft. Flexibilität führt hier zu hohen Kosten.

Klassische Massen- und Variantenproduktion dagegen bieten marktbezogen nur ein begrenztes Leistungsspektrum an, dem bei Massenproduktion entsprechend stabile Prozesse gegenüberstehen. Eine klassische Massenproduktion ist und bleibt das effizienteste Fertigungssystem – nur fehlen leider heute oft die Märkte, wo sie ihre Stärke entfalten kann. Bei einer Variantenproduktion, wie sie heute in vielen Märkten zu finden ist, ist zwar die fertigungsseitige Komplexität begrenzt, aber der Aufwand in der Programm- und Mengenplanung steigt in dynamischen Märkten ins Unermessliche. Im anonymen Markt müssen Absatzzahlen für alle vorgehaltenen Varianten prognostiziert werden. Genau hier setzt Mass Customization durch die Integration des Kunden in den Wertschöpfungsprozess und Verlagerung des Vorfertigungsgrades nach hinten an. Dadurch, dass mit der Fertigung einer kundenspezifischen Variante erst dann begonnen wird, wenn ein Kundenauftrag vorliegt, reduziert sich das Prognoserisiko.

Variabilität der Leistungen	Spezifität und Strukturiertheit der Leistungserstellung: niedrig	Spezifität und Strukturiertheit der Leistungserstellung: hoch
hoch	**klassische Einzelfertigung** • hochindividuelle Produkte für individuelle Abnehmer • Entwicklung von Produkt und Prozess für jeden Auftrag • in Losgröße eins	**Mass Customization** • nicht-standardisierte Produkte aus Baukastenelementen • nach Kundenauftrag mit beschränkter Individualität • in Einzelfertigung
niedrig	**Marktorientierte Serienfertigung** • teilweise standardisierte Produkte • für anonymen Abnehmer • in Serienfertigung (Variantenproduktion) mit komplexer Programmplanung	**Marktorientierte Massenfertigung** • hoch-standardisierte Produkte • für anonymen Abnehmer • in Großserienfertigung

Abb. 7.3: *Produktionswirtschaftliche Aufgabenfelder (in Anlehnung an [31, 28])*

Kosten aufgrund der Interaktion mit den Kunden

Kundenbezogene Wertschöpfung findet im engeren Sinne auf der Informationsebene statt. Grundlage der Erstellung individueller Produkte und Leistungen ist stets eine Interaktion zwischen Abnehmer und Anbieter im Leistungserstellungsprozesses [10, 30]. Dies gilt sowohl hinsichtlich der Kontaktanbahnung, Verkauf und Bindung der Endkunden als auch in Bezug auf die physische Warenverteilung. Ein Massen- bzw. Variantenfertiger überträgt diese Aufgaben in der Regel dem Handel. Eine solche Aufgabenteilung ist aber vor allem hinsichtlich einer individuellen Leistungserstellung unökonomisch. Je komplexer ein Leistungsobjekt und der dazu gehörige Spezifikationsprozess ist, desto wichtiger und effizienter wird aus Transaktionskostensicht die interne Abwicklung der Distributionsfunktion, d.h. bei einer spezifischen, individuellen Leistung ist eine direkte Kommunikation zwischen Abnehmer und Hersteller im Sinne eines Direktvertriebs ohne Einschaltung des Handels vorteilhaft [22, 37].

Zwei Ursachen für steigende Informations- und Kommunikationskosten

Damit steigen aber die Informations- und Kommunikationskosten aus Sicht des Herstellers im Vergleich zum Absatz massenhafter Waren und Leistungen stark an. Wir sind auf diesen Punkt bereits weiter oben (siehe Kapitel 4.2 und 5.2) ausführlich eingegangen. Dort wurden zwei wesentliche Ursachen für steigende Kosten in der Konfiguration genannt:

– Steigende Informations- und Kommunikationskosten durch Erhebung der Konfigurationsinformation für jeden Kunden: Hierbei geht es bei weitem nicht nur um die rein funktionale Erhebung der Wünsche, sondern vor allem auch um Beratung der Kunden bei der Formulierung ihrer Wünsche. Zusätzliche Kosten entstehen neben den operativen Kosten bei jedem Kundenkontakt vor allem durch den Aufbau entsprechender Konfigurationssysteme (Technik und Multi-Channel-Integration).

– Aufbau von Vertrauen und Risikoreduktion beim Abnehmer: Der Einbezug der Kunden in die Wertschöpfung bedeutet für diese nicht nur aktive Mitarbeit, sondern auch einen Vertrauensvorschuss und zusätzliches Risiko. Hieraus resultiert die Notwendigkeit von vertrauensstiftenden Maßnahmen und einer ausgeklügelten Kommunikationspolitik (siehe Kapitel 6.3) – beides sind wesentliche Kostentreiber von Mass Customization, die oft unterschätzt werden.

Kostenrechnungssysteme für Mass Customization

Auch wenn ein Händler im Rahmen eines Multi-Channel-Ansatzes diese Aufgaben übernimmt (siehe Kapitel 5.3), fallen aus einer Gesamtbetrachtung zusätzliche Kosten an. Moderne Informations- und Kommunikationstechnologien machen Mass Customization zwar erst möglich, da sie diese Transaktionskosten trotz steigendem Interaktionsaufwand entscheidend senken können. Doch im Gegensatz zu den Produktionskosten fehlen in vielen Unternehmen die Instrumente, die Transaktionskosten genau zu messen und ihren verschiedenen Ursachen zuzuordnen, um den Einsatz der Informationstechnologie zielgerichtet steuern zu können. Pauschale Schlüssel sind nicht ausreichend. An dieser Stelle eröffnet sich nicht nur neuer Forschungsbedarf, sondern auch der Appell, bei einer Mass-Customization-Einführung diese unbedingt durch den Einbezug der Controlling-Abteilung und entsprechender Stellen begleiten zu lassen, um vor allem die Kosten der Kundeninteraktion genau zu ermitteln.

Erhöhter Aufwand im After-Sales

Auch in der Nachkaufphase und bei produktbegleitenden Dienstleistungen führt Mass Customization zu steigenden Kosten. Neben Kosten für Garantien und Gewährleistung können auch Produktschulungen und andere Serviceleistungen aufwändiger als bei vergleichbaren Massengütern werden.

Rücknahmeverpflichtungen und Garantien bei Mass Customization

Auch die beste Interaktion kann niemals ausschließen, dass das endgültige Produkt einem Kunden nicht gefällt bzw. seinen Ansprüchen nicht gerecht wird. Aus unserer Sicht ist eine Rücknahmegarantie nach dem Prinzip „no questions asked" unabdingbar, um das Vertrauen der Kunden in das System zu gewinnen. Je nachdem, wie gut Anspruch und Wirklichkeit des Mass Customizers beieinander liegen, kann dieses Angebot ebenfalls einen nicht unerheblichen Kostenfaktor darstellen. Die Erfahrungen von Mass-Customization-Pionieren wie IC3D, Creo Interactive oder Reflect zeigen jedoch, dass die tatsächlichen Rückgabequoten weit unter zehn Prozent liegen. Eine wesentliche Ursache hierfür kann im höheren Involvement der Kunden vermutet werden, da diese zu ihrem Design stehen und somit oft bereit sind, die Verantwortung dafür zu übernehmen [39].

Aufwändigere Ersatzteilbevorratung

In der Nachkaufphase kann ein Individualfertiger vor dem Problem einer ausufernden Ersatzteilbevorratung stehen. Für jede vorhandene Leistungsvariante müssen Ersatzteile bereitgehalten werden. Auch Leistungen wie beispielsweise Reparaturen gestalten sich schwieriger, da jede Variante aufgrund abweichender Ausprägungen unterschiedliche technische Probleme aufwerfen kann, die bei anderen Varianten in dieser Art noch nicht aufgetreten sind. Damit verlangsamen sich Lerneffekte beim Servicepersonal, die im Bereich von massenhaft produzierten Gütern Kostensenkungspotenziale eröffnen [2, 15].

Weiterhin steigen die Distributionskosten, da in der Regel ein individueller Transport zum Kunden notwendig ist. Davon betroffen sind nicht nur die Kosten des physischen Transports, sondern vor allem die Transaktionskosten durch den Handling- und Koordinationsaufwand. Hieraus resultiert die oben diskutierte Forderung (siehe Kapitel 5.3), alle Möglichkeiten einer Channel-Integration auszuschöpfen.

Höhere Komplexität auch bei begleitenden Sekundärleistungen

Schließlich sinkt mit zunehmender Varietät auch die Möglichkeit, Sekundärdienstleistungen, die aus Marketinggründen das Produkt begleiten, zu standardisieren. Kann beispielsweise bei Massenprodukten für mehrere Abnehmer gleichzeitig eine Schulung durchgeführt werden, ist dies bei Individualprodukten oft nicht möglich. Bei komplexen technischen Produkten können gerade im Industriegüterbereich zusätzliche Kosten für die interne wie externe produktbegleitende Dokumentation anfallen (Stücklisten, Bedienungsanweisungen, Schaltpläne etc. ...). In diesem Sinne sind die Prinzipien von Mass Customization auf die Erstellung dieser Dienstleistungen zu übertragen (siehe z.B. [3, 25]).

7.3 Neue Kostensenkungspotenziale: Economies of Mass Customization

Mass Customization verursacht zusätzliche Kosten, begründet aber gleichzeitig neue Kostensenkungspotenziale, die wir unter dem Begriff der „Economies of Mass Customization" zusammenfassen (wir haben in Piller [24] und [26] für diese Effekte aus Abgrenzungsgründen teilweise andere Bezeichnungen gewählt. Lassen Sie sich dadurch nicht verwirren – die zugrunde liegenden Effekte bleiben die gleichen!). Diese Potenziale ergeben sich unmittelbar aus der Integration der Kunden in die Wertschöpfungskette und in die Individualisierung der Leistungserstellung. Wie bereits erwähnt, lassen sich diese Economies in vier Bereiche einteilen, die im Folgenden näher beschrieben werden:

- ⇨ Economies of Modularity: Kostensenkungspotenziale aufgrund der Verwendung modularer Produktarchitekturen, wodurch eine Kombination von Economies of Scale und Scope möglich wird;
- ⇨ Economies of Decoupling: Kostensenkungspotenziale, die unmittelbar aus der einzelkundenspezifischen Leistungserstellung nach dem „on-demand"-Prinzip beruhen (Vermeidung von Verschwendung durch make-to-order statt make-to-stock);
- ⇨ Economies of Integration: Kostensenkungspotenziale durch besseres Wissen über die Kunden als Folge der Integration des Kunden in die Wertschöpfung;

⇨ Economies of Relationship: Kostensenkungspotenziale, die auf die zusätzlichen Möglichkeiten zur Kundenbindung zurückzuführen sind.

Economies of Modularity

Economies of Modularity beruhen auf der Modularität als Grundprinzip von Mass Customization. Auch wenn sie nicht unmittelbar aus dem Prinzip der Kundenintegration folgen, bilden sie doch ein wichtiges Rückgrat der Kostenstrukturen von Mass Customization. Inhaltlich beruhen Economies of Modularity auf der Kombination der bekannten Economies of Scale und Scope (Skalen- bzw. Verbundeffekte).

Economies of Scale (Skaleneffekte) bei Mass Customization

Als Economies of Scale (Skaleneffekte) werden Kostenersparnisse bezeichnet, die bei gegebener Produktionstechnik auftreten, wenn die Ausbringungsmenge wächst. Mit zunehmendem Output reduziert sich der Anteil der fixen Kosten je produzierter Einheit, womit die gesamten Stückkosten sinken. Economies of Scale begründen die ökonomischen Vorteile der Massenproduktion, können aber auch bei Mass Customization zum tragen kommen. Als Hebel zur Realisierung von Größenvorteilen dienen dabei folgende Punkte [24]:

- Verwendung von Modulen, die in großen Stückzahlen gefertigt werden,
- Standardisierung von Prozessen,
- Erhöhung des Produktionsvolumens durch Ausweitung des Marktanteils.

Der Unterschied zur Massenproduktion liegt darin, dass die Größenvorteile nicht auf Endprodukt-, sondern auf Modulebene auftreten. Je enger der Individualisierungsrahmen ist, desto eher kann auf identische Module zurückgegriffen werden, desto geringer wird aber auch der Differenzierungsvorteil. Dies erfordert das genaue

Management dieses Trade-offs – und dazu zunächst das Bewusstsein für diesen!

Größenvorteile können auch auf der Standardisierung von Prozessen beruhen, wenn daraus Lerneffekte resultieren (diese lassen sich den Skaleneffekten zurechnen). Je öfter beispielsweise der Prozess der Kundendatenerhebung vollzogen wird, desto mehr gewinnt ein Anbieter ein Gefühl für potenzielle Fehlerquellen und erlangt einen reibungslosen Ablauf. Mit steigender Erfahrung können einzelne Prozessschritte auch auf externe Partner oder den Kunden übertragen werden. Beispielsweise können Kunden Wiederholungskäufe selbst im Internet konfigurieren. Damit erhöhen sie einerseits für sich den „Spaß-Faktor". Andererseits eröffnen sich so für den Mass Customizer weitere Möglichkeit, Kosten zu sparen [8, 39]. Die Modularisierung auf Prozessebene verfolgt genau dieses Ziel.

Economies of Scope (Verbundeffekte) bei Mass Customization

Economies of Scope (Verbundvorteile) beschreiben Möglichkeiten zur Kostensenkung aus der Verteilung der fixen Kosten auf verschiedene Produktarten. Sie basieren auf der gemeinsamen, jedoch nicht konkurrierenden Nutzung von Produktionsfaktoren im Rahmen einer Mehrprodukt-Fertigung, wenn bei einer Einprodukt-Fertigung Anteile der Faktoren ungenutzt bleiben würden [18]. Ein typisches Beispiel für Verbundvorteile ist die Einführung von Frühstück bei einer Fastfood-Kette. Die Ausweitung des Produktspektrums erhöht die Auslastung der Küchenkapazitäten und des Ladenlokals und führt damit zu sinkenden Kosten. Andere Fixkostenblöcke, die Economies of Scope begründen, sind zum Beispiel Kosten für die Forschung und Entwicklung, Managementkapazität oder bestehende Beziehungen zu bestimmten Zulieferern. Übertragen auf die Produktindividualisierung heißt dies, dass eine zunehmende Produktvielfalt eine Senkung der durchschnittlichen Stückkosten aller Produkte bewirkt, wenn bei der Produktion dieser Güter auf gemeinsame, ansonsten nicht völlig ausgelastete Ressourcenpools zurückgegriffen werden kann [7, 24].

Economies of Modularity verbinden Economies of Scale und Scope
Während Skalenvorteile auf der wiederholten Produktion der gleichen Güter beruhen, basieren Verbundvorteile auf der Erstellung verschiedener Güter mit den gleichen Produktionskapazitäten. In beiden Fällen geht es letztlich darum, Kapitalkosten durch erhöhte Produktionsmengen abzudecken. Gelingt es einem Mass Customizer, sowohl eine gewisse Kontinuität der Abläufe (Standardisierung) als auch Synergien zwischen den unterschiedlichen Leistungen (Individualisierung) zu erzielen, können Economies of Scale und Scope miteinander verknüpft werden [17].

Treiber dafür ist vor allem die Modularisierung auf Produkt- und Prozessebene (siehe Kapitel 5.2). Auf der Vorleistungsebene können unabhängig von einer individuellen Leistungserstellung Skaleneffekte verwirklicht werden, wenn die Module als Gleichteile trotz ihrer standardisierten Herkunft ohne Veränderung in verschiedenartige Endprodukte eingehen [5, 37]. Werden so Module eines Baukastensystems in mehreren Produktfamilien gleichzeitig eingesetzt, kann der entstandene Aufwand für Definition und Entwicklung dieser Komponenten besser verteilt werden (Umlage der Kosten zum Aufbau des Solution Space).

Um diese Kompatibilität zu erlangen, müssen die Teile eine gemeinsame Systemarchitektur, sprich Plattform, besitzen. Wir wollen deshalb die Möglichkeit zur Kombination von Skalen- und Verbundvorteilen bei Mass Customization als Economies of Modularity bezeichnen. Sie tragen entscheidend dazu bei, die zusätzlichen Kosten von Mass Customization auszugleichen.

Economies of Decoupling

Wesentliches Merkmal aller Konzepte einer Hard Customization – und hier liegt das Herz von Mass Customization – ist der Wandel vom „make-to-stock“ der Massen- und Variantenproduktion zum „make-to-order“ der einzelkundenbezogenen Leistungserstellung. Produktionsseitig wird so die Individualität erst ermöglicht. Hier liegen aber auch die Ursachen für wesentliche zusätzliche Kosten von Mass Customization. Auf der Kostenseite bieten sich hier aber auch neue Quellen für eine Effizienzsteigerung. Diese beruht auf der Tatsache, dass ein bestimmter Teil der Wertschöpfungskette erst nach Vorliegen eines konkreten Auftrags vollzogen wird, es also zu einer Entkopplung der Wertschöpfungskette kommt („decoupling"). Damit ist eine höhere Präzision der Wertschöpfung möglich. Das „hit or miss" eines Push-Systems wird durch das „ask and deliver" eines Customer-Pull-Systems abgelöst.

Economies of Decoupling beschreiben so Kostensenkungspotenziale, die sich ergeben, wenn ein Unternehmen seine Wertschöpfungsprozesse besonders gekonnt vollzieht, da es aktueller und präzisere Informationen über die Kundenwünsche hat. Durch eine friktionslose, doppelte Prozesse und Leerzeiten vermeidende Abwicklung der verschiedenen Schritte der Wertkette sollen sowohl Kosten reduziert als auch die Kundenorientierung gesteigert werden. Die Business-Process-Reengineering-Diskussion setzt hier ebenso an wie der Lean-Management-Gedanke der Vermeidung von Verschwendung.

Make-to-order statt make-to-stock

Die „make-to-order"-Strategie von Mass Customization vermeidet Fehlprognosen auf Endproduktebene ebenso wie hohe Distributionslagerkosten. Produktionsseitig kann sich die Lagerhaltung auf Rohmaterialien und Bauteile beschränken, die zudem teilweise noch auftragsbezogen beschafft werden können. Der Abbau von Fertigwarenbeständen kann die Bestandskosten drastisch reduzieren – bei gleichzeitig steigender Planungssicherheit. Auch entfallen Abschriften auf überschüssige Produkte durch Modellwechsel. Da ein Mass Customizer keine nur auf Verdacht eines möglichen Kundeninteresses produzierte Ware auf Lager hält, muss das Kundeninteresse auch nicht künstlich durch z.T. hohe Preisnachlässe geweckt werden. In der Produktionsplanung und Fertigung können Fixkostenblöcke abgebaut werden, die bei einer klassischen Produktion durch die Notwendigkeit einer hohen Leistungsbereitschaft bei schwankender Nachfrage entstanden sind (Vermeidung des Bull-Whip-Effekts).

Beispiele für Verschwendung durch eine klassische Variantenproduktion

In der Bekleidungsindustrie schätzen Experten z.B. den Anteil der „Verschwendung" im Sinne nicht abgesetzter Stoffe und Produkte aufgrund einer ungenauen Absatzplanung auf über 30 Prozent der Wertschöpfung [35]. Hinzu kommen noch die Kosten der Lagerhaltung in den Absatzkanälen, und dies trotz einer hohen Unzufriedenheit vieler Kunden bezüglich der verfügbaren Größen, Farben und Modelle. Durch eine friktionslose, doppelte Prozesse und Leerzeiten vermeidende Abwicklung der verschiedenen Schritte der Wertkette als Folge der Kundeninteraktion können sowohl Kosten gespart als auch der Kundennutzen erhöht werden.

Beispiele für Einsparmöglichkeiten durch Kundenintegration

Die 30 Prozent Verschwendung in der weltweiten Bekleidungsindustrie summieren sich auf 300 Milliarden US$ Einsparpotenzial pro Jahr, die für die Verwirklichung von Maßkonfektion zur Verfügung stünden [35].

Die US-Autoindustrie allein könnte durch eine Abkehr vom heutigen „make-to-stock" (heute werden mehr als 90 Prozent aller US-Autos auf Lager gefertigt und ab Hof der Händler verkauft) pro Jahr Gesamtkostenersparnisse zwischen 65 und 80 Mrd. US$ allein im Bereich Lagerhaltung und Kapitalkosten sparen [1].

Nissan Motors schätzt das Einsparpotenzial auf 3600 US$ pro Fahrzeug bei make-to-order (zitiert nach [1]).

Der Hersteller von Network Equipment Cisco schrieb im Mai 2001 mehr als 2,2 Milliarden US$ an überschüssigen Zwischenlagerbeständen ab, und dies, obwohl die Firma immer wieder als Beispiel für ein perfektes Lean-Manufacturing-System genannt wird [38]. Aber angesichts der schlagartigen einbrechenden Nachfrage zu diesem Zeitpunkt (Platzen des „Internet-Bubbles") konnte selbst das flexibelste Variantenfertigungssystem nicht schnell genug entlang der Supply-Chain reagieren.

Jedes zweite gedruckte Buch in den USA und circa 40 Prozent aller

Bücher in Europa werden nie verkauft, sondern vernichtet – eine riesige Verschwendung [9].

Festlegung des Vorfertigungsgrads entscheidet über Einsparungsmöglichkeiten

Dabei ist die Verbesserung der Informationsbasis in der Planung und Steuerung die Basis für eine Verbesserung der Prozesse selbst. Die Forderung aus den geschilderten Beispielen ist theoretisch die Verlagerung des Vorfertigungsgrads (Decoupling Point, siehe Kapitel 5.2) ganz an den Beginn der Wertschöpfungskette. Nur Ansätze einer weitgehenden „Hard Customization" (siehe Kapitel 4.4) können diese Art von Economies of Mass Customization konsequent nutzen. Je früher die Wertschöpfungskette in einen anonymen und einen kundenbezogenen Teil gespalten wird, desto größer ist die Präzision und Sicherheit zur Ausführung der folgenden Stufen mit höchster Kundenorientierung.

Bildlich am Beispiel der Bekleidungsindustrie ausgedrückt heißt das: Erst wenn nach Bestellung eines Pullovers die Wolle geschoren, gesponnen und zum gewünschten Stoff verarbeitet und dann individuell zugeschnitten und vernäht würde, ließe sich Verschwendung durch Lagerhaltung und Fehlmengen in allen Stufen der Wertschöpfungskette vermeiden.

Jedoch besteht zwischen Economies of Modularity und Economies of Decoupling ein Trade-off. Modularisierung verlangt zumindest auf der Produktebene stabile und homogene größere Fertigungslose, Economies of Decoupling als Folge des „on demand"-Prinzips beruhen dagegen auf Losgröße eins bei möglichst vielen Komponenten (unberührt davon ist jedoch auf Prozessebene die Realisation von Economies of Modularity). Aus technischer Sicht verhindern (noch) in den meisten Branchen Rüst- und Planungskosten ein solches konsequentes Vorgehen. Allerdings kann eine Digitalisierung der Wertschöpfung, wie sie derzeit in vielen Bereichen Einzug hält, große Potenziale bergen. Wir haben diesen Gegensatz bereits weiter oben im Rahmen des optimalen Vorfertigungsgrades angesprochen (siehe Kapitel 4.5). Es gibt keine praktisch relevante, optimale Lösung dieses Trade-offs. Am wichtigsten erscheint uns deshalb ganz zu Beginn die Stärkung des Bewusstseins im Management für diese Zusammenhänge.

Economies of Decoupling verlangen Gesamtbetrachtung der Wertschöpfung

Kostensenkungspotenziale liegen in vielen Branchen vor allem in der Distributionskette. Wenn Schuhe nach Expertenangaben [4] im deutschen Einzelhandel im Schnitt über 240 Tage liegen (und das bei der Mode- und Größenproblematik dieser Produkte!), zeigt sich hier das enorme Einsparpotenzial einer Fertigung auf Bestellung statt auf Lager – ganz abgesehen vom entgangenen Gewinn durch Kunden, die im heutigen System nicht die Produkte finden, die sie wollen und ihr Budget verlagern (dies sind z.B. im Bekleidungsbereich nach der Zitex-Studie [46] mehr als eine halbe Million Anzüge jährlich). Deshalb ist zur Umsetzung von Economies of Decoupling eine Argumentation entlang der gesamten Wertschöpfungskette besonders wichtig.

Economies of Integration

Ein weiteres zentrales Kostensenkungspotenzial von Mass Customization wird unmittelbar durch die Integration der Abnehmer in die Leistungserstellung verursacht. Hintergrund sind dabei die Möglichkeiten zur Effizienzsteigerung bestimmter Prozesse durch die im Zuge der Leistungskonfiguration gewonnenen Informationen über jeden Abnehmer. Wir wollen diese Kostensenkungspotenziale als Economies of Integration bezeichnen.

Economies of Integration
Wir haben an anderer Stelle diesen Effekt als Economies of Interaction bezeichnet [24, 32]. Interaktion ist zwar Voraussetzung für die Kundenintegration, doch die im folgenden beschriebenen Kostensenkungspotenziale beruhen ursächlich auf den Einbezug (Integration) der Kunden in die Wertschöpfung, und nicht nur auf Interaktion mit ihnen. Deshalb erscheint uns heute der Begriff „Economies of Integration" als präziser. Ebenfalls haben wir eine Aufspaltung der Kostensenkungspotenziale in Economies of Decoupling und Integration vorgenommen).

Verbesserung des Wissens über (und durch) die Kunden

Economies of Integration beruhen auf Aggregation und Vergleich der im Rahmen der Konfiguration und Interaktion gewonnenen Informationen über jeden einzelnen Kunden zu übergreifendem Customer Knowledge bzw. Kunden-Know-how [19, 23]. Damit steigt die Informationsintensität eines Unternehmens über seinen Absatzmarkt, was eine zielgerichtetere und effizientere Marktbearbeitung erlaubt [13, 14, 45]. Auch hieraus resultieren bedeutende Kostensenkungspotenziale, für die ebenfalls die Integration der Kunden ursächlich verantwortlich ist.

So trägt die Erhebung und Verarbeitung von Informationen aus einem Segment innovativer (individueller) Käufer („Lead User", siehe Kapitel 4.4) in dynamischen, trendgesteuerten Märkten entscheidend dazu bei, marktkonforme neue Produkte oder Produktmodifikationen zu entwerfen, indem die Häufigkeit bestimmter individueller Kombinationen als Anhaltspunkt für Modifikationen im Produktprogramm verwendet wird. Dies bietet gerade Unternehmen, die neben der individuellen Leistungserstellung noch eine massenhafte Lagerfertigung betreiben, neue und verbesserte Marktforschungsinformationen. Homburg [11] konnte in einer empirischen Untersuchung zeigen, dass kundennahe Unternehmen eine bessere Effizienz bei der Allokation von Forschungs- und Entwicklungsressourcen haben – sie forschen nicht „am Markt vorbei". Die Beobachtung von Kunden im Rahmen der Interaktion und Konfiguration macht Kundenverhalten transparent.

Marktforschungseffizienz durch Mass Customization

Gerade Unternehmen, die neben der individuellen Leistungserstellung noch eine massenhafte Lagerfertigung betreiben, gewinnen so Möglichkeiten zur Reduktion des Marktforschungsaufwands und können das Risiko von Fehlschlägen bei Neuprodukteinführungen reduzieren. Wir haben bereits das Beispiel von Reflect angeführt (siehe Kapitel 4.4), wo die Konfigurationsdaten als Panel-ähnliche Marktforschungsinformation für die anderen Kosmetik-Produkte von Procter&Gamble dienen. Auf diese Weise konnten bereits viele Millionen Dollar für klassische Marktforschung eingespart werden. Zusätzlich ist die Qualität der Mass-Customization-Information oft von höherer Qualität als klassische Paneldaten, da keine Panel-Effekte auftreten (Marktforschungsfehler durch Kenntnis der Teilnehmer der Untersuchungssituation).

Bessere Marktkenntnis durch Kunden-Know-how

Weiterhin kann ein Anbieter von kundenindividuellen Gütern seine Kenntnis vom Markt dazu nutzen, zusätzliches Geschäft zu generieren.

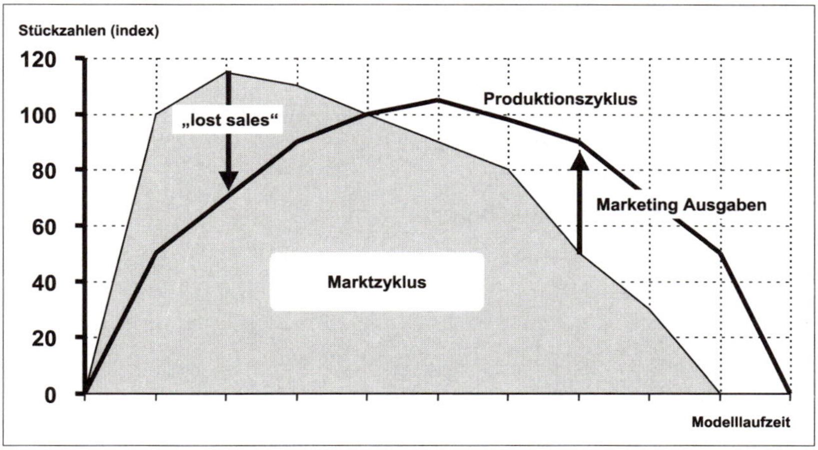

Abb. 7.4: *Produktionszyklus vs. Marktzyklus (entnommen aus [41])*

Abbildung 7.4 zeigt am Beispiel der Automobilindustrie schematisch, wie der Markt- und Produktionszyklus voneinander abweichen. Neue Produktkonzepte wie beispielsweise die Roadster-Modelle von Porsche, BMW oder Mercedes hätten bei ihrer Markteinführung in deutlich höheren Stückzahlen abgesetzt werden können, als dies der anlaufende Produktionszyklus zuließ. Der Markt wurde in allen Fällen zu klein eingeschätzt. Der zur Bedarfsdeckung notwendige Ausbau der Produktionskapazitäten, die bei neuen Modellen zunächst eher vorsichtig geplant werden, dauert etliche Zeit. Ist die Kapazität endlich erweitert, beginnt das Kundeninteresse oft jedoch bereits abzuflauen bzw. verlagert sich auf nachfolgende Fahrzeuggenerationen. Der Phase entgangener Umsätze (lost sales) steht nun eine Phase der Überversorgung gegenüber. Die überschüssig produzierten Einheiten und unausgelasteten Kapazitäten müssen nun mit hohen Marketingausgaben am Markt gedeckt werden.
Eine bessere Kenntnis der Kundenbedürfnisse leistet hier Abhilfe. Insbesondere Lead-User tragen Bedürfnisse an den Hersteller heran, die von der breiten Masse noch nicht verspürt werden. Auch die Auswertung von Feedback während der Konfiguration kann wichtige Informationen liefern. Noch wirkungsvoller kann Mass Customization jedoch den Hebel am Ende der Modellaufzeit ansetzen. Hohe Marketingausgaben, um überschüssige Produkte loszuwerden, fallen weg. Die aufgebaute Produktionskapazität kann am Ende der Modellaufzeit genutzt werden, sich durch neue Gestaltungsmöglichkeiten geänderten Kundenvorstellungen anzupassen.

Nutzung von Kunden-Know-how zur Konfiguration

Eine weitere Effizienzsteigerung ergibt sich innerhalb des Mass-Customization-Systems durch die Nutzung des aggregierten Wissens über die bestehenden Kunden. Neue Kunden können effizienter und besser bedient werden, indem ihnen eine individuelle Produktvariation vorgeschlagen wird, die Abnehmer mit ähnlichem Konfigurationsprofil in der Vergangenheit erworben haben („Profiling"). Mit Hilfe eines Beratungssystems können während der Konfiguration Wünsche und

Vorlieben der Kunden identifiziert werden, die diesen selbst vielleicht gar nicht bewusst sind.

Damit kann der Umfang der Automatisierung der Beratung während der Konfiguration stark ausgedehnt werden. Dies hat den Vorteil, dass ein Abnehmer nicht alle verfügbaren Merkmale eines Erzeugnisses beachten muss, wodurch sich die Komplexität deutlich reduziert. Auch wird eine Individualisierung von Produkten möglich, bei denen die Ansprüche nur recht unscharf formuliert werden können (z.B. Düfte für Parfüms, Geschmäcker für Lebensmittel etc.). Zudem wird der Anwender unmittelbar mit einem fertigen Produkt konfrontiert, was auch die Kaufbereitschaft erhöhen kann. Damit diese Beratungssysteme aber ihre nutzbringende Wirkung entfalten, benötigen sie Daten und Wissen über die vorhandenen Kunden – so wird auch hier das Wissen über die bestehenden Kunden zum Werttreiber.

Economies of Relationship

Die Interaktion mit den Kunden bietet auch Möglichkeiten zur Steigerung der Kundenloyalität. Ansatzpunkt hierzu ist insbesondere die Leistungskonfiguration eines ersten Auftrags. Die dabei erlangten Informationen über einen Kunden lassen bei einem Wiederholauftrag sowohl eine schnellere/einfachere als auch eine inhaltlich verbesserte Leistungsspezifikation zu. Damit wird eine bedeutende Markteintrittsbarriere gegenüber neuen Wettbewerbern aufgebaut, die diese Informationen nicht besitzen. Die hierbei zugrunde liegenden Mechanismen werden in Kapitel 8 noch genauer besprochen.

Beispielsweise kann ein Hersteller von Maßkonfektion einem Kunden, der bereits einen Anzug bestellt hat, dazu passende Hemden anbieten. Der größte Kostenblock in der Kundenbeziehung, der Interaktionsprozess, reduziert sich bei diesem Wiederholungskauf stark, da die Maße des Kunden bereits weitgehend aus dem Erstkauf bekannt sind. So können bei Vorliegen der Maßdaten Wiederholungskäufe einfach z.B. über das Internet abgewickelt werden. Kombiniert mit dem

Wissen, welches Produkt der Kunde bereits gekauft hat und wo seine Vorlieben liegen, können dabei auch Vorschläge für weitere Einkäufe unterbreitet werden.

Quellen von Economies of Relationship

Geht man davon aus, dass sich Kundenbindung in steigenden Umsätzen pro Kunde ausdrückt, benötigen Unternehmen mit hohem Bindungsgrad weniger Abnehmer als Unternehmen mit geringerer Kundennähe, um ein bestimmtes Umsatzziel zu erreichen [39]. Wird die Zahl der Kunden als „Kostentreiber" im Sinne der Prozesskostenrechnung interpretiert, kann eine hohe Kundenbindung neben den Transaktionskosten auch die Marketingkosten senken und Streuverluste eliminieren [37, 24, 42, 43]. Ein Kunde kann mehrfach für verschiedene Produkte „genutzt" werden, ohne dass dabei neue Akquisitionskosten anfallen. Die damit verbundenen Kostensenkungspotenziale bilden Economies of Relationship.

Abbildung 7.5 verdeutlicht die ökonomischen Auswirkungen einer steigenden Kundenbindung. Ein Unternehmen erlangt ein zusätzliches Wertschöpfungspotenzial, wenn es Investitionen in ein Mass-Custo-

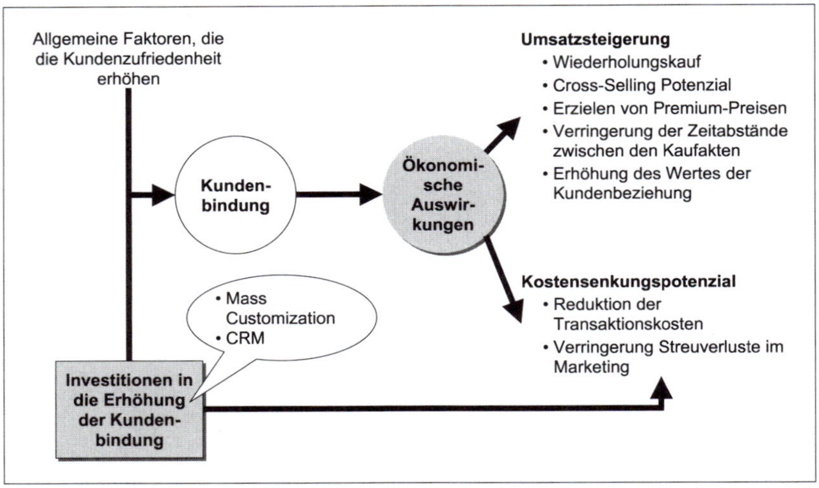

Abb. 7.5: *Ökonomische Auswirkungen einer erhöhten Kundenbindung (in Anlehnung an [6])*

mization-Konzept nutzen kann, um (a) seine Umsätze auszudehnen oder (b) vorhandene Umsätze mit geringerem Aufwand zu realisieren. Option (b) geht unmittelbar in Economies of Relationship ein. Option (a) beschreibt zunächst das Potenzial zur Umsatzsteigerung (dies sind keine klassischen „Economies“), kann aber ebenfalls unter das Konzept der Economies of Relationship subsumiert werden. Denn die loyalitätstreibenden Kräfte von Mass Customization können oft eine Umsatzsteigerung zu geringeren Kosten ermöglichen, als dies bei herkömmlichen Varianten- oder Massenprodukten der Fall ist. Economies of Relationship haben damit zwei wesentliche Quellen (warum und wie Mass Customizer ihre Kunden binden und deren Loyalität steigern können, ist Inhalt von Kapitel 8):

- Kostensenkungspotenziale durch sinkende Akquise-, Konfigurations- und Bindungskosten eines Kunden für Wiederholungskäufe des Ausgangsprodukts sowie
- Potenziale zur effizienten Generierung neuer Umsätze mit neuen Produkten mit den vorhandenen Kunden durch Nutzung der Profilinformationen aus der Interaktion während vorausgegangener Mass-Customization-Geschäfte.

Kostensenkungen durch kundenbezogene Economies of Scope

Economies of Relationship sind im Grunde nur eine Unterart der Economies of Scope. Denn statt eine Produktionstechnik für viele Produkte zu nutzen, geht es nun darum, einen Kunden für viele Produkte zu nutzen. Das Flexibilitätspotenzial von Mass Customization und die besseren Kenntnisse der einzelnen Kundenbedürfnisse schaffen die Möglichkeit, vorhandene Kunden durch neue Geschäftsaktivitäten zu bedienen [20, 37]. Aus Transaktionskostensicht ist dies aufgrund des Kommunikations- und Informationsaufwands mit jedem einzelnen Kunden (Erfragung der Wünsche, Erhebung der Profilinformationen) vorteilhaft.

So erlaubt die individuelle Kundenansprache und der damit verbundene Aufbau von Wissen über die Kunden auch die Nutzung von Erfahrungskurveneffekten bei einer wiederholten Interaktion zwischen Hersteller und Abnehmer (siehe auch [12]). Mit zunehmender Häufigkeit einer spezifischen Leistungserstellung für einen Abnehmer werden Lerneffekte erzielt, die Kostensenkungen im (wiederholten) Konfigurationsprozess ermöglichen.

7.4 Kostenebene bei Open Innovation

Die bislang beschriebenen Kostenwirkungen wurden vor allem auf Mass Customization bezogen. Doch auch Open Innovation als weitere wichtige Form der Kundenintegration birgt neue Kostensenkungspotenziale, verursacht aber auch zusätzliche Kosten. Wir können diese Punkte recht knapp behandeln, da es sich um eine Konkretisierung der vorangegangenen Abschnitte handelt.

Kostentreiber bei Open Innovation

Zusätzliche Kosten bei Open Innovation beruhen vor allem auf dem Interaktionsvorgang, da ja die ausführenden Aktivitäten zunächst nicht betroffen sind: Ziel von Open Innovation ist es, neue Produktideen und -konzepte zu generieren und zu testen – nicht, diese unmittelbar auch zu produzieren. Der Aufbau entsprechender Tool-Kits für User-driven Innovation ist teuer und langwierig (und oft deutlich komplexer als der Entwurf eines Mass-Customization-Konfigurators, siehe Kapitel 5.2). Im Vergleich zu Mass Customization sind die Freiheitsgrade weiter und damit Mechanismen zur Komplexitätsreduktion und Bewertung einer Lösung vergleichsweise aufwändig zu entwickeln und zu implementieren. Auch haben die meisten Firmen weniger Erfahrung in der Entwicklung von Innovation-Kits im Vergleich zur Entwicklung von Mass-Customization-Konfiguratoren und es gibt auch weniger Dienstleister hierfür.

Im laufenden Betrieb bilden die variablen Interaktionskosten einen wesentlichen Kostentreiber. Hierzu gehören auch kontinuierliche Maßnahmen zur Motivation der Kunden zur Innovation und ihre „Ausbildung“ zu Innovatoren. Wesentliche Kostentreiber sind – und dies ist neu im Vergleich zu Mass Customization – zudem die internen Kosten zur Interpretation, Bewertung und Weiterentwicklung der

Kundeninnovationen. Diese Aktivitäten fallen zwar auch im Rahmen des „normalen" Innovationsmanagements an, müssen jedoch bei einem erfolgreichen Open-Innovation-Programm deutlich häufiger ausgeführt werden. Firmen, die hier keine entsprechenden Mechanismen zum effizienten Screening und zur schnellen Evaluation von Produktideen und -konzepten besitzen, werden von Open Innovation nicht profitieren, sondern nur einen zusätzlichen Kostenblock aufbauen.

Kostensenkungspotenziale durch Zugang zu Kunden-Know-how – was ist hier relevant?

Kostensenkungspotenziale von Open Innovation liegen vor allem auf der Ebene der Economies of Integration, das heißt, sie sind auf Effizienzvorteile durch besseren Zugang zu Kundenwissen und Marktinformation begründet. Die Quellen dieser Vorteile haben wir oben in Kapitel 4.4 beschrieben, deshalb hier nur eine kurze Zusammenfassung:

Erstens lassen sich langwierige Iterationsvorgänge und Anpassungen in der Produktentwicklung vermeiden, indem die Iterationen zwischen erster Produktidee und fertigem Produkt auf die Kunden verlagert werden. Einsparungen resultieren aus der Vermeidung zusätzlicher Markttests, wiederholter Produktentwicklungen und von Anpassungen bei nicht marktkonformen Produkten.

Zweitens kann der Einbezug von Kunden in die Innovationstätigkeit in etlichen Bereichen traditionelle Marktforschung ergänzen und so für eine höhere Effizienz der Marktforschungsausgaben sorgen. Typische Marktforschungs-Bias wie Panel-Effekte, Over- oder Under-Reporting oder auch bewusste Falschaussagen werden vermieden bzw. stark gemildert, wenn die Kunden unmittelbar eine Lösung schaffen, anstatt nur nach einer solchen befragt zu werden.

Schließlich beugt Open Innovation Flopps bei Produktneueinführungen vor und damit Verschwendung im Sinne der Economies of Decoupling (Vermeidung von Verschwendung durch make-to-order anstatt make-to-stock). Produkte, die auf den Prinzipien von Open Innovation entwickelt werden, treffen eher die Kundenbedürfnisse, schaffen keine Überkapazitäten durch ungewollte Produkte und können auch entgangenen Umsätzen durch Fehleinschätzung der Nachfrage vorbeugen.

Kostensenkungen durch Involvement und tiefere Kundenbeziehungen

Open Innovation kann auch die Kundenbeziehungen stärken und Economies of Relationship begründen. Der Einbezug der Kunden in die Produktentwicklung stärkt das Involvement der Kunden – einer der wesentlichen Einflussfaktoren auf die Loyalität ([36], siehe auch Kapitel 8.2). Auch werden Kunden häufig bei der Vermarktung ihrer eigenen Lösung mithelfen (Reputationseffekte, Wunsch zum Setzen eigener Standards etc.). Damit kann ein Anbieter Akquisekosten senken und gleichzeitig einen Referenzmechanismus nutzen.

Grenzen von Open Innovation

Auf der anderen Seite sind aber auch die Grenzen der Kundenintegration in den Innovationsprozess klar aufzuzeigen. Die Orientierung am Kunden darf nicht darüber hinwegtäuschen, dass die Verantwortung für einen Markterfolg nach wie vor alleinig auf den Schultern des Unternehmens lastet. „It [the company] is informed by customer input, yes, but it must also accept the heavy responsibility for coming up with new products and services on its own“[40]. Viele Kunden sind nur begrenzt in der Lage, wirklich über die Grenzen des heute Machbaren hinauszusehen. „[...] they [the customers] tend to run into [...] ‚functional fixedness‘ – the human tendency to fixate on the way products or services are normally used, making people unable to imagine alternative functions“ [40]. Damit hängt der Erfolg eines Open-Innovation-Konzepts von der Fähigkeit eines Unternehmens ab, zum einen die Kunden zu identifizieren, die nicht durch diese mentalen Entwicklungshemmnisse blockiert sind, und zum anderen eine Innovationsumgebung zu schaffen, die die Kretaivität der Kunden unterstützt und diesen hilft, ihre Bedürfnisse in neue Produkte zu wandeln.

Als Fazit bleibt festzustellen, dass Open Innovation zwar helfen kann, marktnahe Innovationen herbeizuführen. Eine Garantie für den Markterfolg gibt Open Innovation jedoch nicht. Besondere Bedeutung erlangt die Etablierung von effizienten Mechanismen zum Screening und zur Evaluation der Kundenentwicklungen. Open Innovation kann klassische firmengetriebene Innovationen ergänzen, aber nicht völlig ersetzen.

7.5 Economies of Mass Customization – ein Kalkulationsbeispiel

Falk-Hayo Sanders, Christof M. Stotko und Frank T. Piller

Für Open Innovation gilt aber genauso wie für Mass Customization (und auch klassische Massenproduktion und Einzelfertigung): „Economies" beschreiben Kostensenkungspotenziale, die sich ergeben können, aber nicht zwangsläufig eintreten. Economies müssen systematisch gesucht und erarbeitet werden – was zunächst die Kenntnis ihres Potenzials voraussetzt. Genauso wichtig ist auch die Beachtung der Trade-offs, die zwischen manchen Potenzialen stehen und ihre Verwirklichung gegenseitig aufheben können.

Wirkungsebenen der Economies

Die in den letzten Abschnitten beschriebenen Kostensenkungspotenziale setzen auf verschiedenen Stufen des gesamten Wertschöpfungskreises an. Abbildung 7.6 stellt ihre Ansatzpunkte schematisch gegenüber. Die Feingliederung der Wertschöpfungsstufen gibt dabei aber nur einen groben Überblick. Je nach Branche und Firma können diese mehr oder weniger detailliert ausfallen.

Das Open-Innovation-Konzept setzt in der Produktentwicklung an. Hier kommen insbesondere die dargestellten Potenziale der Economies of Integration zum Tragen. Durch das erhöhte Kunden-Know-how, das sich in einer steigenden Transparenz des Kundenverhaltens niederschlägt, können neue Produktideen bereits in der Konzeptionsphase einem ersten Markttest unterzogen werden.

Soft Customization basiert dagegen auf Aktivitäten im Vertrieb. Individualisierung setzt hierbei bei der Beratung der Kunden und der

Bündelung von vorgefertigten Produkten zu einer kundenspezifischen Lösung an. Die Interaktion mit den Kunden ermöglicht dabei den Zugang zu intensivem Wissen über die Kunden, das die Grundlage für Economies of Relationship legen kann.

Im Bereich Hard Customization wirken – zusätzlich zu den zwei bereits erwähnten Economies – schwerpunktmäßig Economies of Decoupling und Economies of Modularity. Sie realisieren die spezifischen Kostensenkungspotenziale von einer klassischen Mass Customization nach dem make-to-order Prinzip.

Beispielkalkulation: Economies of Mass Customization bei Maßkonfektion

Wir wollen in einem Beispiel demonstrieren, wie sich die Kosten- und Profitstruktur von Mass Customization bei Hard Customization gestaltet. Ziel dieses Abschnitts ist, Ihnen Anregungen zu geben, diese Kalkulation auch auf Ihre Branche zu übertragen.

Dazu werden wir anhand eines fiktiven Beispiels, aber auf Basis echter Branchenzahlen, die einzelnen Rechenschritte gegenüberstel-

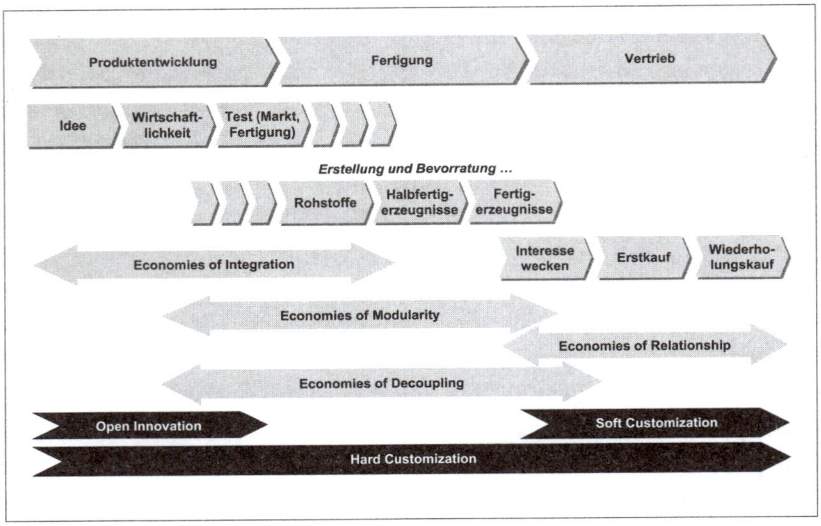

Abb. 7.6: *Schematische Darstellung der Kostensenkungspotenziale*

len. Als Beispiel dient Vertrieb und Produktion einer individuellen Damenhose, produziert in Asien und vertrieben über den stationären Handel in Europa. Sie erzielt im Beispiel einen Verkaufspreis von 100 Euro (ohne Discounts). Die Dimension der realisierten Potenziale ergibt sich aus dem Vergleich mit den Bedingungen, die herrschen, wenn das Produkt klassisch nach den Prinzipien der Massenfertigung (Variantenfertigung) hergestellt und vertrieben würde.

Als Übersicht der Effekte dient Abbildung 7.7. Sie gibt schematisch wieder, wie sich die einzelnen Economies auf den Deckungsbeitrag von Maßkonfektionsware auswirken. Ausgangspunkt ist dabei eine (heute bereits optimistische) Umsatzrendite von fünf Prozent. Diese kann sich durch Mass Customization – trotz höherer Kosten – fast verdoppeln (wenn lediglich eine singuläre Transaktion betrachtet wird, bei Berücksichtigung von Folgekäufen oder mittelbaren Kostensenkungspotenzialen ist das Ertragssteigerungspotenzial sogar noch höher, was der „Berichtsposten" am rechten Rand des Schemas ausdrücken soll).

Das Potenzial von Economies of Decoupling schlägt sich in diesem Fall in drei großen Blöcken nieder, die im Beispiel eine gesamte Kostensenkung von 18 Euro bewirken können. Dies sind im Einzelnen:
- die Vermeidung von Discounts bzw. Abschriften
- die Reduktion der Lagerbestände,
- die Verringerung des Diebstahlrisikos.

Finanzielle Wirkung der Vermeidung von Discounts

Die Einsparungen durch Vermeidung von Discounts machen mit 13 Euro den Löwenanteil aus. Diese Rechnung ist in Abbildung 7.8 genauer aufgeschlüsselt. Die Kalkulation geht von der Annahme aus, dass nur 60 Prozent der Massenware zum Listenpreis verkauft werden kann. Die übrigen 40 Prozent sind nur durch zum Teil erhebliche Preisnachlässe im Markt zu positionieren. Dabei erfahren 20 Prozent der Bestände eine Preisreduktion von 30 Prozent, 15 Prozent werden um 40 Prozent reduziert und fünf Prozent werden gar mit Rabatten von 60 Prozent angeboten. Daraus ergibt sich in der Summe ein durchschnittlicher Verkaufspreis der Bestände an massenhaft gefertigter Konfektionsware,

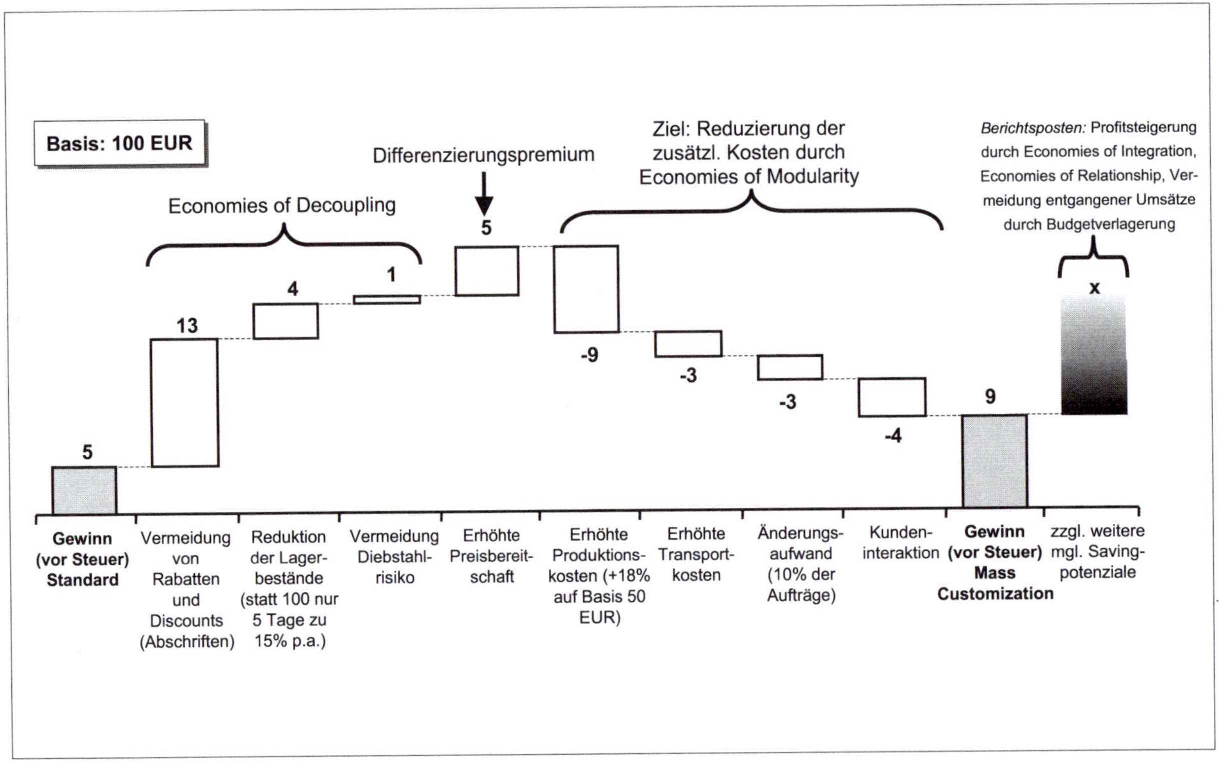

Abb. 7.7: *Kostenstruktur Maßkonfektionsware (Datenmaterial nach [34, 35])*

der nur 85 Prozent des Anfangspreises oder der „unverbindlichen Preisempfehlung“ beträgt. Diese Annahmen sind für die Bekleidungsindustrie sehr konservative Einschätzungen, in der Realität ist die Situation oft noch weit aus drastischer.

Im Gegensatz dazu wird angenommen, dass 85 Prozent der kundenindividuell gefertigten Hosen zum Listenpreis abgenommen werden. Die übrigen 15 Prozent setzen sich aus solchen Bestellungen zusammen, die entweder nicht optimal sitzen und geändert werden müssen (zehn Prozent) oder aus solchen, die der Kunde nicht annehmen will, beispielsweise weil sie im Design nicht seinen Vorstellungen entsprechen (fünf Prozent). Für die Änderungen wird angenommen, dass sie mit einem Aufwand von ca. 30 Prozent des Verkaufspreises durchgeführt werden können (dies entspricht den zusätzlichen Kosten von drei Euro im Schnitt aller verkauften Stücke). Nachdem diese Änderungen durchgeführt sind, nimmt der Kunde das Produkt zum vollen Preis ab. Die fünf Prozent der Bestände, deren Annahme der Kunde verweigert, werden mit einem Preisnachlass von 70 Prozent verkauft (in Factory- oder Second-Hand-Läden).

Insgesamt wird bei Mass Customization ein Verkaufswert von 96,5 Prozent der zum Verkauf bereitgestellten Waren erreicht. Dies entspricht einer Umsatzsteigerung um über 13 Prozentpunkte.

Zusätzliche Preisbereitschaft

Diese Umsatzsteigerung berücksichtigt noch nicht die Möglichkeit, ein Preis-Premium zu erheben (siehe Kapitel 6.2). Die Differenzierungswirkung von Mass Customization führt zu einer Erhöhung der Preisbereitschaft der Kunden. Diese ist im Beispiel – sehr konservativ betrachtet – auf lediglich fünf Euro geschätzt. Hier lassen sich weit aus höhere Potenziale verwirklichen, wie die Praxis zeigt. Allerdings sollte sich ein Mass-Customization-Konzept auch ohne Preissteigerungen tragen können, weshalb wir in unserem Beispiel nur ein geringes Premium ansetzen.

Vermeidung von Fehlbeständen

Die Vermeidung von Verschwendung durch eine Verringerung des Diebstahlrisikos zählt ebenfalls zu den Economies of Decoupling. Ware, die erst auf Kundenwunsch gefertigt wird, kann nicht ohne weiteres gestohlen werden. Die im Beispiel angesetzten ein Prozent des Umsatzes sind ebenfalls recht konservativ geschätzt, viele Untenehmen verbuchen Ausfälle zwischen zwei und drei Prozent.

Vermeidung von Beständen und Liegezeiten

Die Vermeidung von Discounts hat nur die Wirkungen niedrigerer Erlöse für abgesetzte Ware berücksichtigt. Hinzu kommen noch die oft erheblichen Einsparpotenziale durch die Reduktion der Distributions- und Zwischenlagerhaltung. Im Bereich der Modeindustrie fallen die Lagerkosten der Rohmaterialien (Stoffe) im Verhältnis zu den gesamten Kosten nicht ganz so stark ins Gewicht wie beispielsweise in Industrien, die mit sehr teueren Einstandmaterialien arbeiten (z.B. Computerindustrie). Auch in der Modeindustrie lassen sich die Lagerzeiten stark verringern (von 100 Tagen auf fünf Tage bei Mass Customization).

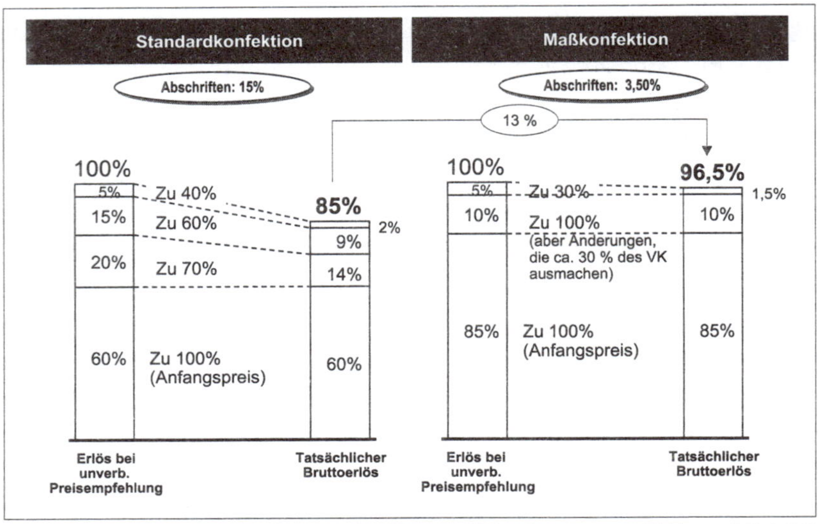

Abb. 7.8: *Vergleich Abschriften bei Massenkonfektion und Mass Customization (Zahlen nach [34, 35])*

Wir haben den Effekt im Beispiel mit vier Prozent Einsparpotenzial angesetzt. Dies entspricht den reinen Kapitalbindungskosten. Hinzu kommen aber noch die hier nicht quantifizierten Möglichkeiten zur Reduktion durch Verschwendung durch eine erhöhte Flexibilität, Übersichtlichkeit und die Vermeidung der Lagerhaltungskosten (Schwund, Lagerlogistik etc.).

Vermeidung entgangener Umsätze und Reduktion des Moderisikos
Nicht in unserer Beispielkalkulation aufgeführt sind zwei weitere Wirkungen auf die Kosten- und Umsatzstruktur. Zum einen vermeidet Mass Customization entgangene Umsätze durch Kunden, die im Standardsortiment nichts Passendes finden und deshalb ihr Budget verlagern. In der Modeindustrie besteht hier aus Sicht eines Einzelhändlers ein großes ungenutztes Umsatzpotenzial, wenn Händler Kunden, die keine gewünschte Größe oder Farbe finden, nicht zur Konkurrenz verweisen müssen, sondern ein passendes Stück nach Maß anbieten können.

Hierdurch sinkt außerdem die Zahl erfolgloser Beratungen, bei denen der Verkäufer gut berät, der Kunde gerne kaufen würde, aber die passende Kombination aus Größe, Stil und Farbe nicht mehr vorhanden ist.Heutige Schätzungen zeigen hier ein Potenzial von ca. 10 % des Umsatzes (d. h. von 100 Euro geben wir im Schnitt 10 Euro für durchgeführte, aber erfolglose Beratungen aus).

Der bessere Zugang zu Kunden-Know-how (Economies of Integration) trägt weiterhin dazu bei, dass das Moderisiko stark gemildert wird. Im Gegensatz zu einem Massenfertiger ist ein Mass Customizer nicht darauf angewiesen, die Abnahmemengen verschiedener Kollektionen in Bezug auf Menge und vor allem Stil und Modell zu prognostizieren. Durch die Integration des Kunden in den Wertschöpfungsprozess wird die Ware erst dann produziert, wenn der Kunde den Auftrag dazu gibt. Dadurch werden einerseits die oben bereits angeführten Discounts für Fehlplanungen vermieden. Zum anderen gewinnt ein Händler aber auch wertvolle Informationen zur Optimierung des Sortiments und eine bessere Modellpolitik – wesentliche Voraussetzung für dauerhaft zufriedene und treue Kunden.

Die Höhe dieser zusätzlichen Umsatzpotenziale ist schwer aus einer generellen Sicht zu quantifizieren. Hierzu sind firmenabhängige Befragungen und Abschätzungen notwendig, deren Mechanismen an dieser Stelle nicht dargestellt werden können. Nach unserer praktischen Erfahrung durch die Arbeit mit vielen Mass Customizern lassen sich aber Potenziale von bis zu 30 Prozent des Umsatzes der Ausgangssituation zusätzlich herausholen. Viel wichtiger als eine genaue Kalkulation ist aber das bloße Erkennen dieser Möglichkeiten. Sie können als ergänzender Faktor in eine Kalkulation einfließen, sollten aber nicht deren Basis bilden.

Gegenrechung: Höherer Aufwand durch Mass Customization

Auf der anderen Seite stehen die zusätzlichen Kosten, die bei Produktion und Vertrieb kundenindividueller Produkte entstehen (vgl. noch einmal Abbildung 7.7). Sie sind Folge des steigenden Produktions-, Transports und vor allem höheren Interaktionsaufwands. In unserem Beispiel macht diese Kostensteigerung in der Summe 19 Euro aus. Die Höhe hängt dabei direkt von der Fähigkeit ab, Synergieeffekte auf der Modulebene zu realisieren (Economies of Modularity).

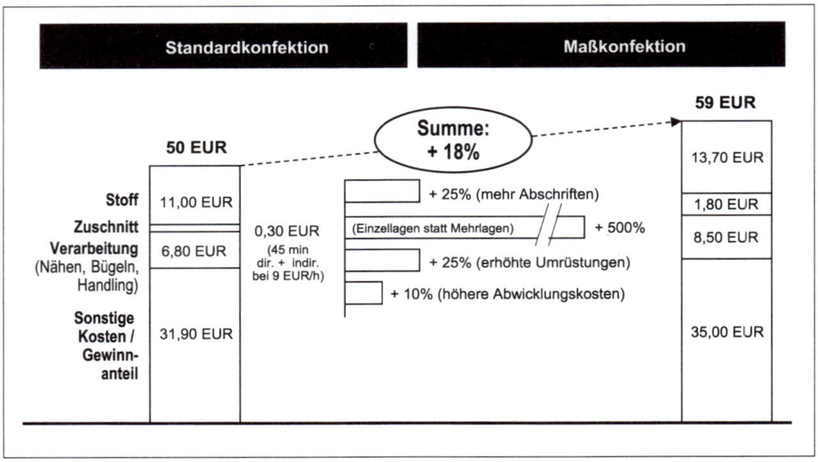

Abb. 7.9: *Kostenerhöhung bei individueller Fertigung von Konfektionsware in Asien (Daten entnommen aus [34, 35])*

Steigende Kosten in der Produktion

Abbildung 7.9 legt schematisch dar, wie sich die Produktionskosten bei Individualkleidung im Vergleich zur Massenfertigung ändern (unsere Annahme folgt dabei einer Produktion in Asien). Dabei scheinen sich insbesondere die entgangenen Skaleneffekte im Zuschnitt des Stoffes niederzuschlagen. Anstatt wie in der Massenfertigung mehrere Lagen Stoff in einem Arbeitsgang auf eine standardisierte Konfektionsgröße zuschneiden zu können, muss nun jede Lage Stoff einzeln mit den individuellen Maßen des Kunden zurechtgeschnitten werden. Jedoch konkretisiert sich aufgrund des geringen Wertschöpfungsanteils an der gesamten Wertschöpfungskette auch eine Kostensteigerung von 500 Prozent in nur wenigen zusätzlichen Eurocent. An dieser Stelle machen viele Praktiker einen Fehler, indem einzelne Kostenblöcke herausgehoben werden, ohne die gesamte Wertschöpfungskette zu betrachten.

Entscheidende neue Kostenblöcke fallen durch Umrüstzeiten und vor allem den steigenden Abwicklungsaufwand zur Integration der Kundeninformationen in den Fertigungsablauf an. Insgesamt steigen in unserer Rechnung die reinen Produktionskosten um 18 Prozent (bzw. neun Euro bezogen auf einen Einkaufspreis von ehemals 50 Euro).

Steigende Transportkosten

Erhöhte Transportkosten ergeben sich aus der Tatsache, dass Transporte nicht, wie im Massenhandel üblich, gebündelt werden können. Die Höhe der zusätzlichen Transportkosten, im Beispiel mit drei Prozent bzw. sechs Euro angesetzt, hängt entscheidend vom Produkt, den Standorten und vor allem möglichen Bündelungseffekten ab. In unserem Beispiel gehen wir davon aus, dass der Hersteller in einem eigenen Luftfrachtcontainer die Waren von der asiatischen Fabrik zum Ladengeschäft versendet. Dies setzt natürlich genügend große Absatzmengen und eine Bündelung von Aufträgen voraus (siehe Abbildung 7.10, welche die gesamte mögliche Durchlaufzeit eines Auftrags bei Fertigung in Asien zeigt). Eine Verzögerung des Liefertermins, die sich aus einer Bündelung mehrerer Bestellungen ergeben würde, wird vom Kunden nur in engen Grenzen akzeptiert. Deshalb sollten die angegeben

Liefertermine großzügig berechnet werden, um noch ausreichenden Raum für Optimierungen zu besitzen.

Änderungskosten und zusätzlicher Interaktionsaufwand

Wie hoch der zusätzliche Änderungsaufwand ausfällt, hängt damit zusammen, welches Qualitätsniveau der Gesamtprozess hat. In unserem Beispiel rechnen wir (wie bereits beschreiben), dass jeder zehnte Auftrag Änderungskosten von 30 Prozent des Verkaufspreises verursacht (bzw. in einer Mischkalkulation drei Euro für jedes abgesetzte Kleidungsstück). Ursachen von Änderungen sind neben den üblichen Fehlerquellen in der Produktion vor allem Fehler im Interaktionsprozess. Hier ist die Qualität des Verkaufspersonals und der unterstützenden Prozesse der entscheidende Einflussfaktor. Damit bedingen sich Änderungskosten und zusätzliche Interaktionskosten (Transaktionskosten) gegenseitig.

Besonders die Abschätzung der zusätzlichen Interaktionskosten ist nicht einfach. Wir haben uns im unserem Beispiel auf Branchenangaben verlassen und den zusätzlichen Aufwand (gegenüber den bereits

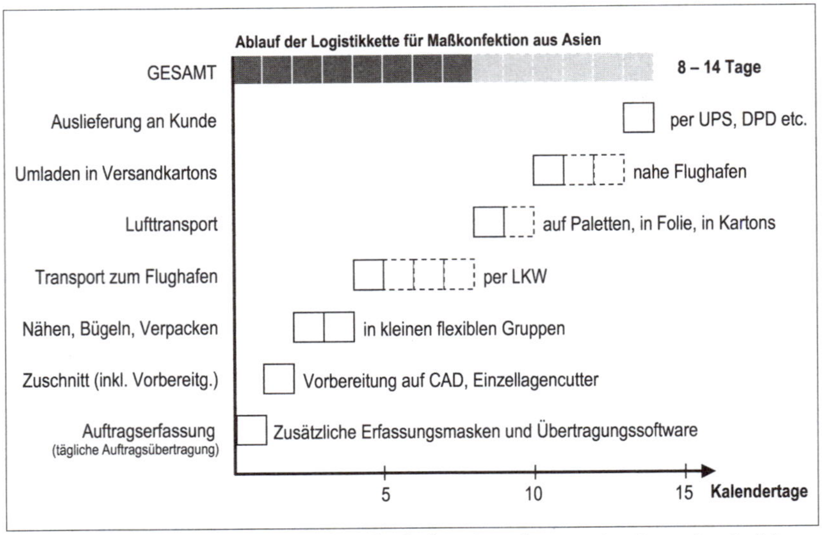

Abb. 7.10: *Durchlaufzeiten der kundenindividuellen Massenfertigung einer Damenhose in Asien (Daten entnommen aus [34, 35])*

bestehenden Kosten für Verkaufsräume und -personal) mit vier Euro pro Auftrag berechnet. Diese Rechnung ist jedoch wieder stark einzelfallabhängig und umfasst in unserem Fall eine Mischkalkulation aus Erstkauf, bei dem viele Daten erhoben werden müssen, und den Aufwand für Wiederholungskäufe, wo auf bereits auf vorhandene Daten zurückgegriffen werden kann.

Gesamtwirkung einer Transaktion – und zusätzliche Potenziale durch Wiederholungskäufe

Insgesamt ergibt sich aus der Addition der eingesparten Kosten und der zusätzlichen Preisbereitschaft bei Subtraktion der zusätzlichen Kosten eine mögliche Steigerung des Gewinns vor Steuer von vier Prozentpunkten bzw. eine Gewinnsteigerung von 80 %. Dies kann die Gewinnsituation vieler Einzelhändler ganz entscheidend verbessern, vorausgesetzt, Mass Customization wird nicht als reines Add-on zur Imagesteigerung verstanden, sondern als Grundlage einer durchgreifenden Geschäftsstrategie.

Wichtig ist zu beachten, dass unsere Berechnung nur einen Verkaufsprozess darstellt und die Transaktion einer Hose umfasst. Hinzu kommen noch Kostensenkungs- und Umsatzsteigerungspotenziale aufgrund der Möglichkeit von Mass Customization, die Kundenbindung zu erhöhen (Economies of Relationship). Zum einen kann mit steigender Bindungsintensität eines Kunden an einen Anbieter die Preisbereitschaft steigen. Dieser zusätzliche Deckungsbeitrag kann weiter gesteigert werden, wenn die Beziehung zum Kunden dazu genutzt wird, weitere Produkte abzusetzen (Cross- und Up-Selling). Ebenso werden die Interaktionskosten – wie bereits angeführt – oft bei Wiederholungskäufen stark sinken. Ebenfalls sind in der Kalkulation die Kostensenkungspotenziale aus Economies of Integration und Umsatzsteigerungen durch die Vermeidung von Budgetverlagerungen von Kunden, die kein passendes Standard-Stück finden, noch nicht enthalten, sondern nur als Berichtsposten in Abbildung 7.7 aufgeführt. Hier ergibt sich noch ein weiteres Potenzial zur Umsatzsteigerung.

Neue alte Erfolgskriterien im Wettbewerb

Mass Customization und Open Innovation hebeln nicht die Rolle des Wettbewerbs aus: Die Ansätze führen per se nicht zu einer verbesserten Kostenstruktur. Langfristig werden sich nur die Unternehmen im Wettbewerb durchsetzen, die ihre Wertschöpfung sowohl effektiv als auch effizient umsetzen. Die relativen Unterschiede zwischen Unternehmen begründen auch in Zukunft einen Wettbewerbsvorteil. Mass Customization oder Open Innovation führen so die Unternehmen zum Erfolg, die sich diesen Wettbewerbsvorteil erarbeiten und ein Geschäftsmodell aufstellen, das die Widersprüche zwischen den einzelnen Economies möglichst gut ausbalanciert.

Ihre persönliche Kalkulation

Wie sieht diese Kalkulation in Ihrer Branche aus? Welche Daten können Sie bestätigen, wo gibt es Änderungen? Wir sind auf Ihr Feedback gespannt: Gerne diskutieren wir mit Ihnen eine Rechnung nach ähnlichem Muster.
Schreiben Sie uns: kalkulation@mass-customization.de.

Literatur

[1] AGRAWAL, MANI / KUMARESH, T.V. / MERCER, GLENN *(2001): The false promise of mass customization, in: The McKinsey Quarterly, 2001, H. 3.*

[2] ANDERSON, DAVID M. *(1997): Agile product development for mass customization, Chicago 1997.*

[3] BÜTTGEN, MARION / LUDWIG, MARC *(1997): Mass-Customization von Dienstleistungen, Arbeitspapier des Instituts für Markt- und Distributionsforschung der Universität zu Köln 1997.*

[4] EUROSHOE CONSORTIUM *(2002): The Market for Customized Footwear in Europe: Market Demand and Consumer's Preferences. A project report from the EuroShoe Project within the European Fifth Framework Program. Edited by Frank T. Piller. Munich / Milan 2002.*

[5] FEITZINGER, EDWARD / LEE, HAU *(1997): Mass customization at Hewlett-Packard: the power of postponement, in: Harvard Business Review, 75. Jg. (1997), H. 1, S. 116-121.*

[6] FISCHER, MARC / HERRMANN, ANDREAS / HUBER, FRANK *(2001): Return on Customer Satisfaction - Wie rentabel sind Maßnahmen zur Steigerung der Zufriedenheit?, in: Zeitschrift für Betriebswirtschaft, 71. Jg. (2001), H. 10, 1161-1172.*

[7] FLECK, ANDREE *(1995): Hybride Wettbewerbsstrategien, Wiesbaden: Gabler 1995.*

[8] FRANKE, NIK / PILLER, FRANK T. *(2002): Key Research Issues in User Interaction with Configuration Toolkits, (im Erscheinen).*

[9] HESS, THOMAS / TZOUVARAS, ANDREAS *(2001): Books-on-Demand: Ansatz und strategische Implikationen für Verlage, in: Zeitschrift Führung + Organisation, 70. Jg. (2001), H. 4, S. 239 - 246.*

[10] HIBBARD, JUSTIN *(1999): Assembly online: the web is changing mass production into mass customization, in: Information Week vom 12.4.1999, S. 85f.*

[11] HOMBURG, CHRISTIAN *(1995): Kundennähe von Industrieunternehmen, Wiesbaden: Gabler 1995.*

[12] KALUZA, BERND / BLECKER, THORSTEN *(1999): Dynamische Produktdifferenzierungsstrategie und Produktionsnetzwerke, in: Kurt Nagel / Roland Erben / Frank T. Piller (Hg.): Produktionswirtschaft 2000 – Perspektiven für die Fabrik der Zukunft, Wiesbaden: Gabler 1999, S. 265-280.*

[13] KOTHA, SURESH *(1995): Mass customization: implementing the emerging paradigm for competitive advantage, in: Strategic Management Journal, 16. Jg. (1995), Sonderheft 'Technological transformation and the new competitive landscape', S. 21-42.*

[14] LUDWIG, MARC ALEXANDRE *(2000): Beziehungsmanagement im Internet, Lohmar/Köln: Eul 2000.*

[16] MAYER, RAINER *(1993): Strategien erfolgreicher Produktgestaltung: Individualisierung und Standardisierung, Wiesbaden: Gabler 1993.*

[17] MÖSLEIN, KATHRIN / PILLER, FRANK T. *(2002): Are we practicing what we preach? - Strategic perspectives for the management education industry, Proceedings of the EURAM Conference 2002, Stockholm, 9-11 May, 2002.*

[18] NOORI, HAMID *(1990): Managing the dynamics of new technology, Englewood Cliffs 1990.*

[19] PANZAR, JIHN / WILLIG, ROBERT *(1981): Economies of scope, in: American Economic Review, 71. Jg. (1981), H. 2, S. 268-272.*

[20] PEPPERS, DON / ROGERS, MARTHA *(1997): Enterprise one to one: Tools for competing in the interactive age, New York: Doubleday 1997.*

[21] PETERS, LINDA, / SAIDIN, HASANNUDIN *(2000): IT and the mass customization of services, in: International Journal of Information Management, 20. Jg., H. 1 (January 2000), S. 103-119.*

[22] PICOT, ARNOLD *(1982): Transaktionskostenansatz in der Organisationstheorie, in: Die Betriebswirtschaft, 42. Jg. (1982), H. 2, S. 267-284.*

[23] PICOT, ARNOLD *(1986): Transaktionskosten im Handel, in: Betriebs-Berater, o.Jg. (1986), Beilage 13 zu Heft 27, S. 2-16.*

[24] PILLER, FRANK T. *(1998a): Kundenindividuelle Massenproduktion - Die Wettbewerbsstrategie der Zukunft. München, Wien: Carl Hanser 1998.*

[25] PILLER, FRANK T. *(2001): Mass Customization, 2. Aufl., Wiesbaden: Gabler 2001.*

[26] PILLER, FRANK T. / MEIER, ROLAND *(2001): Strategien zur effizienten Individualisierung von Dienstleistungen - Ansätze von Mass Customization im Dienstleistungsbereich, in: Industrie-Management, 17. Jg. (2001), Nr. 2, S. 13-17.*

[27] PILLER, FRANK T. /MÖSLEIN, KATHRIN *(2002): From Economies of Scale towards Economies of Integration, Arbeitspapier Nr. 31 am Lehrstuhl für Allgemeine und Industrielle Betriebswirtschaftslehre an der Technischen Univesität München 2002.*

[28] PILLER, FRANK T. / SCHODER, DETLEF *(1999): Mass Customization und Electronic Commerce: Eine empirische Einschätzung zur Umsetzung in deutschen Unternehmen, in: Zeitschrift für Betriebswirtschaftslehre, 69. Jg. (1999), H. 10, S. 1111-1136.*

[29] PINE, B. JOSEPH II *(1998): Mass Customization – Die Wettbewerbsstrategie der Zukunft, Einführung zu: Frank T. Piller: Kundenindividuelle Massenproduktion, München / Wien: Hanser 1998, S. 1-17.*

[30] PORTER, MICHAEL *(1980): Competitive strategy, New York: Free Press 1980.*

[31] RAMIREZ, RAFAEL *(1999): Value co-production: intellectual origins and implications for practice and research, in: Strategic Management Journal, 20. Jg. (1999), H. 1, S. 49-65.*

[32] Reichwald, Ralf / Dietel, Bernd *(1991): Produktionswirtschaft, in: Edmund Heinen (Hg.): Industriebetriebslehre, 9. Aufl., Wiesbaden: Gabler 1991, S. 395-622.*

[33] Reichwald, Ralf / Piller, Frank T. *(2001): Die Reverse Economy: Begriff, Wertschöpfungsmodelle und Erfolgsfaktoren kundenorientierten Unternehmertums im Informationszeitalter, Arbeitsbericht Nr. 25 des Lehrstuhls für Allgemeine und Industrielle Betriebswirtschaftslehre der Technischen Universität München, Februar 2001.*

[34] Reichwald, Ralf / Piller, Frank T. / Meier, Roland *(2002): eService Customization – Strategien zur effizienten Individualisierung von Dienstleistungen, in: Manfred Bruhn und Bernd Stauss (Hg.): Handbuch Dienstleistungsmanagement 2002, Wiesbaden: Gabler 2002, S. 225-242.*

[35] Sanders, Falk-Hayo *(2000): So rechnet sich Mass Customization: Der Profit-Mechanismus der kundenindividuellen Massenproduktion, in: Frank T. Piller (Hg.): Neue Potenziale im e-Business durch kundenindividuelle Massenproduktion und CRM, Dokumentation der zweiten deutschen Tagung zu Mass Customization (5. Oktober 2000), Frankfurt/München 2001.*

[36] Sanders, Falk-Hayo *(2001): Financial rewards of mass customization, in: Mitchell Tseng / Frank T. Piller (Ed.): Proceedings of the World Congress on Mass Customization and Personalization MCPC 2001, (1.-2. Oktober 2001), Hong Kong 2001.*

[37] Schaller, Christian / Piller, Frank T. *(2002): E-Loyalty - Kundenbindung durch Individualisierung im E-Business, in: Frank Keuper (Hg.): Electronic und Mobile Business, Wiesbaden 2002, S. 439-464.*

[38] Schnäbele, Peter *(1997): Mass Customized Marketing – effiziente Individualisierung von Vermarktungsobjekten und -prozessen, Wiesbaden: Gabler 1997.*

[39] Stewart, Thomas *(2001): A. Beer today, gone tomorrow. Business 2.0, 4. Jg. (2001), Nr. 4, S. 157.*

[40] Stotko, Christof M. *(2002): Das wirtschaftliche Potenzial von Mass Customization als Maßnahme zur Erhöhung der Kundenbindung, Arbeitsbericht Nr. 30 des Lehrstuhls für Allgemeine und Industrielle Betriebswirtschaftslehre der Technischen Universität München, Juli 2002.*

[41] Ulwick, Anthony W. *(2002): Turn Customer Input into Innovation, in: Harvard Business Review, 80. Jg. (2002), Nr. 1, S. 93.*

[42] van Deelen, Heinz, Consline AG *(2000): Chancen von Customer Relationship Management in der Automobilindustrie, Keynote auf dem 2. InnoVert-Kongress Vertriebsmanagement, München, 24. Mai 2000.*

[43] Vandermerwe, Sandra *(1999): Customer Capitalism: increasing returns in new market spaces, London: Brealey 1999.*

[44] VANDERMERWE, SANDRA *(2000a): How increasing value to customers improves business results, in: Sloan Management Review, 42. Jg., H. 1 (Winter 2000), S. 27-37.*

[45] VICTOR, BART / BOYNTON, ANDREW C. *(1998): Invented Here, Boston: Harvard Business School Press 1998.*

[46] WEHRLI, HANS PETER / KRICK, MATTHIAS *(1998): Mit strategischen Netzwerken Kundennähe realisieren, in: Absatzwirtschaft, 41. Jg. (1998), H. 1, S. 62-68.*

[47] ZITEX *(1999): Das Marktpotenzial für industrielle Maßkonfektion aus Sicht der Konsumenten, des Textileinzelhandels und der Bekleidungsindustrie, Abschlußbericht zum Forschungsvorhaben des Ministeriums für Wirtschaft und Mittelstand, Technologie und Verkehr des Landes NRW im Rahmen der ZiTex (Zukunftsinitiative Textil NRW), veröffentlicht als Arbeitspapier 35 der Forschungsstelle für allgemeine und textile Marktwirtschaft (FATM) an der Universität Münster 1999.*

8 Customer Relationship Management und Individualität

Warum legt Kundenintegration die Basis für echte dauerhafte Kundenbeziehungen? Wie ergänzen sich Customer Relationship Management (CRM) und Mass Customization? Und wie gelingt durch eine Dienstleistungsindividualisierung der Ausweg aus der Service-Falle? Die in diesem Buch besprochenen Formen der Kundenintegration bieten viele Möglichkeiten, dauerhafte Beziehungen mit den Kunden aufzubauen. Doch um diese Potenziale zu verwirklichen, ist es notwendig, den Zusammenhang zwischen Kundenintegration und Kundenbindung bzw. -loyalität zu verstehen und durch entsprechende Maßnahmen umzusetzen. Das Kapitel stellt deshalb nach einer Diskussion der Misserfolgsgründe vieler CRM-Initiativen vor, wie Individualisierung die Einflussfaktoren der Kundenloyalität beeinflusst.

Stichworte: Customer Relationship Management, Gründe für gescheiterte CRM-Projeke, Individualisierung als Maßnahme des CRM, Kundenbindung und -loyalität, Learning Relationships, Individualisierungsstrategien für Dienstleistungen.

Frank T. Piller, Christian Schaller und Christof M. Stotko

8.1 Warum viele CRM-Projekte scheitern

Kundenloyalität hat für viele Unternehmen höchste Priorität. Manche Branchen (z.B. Mobilfunk, Kreditkartenunternehmen, Autovermietungen) verlieren heute innerhalb weniger Jahre mehr als die Hälfte ihrer Kunden – und alle Zeichen sprechen dafür, dass dies erst der Anfang ist. Pine [32] bezeichnet den Aufbau langfristiger Kundenbeziehungen gar als „das wichtigste Kapital jeder Unternehmung.“

Diese Rückbesinnung auf die Verkaufstugenden der handwerklichen Produktion hat schöne Namen: One-to-One-, Direkt- oder Beziehungsmarketing; Individualverkehr, Egonomics, Kundenbindungsmanagement und Treueprogramm; und natürlich das Mega-Buzzword Customer Relationship Management (CRM) – viele Ausdrücke für den gleichen Trend: die Abkehr vom Massenmarketing. Der wesentliche Unterschied der neuen „individuellen" Marketingansätze zum altbekannten Massenmarketing ist, dass heute Informationstechnologien zur Verfügung stehen, mit denen die Ansprache eines Kunden genauso funktioniert wie die von einer Million Kunden.

Was ist Customer Relationship Management?

CRM will durch eine individuelle Gestaltung der wechselseitigen Interaktion (Kommunikation) „die Käufer in ein für beide Seiten nachhaltig wertestiftendes Austauschverhältnis einbinden" [47, S. 63] siehe auch [19, 24]. Ziel ist die Erhöhung der Effektivität aller marktgerichteten Maßnahmen auf Basis kundenspezifischer Informationen, um „dem richtigen Kunden zum richtigen Zeitpunkt ein maßgeschneidertes Informations- oder Leistungsangebot zu machen" [14, S. 228]. Diese Sichtweise bricht mit der klassischen transaktionsbezogenen Vorstellung des (massenhaften) Marketings, das den einzelnen Austauschakt in den Vordergrund stellt und trägt der Erfahrung Rechnung, dass zwischen einem Anbieter und Abnehmer nicht nur im Laufe der Zeit wiederholte Transaktionen stattfinden können, sondern diese auch in einem Zusammenhang gesehen werden müssen. Für die Erklärung des Marktgeschehens sind deshalb nicht nur die Kontakte relevant, die sich auf den einzelnen Güteraustausch beziehen, sondern vielmehr auch darüber hinausgehende Interaktionen, die das Verhältnis der Marktpartner beeinflussen [14].

Neben diesem Individualisierungsziel sollen Kostensenkungen durch die Elimination von Streuverlusten und eine effizientere Kommunikation erreicht werden. Weiterhin kann eine vergleichsweise einfache Kunden-, Wettbewerber- und Gesamtmarktbetrachtung (Aufbau von Kunden-Know-how) die Früherkennung strategischer Chancen und

Risiken verbessern. Viele CRM-Ansätze umfassen schließlich über die Technik hinaus noch ein Managementkonzept zur Steigerung des Kundenwertes als Folge eines umfassenden Kundendifferenzierungs- und Kundenbindungssystem (siehe zum Thema CRM z.B. [18, 19, 35, 46, 48].

Investitionsfalle Customer Relationship Management?

Angesichts dieser Fülle von Potenzialen verwundert es nicht, dass mit jährlich kräftig steigenden Wachstumsraten in CRM-Systeme investiert wird. Für viele Millionen Euro bauen einzelne Firmen Kundendatenbanken und entsprechende Auswertungstools auf – und versprechen sich so quasi über Nacht bessere Kundenbindungen. Doch die Wirklichkeit ist weniger rosig. 60 Prozent aller CRM-Einführungen funktionieren laut einer Gartner-Studie nicht so wie geplant. Und jede fünfte CRM-Initiative hätte nicht nur keinen Profit geliefert, sondern auch noch gute Kunden verärgert [3, 22].

Gründe für gescheiterte CRM-Projeke

Wir sehen drei Gründe für das Scheitern: Oft mangelt es an der adäquaten Durchführung an sich richtiger Schritte. Entweder werden Fehler bei der Implementierung der CRM-Lösung gemacht oder aber ein richtig implementiertes System wird falsch (oft im Sinne von zu viel) genutzt. Schließlich aber – und dies ist unser Hauptargument – herrscht in vielen Unternehmen (und auch bei vielen Wissenschaftlern) eine falsche Vorstellung von dem, was individuelles Marketing und Beziehungsmanagement im Kern eigentlich ist, d.h. die CRM-Initiative benutzt die falschen Hebel.

CRM-Misserfolgsgrund 1: Fehler bei der Implementierung und organisationalen Verankerung

Die Einführung komplexer Systeme, wie sie eine umfassende CRM-Lösung darstellt, bedeutet einen hohen Implementierungsaufwand sowohl auf technischer wie auch auf organisatorischer Ebene. Wir wollen an dieser Stelle nicht auf die vielen Fallstricke einer CRM-

Einführung eingehen: Projektmanagement, Auswahlentscheidungen, Marktübersicht, Systemintegration im Unternehmen und über die Unternehmensgrenzen hinaus, Datenpflege und Nutzung der Daten bieten viele Fehlermöglichkeiten. Gleiches gilt für die organisationale Klammer der Systeme. CRM ist in erster Linie keine Aufgabe der IT-Abteilung, sondern sollte auf einer eigenen Querschnittsfunktion angesiedelt sein, um die notwendige Verankerung zu haben. Wichtiger als zu wissen, wie Daten und Kundeninformation gesammelt und ausgewertet werden, ist es zu wissen, wofür und wie diese Informationen zu nutzen sind.

CRM-Misserfolgsgrund 2: Falsche Nutzung richtiger Systeme

Hier liegt eine zweite Ursache, warum CRM-Initiativen nicht ihre Ziele erreichen. Die vermehrte Anwendung entsprechender Methoden durch immer mehr Unternehmen hat dazu geführt, dass Konsumentengruppen sich gegen zu aufdringliche Unternehmen wehren und der Nutzung ihrer Kundendaten widersprechen [10, 29]. Beispiele für eine falsche Nutzung der Systeme kennt jeder: eine Katalogfirma, die ungefragt ihre Kundendaten verkauft, unpassende quasi-persönliche Werbeschreiben, inkompetente Mitarbeiter im Call-Center und nicht erreichbare Ansprechpartner oder gar höhere Gebühren für treue Kunden, um Preisnachlässe für Neukunden finanzieren.

„Das heute praktizierte Relationship Marketing hat die Unternehmen ihren Kunden nicht näher gebracht. Ganz im Gegenteil, der Abstand ist größer geworden" [10]. Immer mehr Konsumenten verweigern die Angabe ihrer Adresse in Telefonbüchern, immer mehr beklagen sich erfolgreich bei ihren Internet-Providern gegen Werbesendungen und die Zufriedenheit der Kunden mit vielen praktizierten CRM-Anwendungen sinkt in vielen Branchen kontinuierlich.

Treating customers ethically

Doch diese Fehler liegen eher in falschen Prozessen und Abläufen begründet als in einem Versagen des Relationship Management an sich. „Treating customers ethically" [25]: Vielmehr als die reine Privacy-Debatte müssen CRM-Initiativen einem weiten Begriff der Kundenethik folgen. Pragmatisch bedeutet dies zunächst den strikten Schutz der Kundendaten, nicht nur als Folge gesetzlicher Vorschriften, sondern aus eigenem Interesse und als Bestandteil der Geschäftsstrategie eines Unternehmens. Dies bedeutet z.B. die Verwendung des Opt-in-Prinzips, d.h. ein Kunde gibt explizit die Einwilligung zur Nutzung seiner Daten.

„Treating customers ethically" geht aber viel weiter. Eine wesentliche Aufgabe ist die Lösung des Zielkonflikts zwischen Unternehmens- und Kundeninteresse. Nimmt ein Anbieter für sich in Anspruch, mit einem Personalisierungssystem auf Basis von Kundenprofilen genau passende Produkte zu empfehlen, dann entspannt sich hier häufig ein Konflikt zwischen Kundeninteresse (Vertrauen und Fit der Empfehlung mit Profil) und Geschäftsinteresse (Steigerung der Profitmarge). Sind Sie als Amazon-Kunde immer sicher, dass Ihnen tatsächlich die Bücher empfohlen werden, die am besten zu Ihrem Profil passen, oder nicht vielleicht auch die, die einen höheren Profit versprechen (bzw. noch in Bergen auf Lager sind)?

CRM ist die Schaffung vertrauensstiftender Erlebnisse

Ein wesentlicher Anspruch an CRM ist damit die Vermittlung von Vertrauen. Nur wenn die Kunden einem Anbieter wirklich vertrauen können, dass das CRM-Programm zusätzlichen Nutzen stiftet und nicht nur ihre Privatsphäre und persönlichen Interessen belastet, werden sie langfristig der Nutzung ihrer Daten zustimmen bzw. nicht genau konträr zu den eigentlich angestrebten CRM-Zielen handeln. Doch Vertrauen kann weder verkauft noch beworben werden. Vertrauen kann nur erlebt werden. Damit stehen Erlebnisse im Mittelpunkt der Kundenbeziehung. CRM muss dazu dienen, den Kunden nachhaltige vertrauensstiftende Erlebnisse zu vermitteln.

Viele Firmen haben noch nicht die Erkenntnis umgesetzt, dass bei direkten Kundenbeziehungen in erster Linie zwei Menschen miteinander kommunizieren. In Zeiten von Outsourcing und hohem Kostendruck wird oft am „Kundenkontaktpersonal" gespart, mit der Folge schlecht ausgebildeten und unmotivierten Fremdpersonals, das sich mit den zu betreuenden Produkten und erst Recht mit dessen Kunden nicht identifiziert. Hinzu kommen unflexible und nicht gepflegte Datenbanken und ein mangelnder Einsatz der heute möglichen technischen Potenziale.

CRM-Misserfolgsgrund 3: Falsche CRM-Strategie und CRM-Philospohie

Doch neben der falschen bzw. inkonsequenten Nutzung der richtigen Systeme scheitern viele CRM-Anstrengungen, da sie die falschen Hebel und Ansatzpunkte besitzen, um dauerhafte Kundenbindung zu schaffen. Diese Ursache ist viel schwer wiegender und nicht so „leicht" zu korrigieren wie die beiden ersten – erfordert sie doch eine radikal neue Sichtweise der Beziehungen zwischen einem Unternehmen und seinen Kunden. Die wesentliche Frage ist, worauf eine dauerhafte Beziehung zwischen Abnehmer und Anbieter überhaupt basiert.

Macht eine Response-Möglichkeit per Call-Center, das dann einen massenhaften Prospekt verschickt, wirklich schon „individuelles Marketing" aus? Zwar handelt es sich hier um direkte Kundenkommunikation, aber aus Sicht des Unternehmens wird jeder Kunde gleich behandelt und als Individuum nicht wahrgenommen. Auch der letzte Verbraucher hat heute die Massenhaftigkeit vermeintlich direkter, „individueller" Werbesendungen durchschaut. Solches CRM verschönert bestehende, unveränderte Prozesse mit einer Individualitätsanmutung an der Kundenschnittstelle, die in Wahrheit aber die Prinzipien des Massenmarketings weiterführt.

CRM ist Individualisierung

Kunden sollen wie „Freunde" oder „gute Bekannte" behandelt werden. Doch genauso wie jeder von uns nicht jeden seiner Freunde gleich behandelt, genauso darf auch ein Unternehmen nicht jeden Kunden als „gleichen Freund" ansehen. CRM muss zu einem individuellen „Beziehungsmarketing" werden, das der Tatsache Rechnung trägt, dass jede Kundenbeziehung verschieden ist, jeder Kunde andere Wünsche und Bedürfnisse hat. Welches Unternehmen fragt z.B. heute schon ihre Kunden nach der bevorzugten Kommunikationsart (Brief, Fax, Telefon, E-Mail) – und hält sich auch konsequent daran? Doch dies ist nur der Anfang.

Auch wenn „moderne" Konzeptionen eines Direktmarketing heute über die Individualisierung der Kommunikation in Form mikrosegmentierter Serienbriefe hinausgehen und das gesamte Marketinginstrumentarium individualisieren, so beziehen sie sich in der Regel lediglich auf standardisierte, vorproduzierte Güter. Aus Sicht der Abnehmer ist eine individuelle Beziehung zu einem Anbieter jedoch nur dann vorteilhaft, wenn sie Produkte oder Leistungen erhalten, die ihren Bedürfnissen genau entsprechen, und/oder eine wesentliche Vereinfachung (Kostenreduktion) der Transaktionsabwicklung erfahren. CRM ist dann erfolgreich, wenn die Beziehung zwischen beiden Marktpartnern auf einem echten Mehrwert für beide Seiten beruht.

8.2 Wie entstehen Kundenbindung und -loyalität?

Nun wissen Sie, was CRM nicht ist. Doch wie entsteht dauerhafte Kundenloyalität? Zur Konzeptualisierung der Begriffe Kundenbindung und Kundenloyalität soll das Modell in Abbildung 8.1 dienen [31]; siehe für weitere Beschreibungen der Einflussfaktoren z.B. [11, 13, 14, 15, 16, 19, 45]. Es beschreibt drei zentrale Determinanten der Loyalität: Kundenzufriedenheit, Vertrauen und Commitment (das Modell baut auf sozialpsychologischen Verhaltenstheorien der Marketingforschung auf, siehe z.B. [2, 8, 20]. Basis des Modells ist die Kundenintegration, die alle Einflussfaktoren von Kundenloyalität und Kundenbindung positiv beeinflussen kann. Kundenbindung ist in unserem Modell eine Vorstufe von Kundenloyalität, wobei die beiden Ebenen wie folgt verbunden sind:

- Kundenbindung ist Kundenzufriedenheit plus Vertrauen,
- Kundenloyalität ist Kundenbindung plus Commitment.

Vertrauen

Die erste Antecedentsvariable von Kundenbindung ist das Vertrauen. Dies gilt insbesondere im Umfeld neuer Technologien. Vertrauen reduziert unkontrollierbare Komplexität und das Risiko opportunistischer Verhaltensweisen und wirkt insbesondere aufgrund seiner selbstverstärkenden Wirkung (Echo-Effekt, siehe [2]). Wir haben im letzten Abschnitt die hohe Bedeutung von Vertrauen bereits betont. Eine Beziehung zwischen einem Anbieter und Abnehmer wird nur dann dauerhaft sein und zu einer echten Kundenbindung führen, wenn die Interaktion zwischen beiden Seiten auf durch Vertrauen gestützt bzw. nicht durch Misstrauen gehindert ist.

Kundenzufriedenheit

Als zentrale Antecedentsvariable der Kundenbindung gilt die Kundenzufriedenheit. Kundenzufriedenheit entsteht als Ergebnis einer subjektiven Beurteilung der wahrgenommenen Problemlösungsfähigkeit

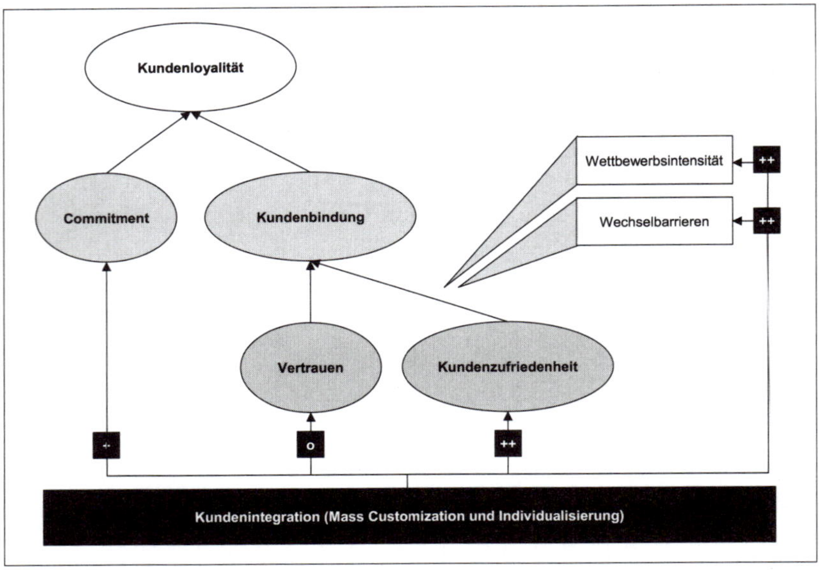

Abb. 8.1: *Entstehung und Einflussfaktoren von Kundenloyalität (die vermutete Stärke der Wirkungszusammenhänge ist von ++ (stark positiv) über + (positiv) bis o (neutral) angegeben)*

einer Leistung durch den Abnehmer. Unter Betonung der Langlebigkeit von Geschäftsbeziehungen (statt einzelner Transaktionen) ist Kundenzufriedenheit die „(...) kognitive und affektive Evaluierung der gesamten Erfahrungen mit einem bestimmten Anbieter und dessen Produkten" [15] auf Basis eines Vergleichs aus wahrgenommener (Ist) und erwarteter Leistung (Soll). Kundenzufriedenheit drückt sich im Beschwerde-, Wiederkauf- und Kommunikationsverhalten der Kunden aus [13, 15, 18].

Wettbewerbsintensität und Wechselbarrieren

Die Stärke der Beziehung zwischen Kundenzufriedenheit und Kundenbindung wird von Moderatorvariablen beeinflusst. Wir werden uns im Weiteren auf Wettbewerbsintensität und Wechselbarrieren als wesentliche Größen konzentrieren [13, 15, 18 für eine ausführliche Diskussion weiterer Einflussfaktoren]. Der Zusammenhang zwischen Kundenzufriedenheit und Kundenbindung ist dabei um so schwächer, je stärker die Wettbewerbsintensität in einem Markt ist. Umgekehrt wirken sich Wechselbarrieren positiv auf den Zusammenhang von Kundenzufriedenheit und Kundenbindung aus, d.h. der Zusammenhang ist um so stärker, je höher die Wechselbarrieren sind. Während also z.B. im monopolistisch geprägten Telekommunikationsmarkt die Kunden aufgrund von Wechselbarrieren gebunden bleiben, ist im wettbewerbsintensiven Automobilmarkt der Grad der Bindung zwischen zufriedenen und sehr zufriedenen Kunden extrem unterschiedlich ausgeprägt. Eine positive Auswirkung von Wechselbarrieren auch auf die Kundenloyalität wird jedoch nur dann eintreten, wenn sie freiwillig akzeptierte Wechselhemmnisse für den Kunden darstellen, und nicht, wenn sie den Kunden über faktische Wechselhürden zur „Treue" zwingen (wie z.B. in einem monopolistischen Markt, siehe Eggert [9]).

Commitment

Kundenloyalität stellt in unserem Modell gewissermaßen eine Steigerung von Kundenbindung dar. Damit wollen wir dem oben formulierten Anspruch gerecht werden, dass ein CRM-Konzept nur dann dauerhaft erfolgreich ist, wenn es ein für beide Seiten wertstiftendes Verhältnis begründet. Kunden sollen nicht Wiederholungskäufe tätigen, da sie an ein Unternehmen aufgrund von Wechselhürden gebunden sind, sondern diesem „freiwillig treu" bleiben. Kundenloyalität beruht damit auf Kundenbindung plus Commitment. Commitment bezeichnet die innere Verpflichtung einer Person gegenüber einem Bezugsobjekt und beinhaltet dabei „den Wunsch, stabile Geschäftsbeziehungen zu entwickeln und die Bereitschaft zu kurzfristigen Opfern zu Gunsten der langfristigen Aufrechterhaltung der Geschäftsbeziehung und Vertrauen in die Stabilität der Beziehung" [1]. Unter einer loyalen Kundenbeziehung soll also eine Beziehung mit hohem Commitment des Nachfragers verstanden werden, d.h. eine freiwillige und belastbare Kundenbindung.

Was hat das alles mit Mass Customization und Kundenintegration zu tun? Mass Customization heißt Individualisierung und Individualisierung wirkt sich grundsätzlich positiv auf die Kundenbindung (und damit -loyalität) aus. Warum und wie, ist Inhalt des nächsten Anschnitts.

8.3 Kundenintegration als Basis für erfolgreiches CRM

Welchen Einfluss haben die neuen Formen der Kundenintegration auf die Kundenbindung und ihre zentralen Einflussfaktoren (siehe noch mal Abbildung 8.1)? Die Integration kann dabei sowohl an der eigentlichen Leistungserstellung (Mass Customization) als auch bei der Kommunikation (Personalisierung, One-to-One-Marketing) und der Innovationstätigkeit (Open Innovation) ansetzen.

Wirkung von Integration auf die Einflussfaktoren der Kundenbindung

Kundenintegration ist die Voraussetzung der Individualisierung. Eine kundenindividuelle Leistungserstellung bietet weit reichende Möglichkeiten, die Kundenerwartungen genau zu treffen [40, 42]. Damit wird die Kundenzufriedenheit durch die explizite Orientierung am individuellen Idealpunkt, d.h. an den individuellen Präferenzen eines Kunden, gefördert. Ebenso wirken Imagevorteile und Begeisterungspotenzial einer individuellen Leistung zufriedenheitssteigernd (siehe Kapitel 6). Es soll hier allerdings nicht verschwiegen werden, dass in der Praxis viele Mass Customizer von stark steigenden Erwartungen berichten, wenn Kunden, die bislang Massenware gekauft haben, nun eine Individualisierungsmöglichkeit angeboten wird. Denn Individualisierung bedeutet aus Abnehmersicht auch Input (eben in Form der Integration), dem ein entsprechender zusätzlicher Nutzen gegenüber stehen muss.

Das Vertrauen wird durch die Kundenintegration in zweifacher Hinsicht beeinflusst: Zum einen wirkt Individualisierung als Resultat der Integration indirekt positiv auf das Vertrauen über den Einfluss der Individualisierung auf die Kundenzufriedenheit [2]. Beweist ein Anbieter, dass er in der Lage ist, Kundenbedürfnisse richtig zu erkennen und in eine genau passende Lösung umzusetzen, vermittelt dieses positive Erlebnis (Zufriedenheit mit Kaufvorgang und Ergebnis) Vertrauen. Im Rahmen einer Beziehung zwischen Anbieter und Kunde wird jedoch der sich selbst verstärkende Effekt des Vertrauens positive Auswirkungen auf die Kundenloyalität entfalten können. Zum anderen fördert Integration des Kunden in die Wertschöpfung das Involvement. Das selbst gestaltete Produkt wird zur eigenen Kreation, nicht nur zu einem weiteren Gebrauchsobjekt. Dies gilt – auf verschiedenen Ebenen – sowohl für Mass Customization als auch Open Innovation.

Die Wettbewerbsintensität wird durch die Kundenintegration von Leistungen und Beziehungen wesentlich reduziert. Das Differenzierungspotenzial einer Individualisierungsstrategie schafft eine schwer imitierbare Marktposition mit entsprechenden Wettbewerbsvorteilen (siehe Kapitel 3 und 6). Auch kann Kundenintegration in Form von Open Innovation durch marktgenauere Produkte und ein frühzeitiges Erkennen von Abnehmerbedürfnissen die Wettbewerbsintensität senken. Ebenso werden durch die Integration Wechselhemmnisse (freiwillig akzeptierte Wechselbarrieren, die den Nutzen eines Angebots für den Kunden erhöhen) ebenfalls deutlich positiv beeinflusst (erhöht). Wir werden diesen Zusammenhang gleich noch im Bezug mit dem Aufbau sogenannter „learning relationships“ vertiefen.

Commitment wird durch die Kundenintegration positiv beeinflusst. Wesentliche Gründe für diesen positiven Einfluss sind das Begeisterungspotenzial einer Individualisierung und die Zielsetzung der freiwilligen Bindung der Kunden auf Basis eines überlegenen Nutzens. Der Kunde soll also nicht entsprechend des klassischen „create-capture-keep"-Prinzips [6] an einen Anbieter gefesselt werden, sondern freiwillig aufgrund eines einmaligen Nutzens einem Anbieter treu bleiben.

Ziel ist die Schaffung eines „log-on" der Kunden als Ausdruck „positiver", d.h. im gegenseitigen Einverständnis aufgebauter Wechselhemmnisse bzw. -kosten. Der Kunde bindet sich freiwillig an einen Anbieter, da dieser durch die Interaktion soviel Wissen über ihn angesammelt hat, dass jede weitere Leistungserbringung einen höheren Grenznutzen der Transaktion schafft. Ziel von Mass Customization ist somit nicht nur die Individualisierung der Leistung entsprechend der Ansprüche jedes einzelnen Kunden, sondern auch die Konfiguration und Vornahme dieser Individualisierung so einfach und bequem wie möglich, also transaktionskostenminimal, auszuführen. Die notwendige Integration des Kunden wird immer einfacher gestaltet.

Log-on statt lock-in

Im Gegensatz dazu steht die Strategie traditioneller Massenhersteller. Hierbei wird versucht, den Kunden beispielsweise durch eigene Standards oder technologische Abhängigkeiten zu binden („lock-in"). Dieses Prinzip ist insbesondere für den Verkauf von Ersatzteilen geeignet, da ein Kunde nach der freiwilligen Wahl eines Standards zum Kauf dazu passender Ersatzteile gezwungen ist. Die Freiwilligkeit, in eine solche abhängige Geschäftsposition zu treten, kann dem Kunden durch hohe Preisnachlässe auf das Grundprodukt schmackhaft gemacht werden.

Mass-Customization-basiertes CRM beginnt in der Konfiguration

Mass Customization bedeutet nicht nur Kundenorientierung während der Fertigung und beim Verkauf eines Produktes, sondern stellt auch ein sehr viel weit reichenderes Potenzial für individuelle Kundenbeziehungen dar. Mit der persönlichen Interaktion zwischen Hersteller und jedem einzelnen Kunden, die zur Leistungskonfiguration zwingend notwendig ist und bei einer massenhaften Fertigung nicht stattfindet, kann der Grundstein einer langfristigen Kundenbeziehung gelegt werden. Aufgabe des Herstellers ist es, die während der Interaktion gewonnenen Informationen folgegeschäfts- und gewinnbringend einzusetzen [17, 28, 29, 33, 42].

Aufbau von Learning Relationships

Ein Käufer vermittelt („lehrt") dem Mass Customizer viele Informationen über sich, sei es explizit durch Angabe seiner Wünsche oder implizit durch die Möglichkeit für den Anbieter, den Kundenkontakt auszuwerten. Der Anbieter lernt nicht nur die Vorlieben seiner Kunden kennen, sondern kann dieses Wissen verwenden, um weiteren Kundennutzen zu stiften. Peppers und Rogers [26] sprechen deshalb bei dieser Verbindung aus Mass Customization und individuellem Beziehungsmarketing von Learning Relationships, die im Zeitablauf wachsen, tiefer und intelligenter werden (siehe auch [33, 29]).

Learning Relationships entstehen wie folgt (siehe Abbildung 8.2): Je mehr ein Kunde dem Hersteller während des Integrationsprozesses über seine Vorlieben, Abneigungen und Spezifikationswünsche erzählt, desto eher kann bereits beim ersten Kauf ein Produkt gefertigt werden, das den Wünschen des Kunden entspricht. Speichert der Hersteller nun diese Kundenwünsche, weiß er auch bei zukünftigen Interaktionen, was der Kunde bevorzugt. Diese Informationen bilden dann eine effiziente Basis für die schnellere und einfachere Vornahme der Integration (im Rahmen der Konfiguration). Ergänzt das Unternehmen diese Informationen noch um Wissen über den Kunden, das während des Produktgebrauchs entsteht, kann es bei einem Wiederholauftrag auf verfeinertes und verbessertes Wissen über den jeweiligen Kunden zurückgreifen, was sowohl eine schnellere/einfachere als auch eine inhaltlich verbesserte Formulierung der Leistungsspezifikation zulässt (Formulierung der Kundenwünsche/-bedürfnisse und Überführung in eine konkrete Leistung). Bei jedem zusätzlichen Kauf wird dieses Wissen weiter verfeinert, es kommt zu einem kontinuierlichen „Fine-Tuning".

Ebenso erlaubt der Aufbau dieses Wissens beispielsweise, dem Abnehmer nach Ablauf der durchschnittlichen Verbrauchszeit des Produkts automatisch ein Angebot zum Nachkauf zukommen zu lassen.

Potenziale von Learning Relationships

Learning Relationships steigern den Erlös pro Kunde, da sie über den eigentlichen Produktnutzen hinaus Kaufentscheidung und -prozess vereinfachen und so den Kunden bei Wiederholungskäufen erneut das Unternehmen wählen lassen. Sie bilden einen einschneidenden Schutz gegen neue Konkurrenten. Warum sollte ein Kunde zu einem Wettbewerber wechseln, selbst wenn dieser ein technisch / funktional gleichwertiges individuelles Produkt liefern kann, wenn ein anderes Unternehmen bereits all das weiß, was für die Erbringung der Leistung notwendig ist? Ein neuer Anbieter muss dieses Wissen erst wieder

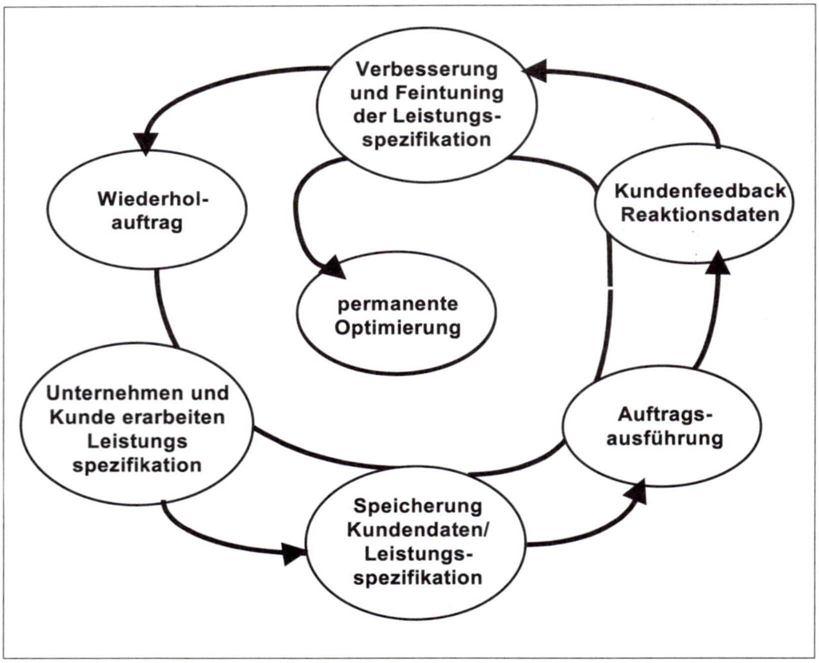

Abb. 8.2: *Aufbau von „Learning Relationships" (entnommen aus [28] in Anlehnung an [12])*

mühsam erfragen und sammeln. Ebenso hat aber auch der Kunde nun Erfahrungen und Lernkurveneffekte zur Abwicklung seiner Integration in die Leistungserstellung gesammelt ([40] beschreiben den Aufbau dieser „positiven Wechselkosten" durch Mass Customization sehr anschaulich). Learning Relationships machen Loyalität für den Kunden einfacher und bequemer als Nicht-Loyalität.

Von Learning Relationships zu Kunden-Know-how

Learning Relationships sind auch die Grundlage zum Aufbau von Kunden-Know-how. Aggregation und Vergleich der Informationen über die einzelnen Kunden steigern die Informationsintensität eines Unternehmens über seinen Absatzmarkt und erlauben eine zielgerichtetere und effizientere Marktbearbeitung (siehe Kapitel 7.3). So trägt die Erhebung und Verarbeitung von Informationen aus einem Segment innovativer (individueller) Käufer in dynamischen, trendgesteuerten Märkten entscheidend dazu bei, marktkonforme neue Produkte oder Produktmodifikationen zu entwerfen, indem die Häufigkeit bestimmter individueller Kombinationen als Anhaltspunkt für Modifikationen im Produktprogramm verwendet wird. Dies bietet gerade Unternehmen, die neben der individuellen Leistungserstellung noch eine massenhafte Lagerfertigung betreiben, neue und verbesserte Marktforschungsinformationen. Hier treffen sich Open Innovation und Mass Customization.

Zwei Voraussetzungen für echtes CRM

Echtes CRM hat zwei Voraussetzungen: Erstens ein Angebot, das vollständig auf die Wünsche und Bedürfnisse eines Kunden bezogen ist und nicht nur die Standardprozesse eines Unternehmens „kosmetisch personalisiert". Ein solches Angebot beginnt mit einer individuellen Kundenansprache, führt über die Erstellung der Absatzleistungen nach kundenindividuellen Vorgaben und endet bei einer „Learning Relationship", bei der der Anbieter der „Lernende" und nicht der „Lehrende" ist. Zweitens beruht richtig verstandenes CRM auf höchster Qualität der Prozesse, die zu dieser individuellen Leistung führen. Hierzu ist der gekonnte Einsatz der neuen Informations- und Kommunikationstechniken genauso notwendig wie gut ausgebildetes und motiviertes Personal in der Kundeninteraktion. Ziel ist es, eine Atmosphäre zur Kundenintegration zu gestalten, die die Integration zu einem vertrauens- und commitmentstiftenden Ereignis werden lässt. Die Fähigkeit, dies zu tun, wird zu einem entscheidenden Wettbewerbsfaktor.

8.4 Kundenbindung durch Service Customization

Abschließend soll noch ein Aspekt behandelt werden, der in den vorangehenden Ausführungen etwas kurz gekommen ist, aber gerade in Hinblick auf die Erhöhung der Kundenbindung eine hohe Bedeutung hat: Die effiziente Individualisierung von Dienstleistungen (Service Customization, der folgende Abschnitt beruht auf [30, 38]). Die Argumentation soll dabei zwei Aspekte ansprechen:

Dienstleistungen werden immer schon in enger Interaktion mit den Abnehmer erbracht und verlangen die Integration dieser in die Leistungserstellung. Die Anwendung der Prinzipien von Mass Customization auf Dienstleistungen verspricht damit besondere Potenziale, die notwendige Integration effizient zu gestalten.

Dies gilt umso mehr, da ergänzende Dienstleistungen, sogenannte Sekundärleistungen, eine steig zunehmende Bedeutung zur Schaffung von Kundenzufriedenheit (und damit Kundenbindung) besitzen. Ein eigentliches Hauptprodukt (oder auch eine Primärdienstleistungen) wird dabei durch zusätzliche, differenzierungsstiftende Services ergänzt.

Beziehungspotenzial und Kostenfalle persönlich erbrachter Dienstleistungen

Persönlich erbrachte Dienstleistungen besitzen durch die unmittelbare und damit individuelle Interaktion zwischen Dienstleistungsanbieter und Dienstleistungsnachfrager ein hohes Beziehungspotenzial als Grundlage einer dauerhaften Kundenbindung. Im Extremfall kann dies bis hin zur Adjunktivität der Dienstleistung führen [41, 21], wenn der Dienstleister eine so enge persönliche Beziehung zum Kunden aufbaut, dass die Wechselwahrscheinlichkeit des Kunden weitgehend minimiert wird. Scheinbar in optimaler Weise führen so persönliche Dienstleistungen zu dauerhafter Kundenbindung.

Berücksichtigt man jedoch den hohen Einsatz von Personalressourcen, mit dem dieses Ziel erreicht wird, stellt sich die Frage, ob ein persönliches Dienstleistungsangebot immer zu einem ganzheitlich optimalen Ergebnis führt. Angesichts der Effizienz- und Profitbestrebungen versuchen immer mehr Unternehmen, das persönliche Dienstleistungsangebot durch automatisierte, digitalisierte Leistungsprozesse zu substituieren. Dieses Phänomen führt jedoch nicht selten dazu, dass zwar Kosteneinsparungen realisiert werden, das hohe Beziehungspotenzial der persönlich erbrachten Dienstleistung jedoch nicht mehr vorhanden ist, womit die Leistung zur Muss-Leistung wird, ohne eine differenzierungssteigernde Zusatzwirkung zu entfalten.

Mit immer mehr Dienstleistungen in die Service-Falle

Hier setzt auch eine weitere aktuelle Herausforderung im Dienstleistungsmanagement an. Viele Dienstleistungen begleiten im Sinne von zusätzlichen Services eine primäre materielle oder immaterielle Leistung, um auf die hohe Fluktuation der Kundenerwartungen, einen herrschenden Preiswettbewerb oder die technische wie qualitätsmäßige Angleichung der (materiellen) Kernprodukte zu reagieren. Zentrales Problem ist dabei die Gefahr, in einer Service-Falle gefangen zu werden [30, 39]: Ehemals zusätzliche Dienstleistungen, die zur Differenzierung des Leistungsangebots der Unternehmen beitragen sollen, werden durch stetig steigende Kundenwünsche („Zufriedenheitsinflation") zu obligatorischen (kostentreibenden) Leistungen.

Damit wird eine Aufwärtsspirale in Gang gesetzt, die außer zusätzlichen Kosten nur sehr kurzfristige Differenzierungsvorteile mit sich bringt. Der erste Anbieter, der z.B. einen kostenfreien Informationsservice anbietet, hat einen Differenzierungsvorteil gegenüber seinen Wettbewerbern. Ziehen diese aber mit vergleichbaren Leistungen nach, verschlechtert sich nur die Kostenposition aller Anbieter, ohne dass eine zusätzliche Differenzierungswirkung besteht. Dieser Mechanismus wird durch das heutige Streben nach „best practices" noch verstärkt.

Individualisierung als Ausweg aus der Service-Falle

Als Ausweg aus der Service-Falle verfolgen viele Unternehmen die Strategie, durch eine weitgehende Automatisierung der Dienstleistungserbringung die Kosten der zusätzlichen Services in den Griff zu bekommen. Doch solche Unternehmen bleiben oft in der Service-Falle gefangen: Ihren Aufwendungen stehen keine zusätzlichen Differenzierungseffekte gegenüber. Im Gegenteil, die Automatisierung schafft oftmals einen negativen Beigeschmack, da sie meist mit einer Standardisierung und damit undifferenzierten Massenhaftigkeit der Leistungserstellung verbunden ist. Einen wirkungsvollen Weg aus der Service-Falle bietet dagegen auch hier die Individualisierung der Zusatzservices, um so – wie in Kapitel 8.2 dargestellt – die Grundlage einer dauerhaft profitablen Kundenbindung zu legen.

Standardisierung versus Individualisierung von Dienstleistungen

Zwar sind Dienstleistungen durch die Integration des externen Faktors in die Leistungserstellung im Grunde genommen zwangsläufig individuell, doch wollen viele Anbieter mit einer weitgehenden Standardisierung der Leistungsprozesse diese möglichst effizient erbringen. Ein hoher Automatisierungsgrad der Dienstleistungsproduktion läuft aber nach der klassischen Literatur (z.B. [7]) dem strategischen Erfolgsfaktor „Kundenbindung“ entgegen.

Damit stehen viele Unternehmen bei dem Versuch, sich durch Dienstleistungen von den Wettbewerbern zu differenzieren bzw. neue strategische Geschäftsfelder im Dienstleistungsbereich aufzubauen, vor einem Dilemma: Die heutige Wettbewerbsintensität lässt in vielen Branchen nicht zu, dass bei einer Individualisierung die Kosten stark steigen. So steht die Notwendigkeit einer weitgehenden Individualisierung der Forderung nach hoher Effizienz der Leistungserbringung gegenüber. Wir wollen deshalb im Folgenden Möglichkeiten aufzeigen, um auch Dienstleistungen mit Hilfe einer Digitalisierung unter Einsatz der neuen Informations- und Kommunikationstechnologien effizient zu individualisieren und dabei gleichzeitig ein Kundenbindungspotenzial aufzubauen.

Service Customization – Übertragung der Prinzipien von Mass Customization auf das Dienstleistungsmanagement

Wie können die Prinzipien und Ebenen von Mass Customization dazu beitragen, das im letzten Abschnitt dargestellte Dilemma zwischen Standardisierung und Individualisierung zu lösen? Im Mittelpunkt der praktischen wie theoretischen Auseinandersetzung mit Mass Customization stand bislang die Erstellung materieller Sachleistungen. Die Möglichkeiten einer Individualisierung von Dienstleistungen wurden noch nicht intensiv betrachtet (Ausnahmen sind [4, 27, 38, 39].

Ziel der Service Customization ist die Erstellung von Dienstleistungen für einen (relativ) großen Absatzmarkt, welche die unterschiedlichen Bedürfnisse jedes einzelnen Nachfragers genau treffen, zu Kosten, die unter Nutzung der Potenziale der neuen Informations- und Kommunikationstechnologien ungefähr denen einer vergleichbaren automatisierten Standarddienstleistung entsprechen. Damit soll der angesprochene Trade-off zwischen Individualisierung und Effizienz der Dienstleistungsproduktion entscheidend verringert werden.

Systematisierung individueller Dienstleistungen

Für die effiziente Individualisierung von Dienstleistungen verwenden wir einen Gliederungsansatz, der den Inhalt der zu individualisierenden Leistung in den Vordergrund stellt und die unterschiedlichen Ansprüche an die Leistungserbringung im E-Business berücksichtigt, um der hohen Bedeutung der Informationsverarbeitung für Service Customization Rechnung zu tragen. Zwei Dimensionen sollen dazu beitragen, verschiedene Arten einer Service Customization zu unterscheiden: zum einen der Grad der Digitalisierbarkeit der Leistung, zum anderen der primäre Gegenstand der Transaktionsbeziehung aus Kundensicht.

Digitalisierbarkeit der Leistungserstellung

Die Digitalisierbarkeit der Dienstleistung bildet das erste entscheidende Systematisierungskriterium. Das Leistungspotenzial der neuen IuK-Technologien kann in vielen Fällen hardwarebasierte Varietät durch eine softwareseitige Individualisierung ersetzen. Die Digitalisierbarkeit der

Kernleistung beschreibt das Ausmaß, in dem zentrale nutzenstiftende Funktionen der Dienstleistung digitalisierbar, d.h. rein informationstechnisch abwickelbar sind. Bei digitalisierbaren Services stellt der Einsatz moderner IuK-Technik den zentralen Faktor zur Entwicklung, Erstellung und zum Vertrieb individueller Dienste dar [43, 44]. Das Geschäft mit digitalen Leistungen bildet gewissermaßen das „Herz" des E-Business [5]. Das Spannungsfeld zwischen Individualisierung und Standardisierung (Automatisierung) wird zum einen durch die hohe Effizienz der Leistungserbringung digitaler Güter entschärft, zum anderen vermindert sich auch die Unsicherheit einer Service-Individualisierung aus Abnehmersicht.

Denn Dienstleistungen sind Vertrauensgüter – das wirkliche Ergebnis einer Dienstleistung steht erst nach dem Kauf fest. Der Kunde kann eine Dienstleistung im voraus nicht testen. Der Anspruch an die Individualisierung von Dienstleistungen lautet deshalb, sie muss einen ausgeprägten zusätzlichen Nutzen bieten, damit ein präferenzbildender Differenzierungseffekt eintreten kann [4]. Durch eine Digitalisierung von Dienstleistungen sind die Qualitätsschwankungen wesentlich geringer als bei persönlichen Dienstleistungen, wodurch das Risiko für den Kunden minimiert wird. Die Digitalisierung kann weiterhin auch das klassischerweise geltende Problem überwinden, dass die Leistungserstellung nur in Anwesenheit des Kunden funktioniert, da die Integration des externen Faktors (bei personengerichteten Dienstleistungen ist dies der Kunde) notwendig ist. Findet allerdings die Interaktion zwischen Anbieter und Nachfrager rein auf der Informationsebene statt, kann der externe Faktor räumlich vom Dienstleistungsanbieter getrennt sein.

Gegenstand der Transaktion aus Kundensicht

Eine zweite Abgrenzungsdimension bildet der Inhalt der Transaktion aus Kundensicht. Dienstleistungen können entweder als Primärleistungen der eigentliche Transaktionsgegenstand (und Gegenstand der Honorierung) sein oder als Sekundärleistung eine andere Leistung begleiten

Primärdienstleistungen besitzen eine hohe Bedeutung in der Wahrnehmung des Kunden, da sie sein eigentliches Bedürfnis befriedigen.

So ist das Hauptbedürfnis für eine Flug-Dienstleistung die schnelle Bewegung von einem Ort zum anderen. Dass sich ein Kunde jedoch für eine bestimmte Primärleistung entscheidet, liegt immer mehr am Bündel der sie begleitenden Sekundärdienstleistungen. Diese werden nur im Zusammenhang mit dem eigentlichen Kernprodukt angeboten und bilden so integrale Bestandteile von Systemangeboten. Individualisierte Sekundärleistungen können nicht nur Sachgüter, sondern auch eine standardisierte Primärleistung begleiten (Beispiel: Stammkundenprogramme der Autovermietungen). Es lassen sich zwei Arten von Sekundärdienstleistungen unterscheiden, die beide Ansatzpunkte für eine Individualisierung bieten:

Obligatorische Sekundärdienstleistungen müssen angeboten werden, da ohne sie eine Sachleistung nicht absetzbar wäre. Dies kann gesetzliche Gründe haben, aber auch aufgrund der Sachleistungsart und den damit verbundenen Kundenwünschen obligatorisch sein. Beispiele sind Garantieleistungen oder spezifische Reparaturleistungen für Maschinen.

Fakultative Sekundärdienstleistungen sind Zusatzangebote, die über das obligatorische Dienstleistungsangebot hinaus gehen. Sie sind besonders dazu geeignet, einen Differenzierungsvorteil zu schaffen, da sie, wenn vorhanden, im Bewusstsein des Abnehmers einen größeren Platz einnehmen. Zudem besitzen sie in der Regel den größten Spielraum bei der Leistungsgestaltung. Entscheidend ist, dass der Kunde in ihnen einen echten Mehrwert erkennt.

Diese Dimension ist wie der Grad der Digitalisierbarkeit ebenfalls ein Kontinuum. Denn innovative Anbieter vermögen es immer mehr, Sekundärleistungen zum eigentlichen Gegenstand der Absatzpolitik zu machen, so dass es die umfassende, individualisierte Dienstleistung ist, die letztendlich kaufentscheidend wird. Eine schrittweise „Primärisierung“ von Sekundärleistungen, d.h. ihr Übergang vom Begleitobjekt zum zentralen (bezahlten) Gegenstand der Transaktion aus Kundensicht, bietet einen wesentlichen Ansatzpunkt, um aus der Service-Falle auszubrechen.

Individualisierungsstrategien für Dienstleistungen
Aus der Kombination der beiden Systematisierungskriterien ergibt sich die in Abbildung 8.3 dargestellte Systematisierungsmatrix (siehe auch [37, 36]). Die Ausprägungen der Achsen bilden jeweils die Ansprüche an die vier eService-Customization-Strategien, welche sich in vier Feldern widerspiegeln. Diese werden im folgenden kurz skizziert.

(1) Differenzierungs-Services
Eine erste Gruppe von Sekundärdienstleistungen besitzt nur eine sehr geringe oder keine Digitalisierbarkeit der individuellen Leistungserstellung (Feld 1). Klassische Beispiele sind Zustelldienste oder physische Reparaturleistungen. Herausforderung bei dieser im Investitionsgüterbereich schon lange diskutierten Gruppe von Leistungen ist zum einen, diese oft als obligatorisch eingestuften Services so effizient wie möglich bereitzustellen. Zum anderen müssen Leistungen entworfen werden, die noch eine wirkliche Differenzierung bieten und nicht nur

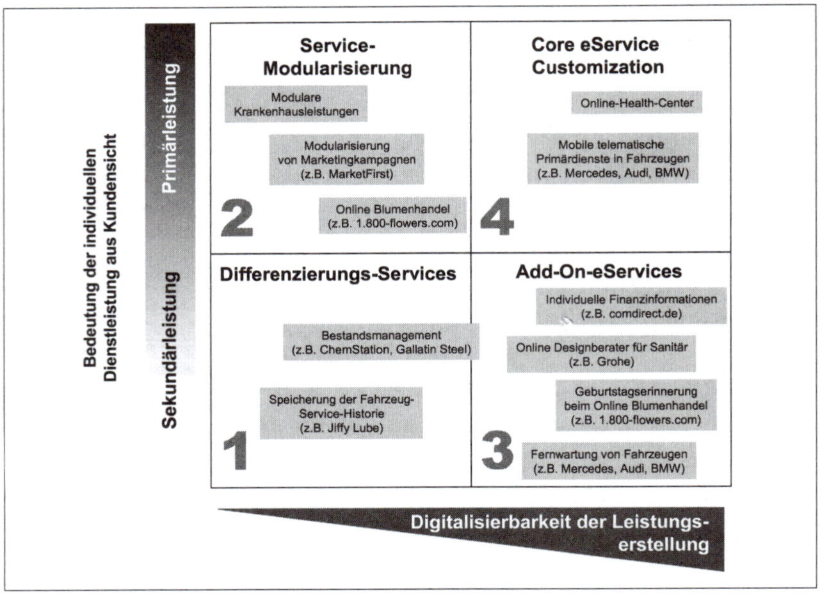

Abb. 8.3: *Systematisierung von Service-Customization-Strategien*

den Status einer Selbstverständlichkeit besitzen [23]. Ein gutes Beispiel ist der US-Reinigungsmittelhersteller ChemStation. Dieser hat den Lieferservice zu einem kompletten Bestandsmanagement für die aus Abnehmersicht meist als „C-Gut" eingestuften Reinigungsmittel erweitert. Durch die Individualisierung der Sekundärdienstleistungen „Lieferung" und „Monitoring" erreicht ChemStation eine erhöhte Kundenbindung. Um die Sekundärleistung in der Wahrnehmung des Kunden in den Vordergrund zu rücken, kann die Sekundärleistung von der Primärleistung getrennt werden. Mit Hilfe einer solchen Modularisierung soll der Erwartungshaltung des Kunden „Service im Preis inbegriffen" entgegengewirkt werden. Ein weiteres Instrument ist das „Branding" (Schaffung von Markennamen) der Zusatzleistungen.

(2) Service-Modularisierung

Ähnlich wie im Sachgüterbereich beruhen viele erfolgreiche Mass-Customization-Lösungen im Primärleistungsbereich auf einer konsequenten Modularisierung [4]. Hier werden standardisierte Teilleistungen zu individuellen Leistungsbündeln kombiniert. Krankenhäuser wären beispielsweise in der Lage, durch eine Modularisierung ihrer Angebote eine Individualisierung der Wahlleistungen im Komfortbereich und bei zusätzlichen medizinischen Diensten zu erreichen. Der Patient stünde so einem transparenteren medizinischen Angebot gegenüber. Auf diese Weise wäre er in die Lage versetzt, selbst zu entscheiden, welche Teilleistungen externalisierbar, also auf ihn übertragbar sind. Aufgrund ihrer Immaterialität sind Dienstleistungen im Vergleich zu Sachgütern oftmals leichter zu modularisieren. Sachleistungen bedürfen häufig einer Neukonstruktion, damit die Schnittstellenkompatibilität gewährleistet ist.

Wichtiger Erfolgsfaktor der Modularisierung ist auch hier die Bereitstellung eines leistungsstarken Konfigurators (siehe Kapitel 4.2). An dieser Stelle öffnet sich für das Dienstleistungsmanagement noch ein großer Forschungs- und Entwicklungsbedarf von Konfiguratoren, die den Besonderheiten der Dienstleistungsproduktion gerecht werden.

(3) Add-on-eServices

Eine neue Klasse individualisierbarer Sekundärdienstleistungen beschreibt Feld 3, sogenannte leistungsbegleitende eServices. Diese Leistungen sind digitalisierbar, d.h. für den einzelnen Nachfrager sehr einfach und kostengünstig individualisiert bereitzustellen, da eine rein elektronische Abwicklung der vollständigen Transaktion und Leistungserstellung möglich ist. Während z.B. die eigentliche Kerndienstleistung eines Online-Floristen (Zustellung eines Blumenstraußes) nicht digitalisierbar ist, differenziert er sich vom stationären Handel insbesondere durch individuelle Add-on-eServices wie Erinnerungsdienst, Adresssuche oder Geburtstagskalender. Ziel ist hier, den Kunden einen Anreiz zur Wiederkehr zu bieten, um so die Kundenbindung zu erhöhen. Hierzu kann die kontinuierliche Erhöhung des Interaktionsgrades dienen, indem zusätzliche digitalisierbare Funktionalitäten geschaffen werden. Eine wichtige Funktion haben dabei Online-Beratungsfunktionalitäten, sog. Consultancy-Leistungen. Die Leistungen in Feld 3 (und auch 4) eignen sich deshalb insbesondere für eine effiziente Individualisierung, da es hier zu einem Selbst-Customizing [39] durch den Kunden kommen kann. Durch einen hohen Externalisierungsgrad (Übertragung von Wertschöpfung auf den Kunden) fungiert der Kunde als effizienter Wertschöpfungspartner.

(4) Core eService Customization

Das vierte Feld bilden digitalisierbare Dienstleistungen, die im Mittelpunkt der Transaktion mit dem Kunden stehen. Es handelt sich hier um selbständige Primärdienstleistungen in Form komplexer Beratungs- und Informationsleistungen. Ein Beispiel sind mobile Dienste in Fahrzeugen, wie sie derzeit von vielen namhaften Automobilkonzernen entwickelt werden, um in neue renditestarke strategische Geschäftsfelder zu stoßen. Dazu gehören Notfall-, Börseninformations- oder Wetterdienste, die nicht unmittelbar an das Sachgut „Automobil" geknüpft sind, sondern eigenständige mobile Services darstellen. Ansatzpunkt der Individualisierung ist hier die aktuelle geographische Position in Kombination mit den persönlichen Vorlieben des Reisenden.

Ein anderes Beispiel sind Online-Health-Center, die in den USA erfolgreich die Arbeit von Fitnesstrainern ersetzen, indem nach einem anfänglichen Gesundheitscheck jeden Tag ein individueller Fitnessplan erstellt wird – angefangen vom Trainingsplan im Studio über Ernährungsvorschläge bis hin zur Berechnung des Biorhythmus. Von den Anwendern ist eine tägliche Rückmeldung und damit ein hoher Interaktionsgrad erforderlich. Ist der log-on der Kunden erreicht (siehe Kapitel 8.3), bietet die Nutzung der Informationen über den Kunden Ansatzpunkte für weitere Erlösfelder. Eine Möglichkeit sind Cross-Selling-Aktivitäten in Form von sekundären Sachleistungen, die auf diese Weise an die Primärdienstleistung geknüpft sind. Die Informationen

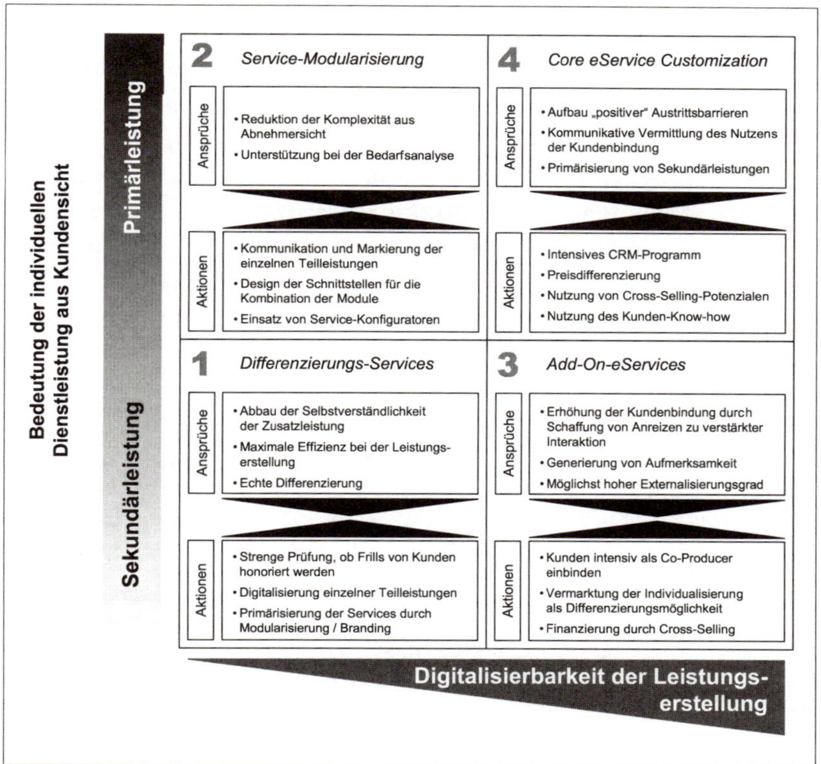

Abb. 8.4: *Die vier Ebenen von Mass Customization*

über den Fitnessstand eines Kunden dienen z.B. als Ausgangsbasis für die Individualisierung von Vitaminpräparaten.

Die oft hohe Komplexität der erstellten Leistungen fordert in diesem Feld eine enge Vernetzung spezialisierter Akteure innerhalb eines Wertschöpfungsnetzwerkes, um Spezialisierungs- und Beschleunigungseffekte verwirklichen und den Individualisierungsgrad erweitern zu können. Im Vergleich zu Feld 2 ermöglicht hier der hohe Grad einer rein digitalen Abwicklung der Leistungserstellungsprozesse einen einfacheren Aufbau dieses Netzwerkes.

Von der Service-Falle zur Service-Chance

In Abbildung 8.4 wird die Argumentation noch einmal zusammenfassend hinsichtlich der jeweiligen Ansprüche und Aktionen der einzelnen Felder dargestellt. Die aufgezeigten Leistungskonzeptionen dürfen allerdings nicht als generische Erfolgsstrategien verstanden werden. Sie stellen vielmehr Suchfelder für Wettbewerbsvorteile dar und müssen im Einzelfall unternehmens- und umweltspezifisch ausgestaltet werden.

Ziel ist dabei eine Dynamisierung der Matrix in Richtung des vierten Feldes, um individuelle Leistungen zu schaffen, die sowohl aufgrund ihrer Digitalisierbarkeit effizient produzierbar als auch aufgrund ihrer Bedeutung als zentrales Transaktionsobjekt aus Kundensicht erlösträchtig sind. Vor allem aber sind die Abnehmer gerade bei solchen Leistungen bereit, die für eine Individualisierung notwendige Interaktion einzugehen, womit die Grundlage eines „log-on“ der Kunden geschaffen wird – Basis dauerhaft profitabler Kundenbeziehungen. Damit wird die Service-Falle zur Service-Chance.

Literatur

[1] Anderson, Erin / Weitz, Barton *(1992): The use of pledges to build and sustain commitment in distribution channels, in: Journal of Marketing Research, February 1992, S. 18-29.*

[2] Bauer, Hans H. / Grether, Mark / Leach, Mark *(1999): Relationship Marketing im Internet, Jahrbuch der Absatz- und Verbrauchsforschung, 45. Jg. (1999), H. 3, 284-302.*

[3] Bierach, Barbara *(2002): Kunden Verärgern, Wirtschaftswoche Nr. 23 vom 30.5.2002, S. 110-111.*

[4] Büttgen, Marion / Ludwig, Marc *(1997): Mass-Customization von Dienstleistungen, Arbeitspapier des Instituts für Markt- und Distributionsforschung der Universität zu Köln 1997.*

[5] Choi, Soon-Yong / Stahl, Dale O. / Whinston, Andrew B. *(1997): The economics of electronic commerce, Indianapolis: Macmillan Technical Publishing 1997.*

[6] Clemons, Eric K. *(1986): Information system for sustainable competitive advantage, in: Information and Management, 11. Jg. (1986), H. 3, S. 131-136.*

[7] Corsten, Hans *(1985): Rationalisierungsmöglichkeiten in Dienstleistungsunternehmen, in: Jahrbuch der Absatz- und Verbrauchsforschung, 31. Jg. (1985), Nr. 1, S. 23-48.*

[8] Diller, H. *(1996): Kundenbindung als Marketingziel, in: Marketing - Zeitschrift für Forschung und Praxis, 18. Jg., Nr. 2, S. 81-94.*

[9] Eggert, Andreas *(1999): Kundenbindung aus Kundensicht: Konzeptualisierung, Operationalisierung, Verhaltenswirksamkeit, Wiesbaden: Gabler 1999.*

[10] Fournier, Susan / Dobscha, Susan / Mick, David G. *(1998): Preventing the premature death of relationship marketing, in: Harvard Business Review, 76. Jg. (1998), H. 1, S. 42-51.*

[11] Fulkerson, Bill / Shank, Michael *(2000): The new economy electronic commerce – and the rise of mass customization, in: Shaw, Michael et al. (Hg.): Handbook on Electronic Commerce, Berlin: Springer 2000, S. 411-430.*

[12] Hausruckinger, Gerhard / Wunderlich, Florian *(1997): Der Handel wird zum Moderator der Produktion, in: BAG Handelsmagazin, o.Jg. (1997), H. 3, S. 34-40.*

[13] Hermann, Andreas / Johnson, Michael D. *(1999): Die Kundenzufriedenheit als Bestimmungsfaktor der Kundenbindung, in: Zeitschrift für betriebswirtschaftliche Forschung, 51. Jg. (1999), H. 6, S. 579-598.*

[14] Hildebrand, Volker G. *(1997): Individualisierung als strategische Option der Marktbearbeitung, Wiesbaden: Gabler 1997.*

[15] HOMBURG, CHRISTIAN / GIERING, ANNETTE / HENTSCHEL, FREDERIKE *(1999): Der Zusammenhang zwischen Kundenzufriedenheit und Kundenbindung, in: Die Betriebswirtschaft (DBW), 59. Jg., H. 2, 174-195.*

[16] KLEINALTENKAMP, MICHAEL *(2000): Customer Integration im Electronic Business, in: Rolf Weiber (Hg.): Handbuch Electronic Business, Wiesbaden: Gabler 2000, S. 333-358.*

[17] KOTHA, SURESH *(1995): Mass customization: implementing the emerging paradigm for competitive advantage, in: Strategic Management Journal, 16. Jg. (1995), Sonderheft 'Technological transformation and the new competitive landscape', S. 21-42.*

[18] KRAFFT, MANFRED *(2002): Kundenbindung und Kundenwert, Heidelberg: Physica 2002.*

[19] LUDWIG, MARC ALEXANDRE *(2000): Beziehungsmanagement im Internet, Lohmar/Köln: Eul 2000.*

[20] MATZLER, KURT / STAHL, HEINZ K. *(2000): Kundenzufriedenheit und Unternehmenswertsteigerung, in: Die Betriebswirtschaft (DBW), 60. Jg., S. 626-641.*

[21] MEIER, ROLAND *(1997): Kapazitätsmanagement von Dienstleistungsanbietern, München: FGM-Verlag 1997.*

[22] METAGROUP *(2000): Agenda 2000: Customer Relationship Management in Deutschland, Frankfurt 2000.*

[23] MEYER, ANTON / BLÜMELHUBER, CHRISTIAN *(1998): Dienstleistungs-Innovation, in: Anton Meyer (Hg.): Handbuch Dienstleistungs-Marketing, Stuttgart: Schäffer-Poeschel 1998.*

[24] MORGAN, ROBERT M. / HUNT, SHELBY D. *(1994): The commitment-trust theory of relationship marketing, in: Journal of Marketing, 58. Jg. (1994), H. 3, S. 20-38.*

[25] PEPPERS, DON *(2001): CRM and beyond, Keynote auf dem Personalization Summit 2001, New York City, April 2001.*

[26] PEPPERS, DON / ROGERS, MARTHA *(1997): Enterprise one to one: Tools for competing in the interactive age, New York: Doubleday 1997.*

[27] PETERS, LINDA, / SAIDIN, HASANNUDIN *(2000): IT and the mass customization of services, in: International Journal of Information Management, 20. Jg., H. 1 (January 2000), S. 103-119.*

[28] PILLER, FRANK T. *(2001): Mass Customization, 2. Aufl., Wiesbaden: Gabler 2001.*

[29] PILLER, FRANK T. *(1998b): Mit Mass Customization zu echtem Beziehungsmanagement, in: Harvard Business Manager, 20. Jg. (1998), H. 6, S. 103-107.*

[30] PILLER, FRANK T. / MEIER, ROLAND *(2001): Strategien zur effizienten Individualisierung von Dienstleistungen - Ansätze von Mass Customization im Dienstleistungsbereich, in: Industrie-Management, 17. Jg. (2001), Nr. 2, S. 13-17.*

[31] PILLER, FRANK T. / SCHALLER, CHRISTIAN / REICHWALD, RALF *(2002): Building customer loyalty with collaboration nets - four models of individualization based CCRM, forthcoming in: Quinn Mills et. al. (Ed.): Collaborative Customer Relationship Management, Cambridge: Harvard Business School 2002.*

[32] PINE, B. JOSEPH II *(1998): Mass Customization – Die Wettbewerbsstrategie der Zukunft, Einführung zu: Frank T. Piller: Kundenindividuelle Massenproduktion, München / Wien: Hanser 1998, S. 1-17.*

[33] PINE, B. JOSEPH II / PEPPERS, DON / ROGERS, MARTHA *(1995): Do you want to keep your customers forever? Harvard Business Review, 73. Jg. (1995), H. 2 (March-April), S. 103-114.*

[34] PORTER, MICHAEL *(1980): Competitive strategy, New York: Free Press 1980.*

[35] RAPP, REINHOLD *(2000): Customer Relationship Management, Frankfurt: Campus 2000.*

[36] REICHWALD, RALF / MÖSLEIN, KATHRIN *(1995): Wertschöpfung und Produktivität von Dienstleistungen?, in: Hans-Jörg Bullinger (Hg.): Dienstleistung der Zukunft, Wiesbaden: Gabler 1995, S. 324-376.*

[37] REICHWALD, RALF / PILLER, FRANK T. *(2002: Mass-Customization-Konzepte im Electronic Business, in: Rolf Weiber (Hrsg.): Handbuch Electronic Business, 2. Aufl., Wiesbaden: Gabler 2002, S. 359-382.*

[38] REICHWALD, RALF / PILLER, FRANK T. / MEIER, ROLAND *(2002): eService Customization – Strategien zur effizienten Individualisierung von Dienstleistungen, in: Manfred Bruhn und Bernd Stauss (Hg.): Handbuch Dienstleistungsmanagement 2002, Wiesbaden: Gabler 2002, S. 225-242.*

[39] REIß, MICHAEL *(2000): Wie Kundenorientierung bezahlbar wird: Mass Customization, in: eco Managementwissen für Führungskräfte, 2. Jg. (2000), H. 2, S. 8-12.*

[40] RIEMER, KAI / TOTZ, CHRISTIAN *(2001): The many faces of personalization - an integrative economic overview of mass customization and personalization, in: Mitchell M. Tseng / Frank T. Piller (Hg.): Proceedings of the 2001 World conference on mass customization and personalization, Hong Kong, 1.-2.10.2001.*

[41] SCHEUCH, FRITZ *(1982): Dienstleistungsmarketing, München: Vahlen 1982.*

[42] SCHNÄBELE, PETER *(1997): Mass Customized Marketing – effiziente Individualisierung von Vermarktungsobjekten und -prozessen, Wiesbaden: Gabler 1997.*

[43] SHAPIRO, CARL / VARIAN, HAL *(1998): Information rules, Boston: Harvard Business School Press 1998.*

[44] SKIERA, BERND *(1998): Preisdifferenzierung, in: Sönke Albers et al. (Hg.): Marketing mit interaktiven Medien, Frankfurt: FAZ Verlag 1998, S. 283-296.*

[45] STAUSS, BERND *(2000): Perspektivenwandel: Vom Produkt-Lebenszyklus zum Kundenbeziehungs-Lebenszyklus, in: THEXIS, 17. Jg. (2000), H. 2, S. 15-18.*

[46] STOLPMANN, MARKUS *(2000): Kundenbindung im E-Business, Bonn: Gallieo 2000.*

[47] WEHRLI, HANS PETER / KRICK, MATTHIAS *(1998): Mit strategischen Netzwerken Kundennähe realisieren, in: Absatzwirtschaft, 41. Jg. (1998), H. 1, S. 62-68.*

[48] WILDE, KLAUS / HIPPNER, HAJO / MARTIN, STEPHAN *(2002): Customer Relationship Management: Strategie und Realisierung, in: Klaus Wilde / Hajo Hippner (Hg.): CRM 2002: So binden Sie Ihre Kunden, Marktstudie, Düsseldorf: Absatzwirtschaft 2002, S. 9-41.*

9 Mythos Mass Customization: Was Kundenintegration nicht ist

Was ist Mass Customization und Open Innovation nicht? Wo liegen die Gefahren beider Konzepte? Warum sind etliche Pionierunternehmen gescheitert? Das letzte Kapitel wirft noch einmal einen kritischen Blick auf die Möglichkeiten der Kundenintegration. Dazu diskutieren wir vier Mythen von Mass Customization, die prominente Fehleinschätzungen und -interpretationen des Konzepts zusammenfassen. Diese Felder bilden wichtige Gestaltungsebene für eine erfolgreiche Implementation der in diesem Buch diskutierten Konzepte.

Stichworte: Mythen über Mass Customization: Was Mass Customization jedoch nicht ist, Warum Mass Customization Pioniere gescheitert sind.

Frank T. Piller

9.1 Herausforderung Kundenintegration

Zum Schluss noch einmal Desillusion: Wir haben in diesem Buch zwar versucht, einen kritischen Blick auf die Möglichkeiten der Kundenintegration und ihrer Ausprägungsformen Mass Customization und Open Innovation zu werfen, jedoch dominierte die Darstellung der Potenziale. Und das ist auch richtig: Wir glauben an die Möglichkeiten, die Kundenintegration im heutigen Wettbewerb bietet. Jedoch wollen wir Sie nicht zu euphorisch, sondern lieber realistisch in die Wirklichkeit entlassen.

Denn die konzeptionellen Grenzen und Bedenken, wie sie die Aufzählung der zusätzlichen Kosten von Mass Customization (Kapitel 7.2) oder die Darstellung der hohen Ansprüche an die Gestaltung der Kundenintegration (Kapitel 4.2 und 5.3) schon angedeutet haben, werden viel zu selten aufgezeigt. Mit dem Konzept selbst sind eine Reihe von Fehlannahmen verbunden, die wir in unserer praktischen Arbeit immer wieder gehört haben. Eine Aufzählung sogenannter Mythen, die sich um Mass Customization ranken, erscheint zwar plakativ und erhebt auch keinen Anspruch auf Vollständigkeit. Sie soll jedoch zum Abschluss dieses Texts falsche Vorstellungen seitens der Anwender über den Kern von Mass Customization ausräumen, Anwendungsgrenzen aufzeigen und vor unreflektierten Umsetzungsversuchen bewahren (Open Innovation ist noch zu jung, als dass sich hier schon solche Fehlannahmen herausgebildet haben könnten). Gleichzeitig bietet uns diese Aufzählung auch die Möglichkeit, einige zentrale Aspekte noch einmal zusammenzufassen.

Mythos 1: Modulare Produktarchitekturen sind der Schlüssel zu Mass Customization

Modularisierung gilt, wie ausführlich dargestellt (Kapitel 5.2), als Grundprinzip für die kundenindividuelle Massenproduktion von Produkten und Leistungen. Mass Customization ist kein Resultat des Internets, sondern der Fortschritte im Bereich der Modularisierung von Produktionseinheiten und der Lenkung einer höheren Produktvarietät. Doch entspricht eine Mass-Customization-Leistung tatsächlich einem Lego-Baukasten, mit dem aus einer begrenzten Zahl an standardisierten Bausteinen unendlich viele Variationen gebildet werden können? Der Vergleich hinkt, denn selbst Lego steht heute vor der Herausforderung, dass viele Kunden nicht mehr die Freiheitsgrade und Designmöglichkeiten dieses modularen Sets nutzen wollen und können.

Um die Potenziale der Modularisierung zu erschließen, ist ein Werkzeug essentiell, das die Kundenbedürfnisse mit den Fähigkeiten des Unternehmens in Einklang bringt. Dies ist die Aufgabe von Produktkonfiguratoren (siehe Kapitel 5.3). Modulare Leistungsarchitekturen sind eine wichtige Voraussetzung, entscheiden jedoch nicht allein über den Erfolg. Vielmehr müssen die verschiedenen Kombinationsmöglichkeiten durch ein entsprechendes System dem Kunden vermittelt werden können. Eine aktuelle Marktstudie von Konfigurationssystemen [5] zeigt, dass der Weg zu Standardsoftware, welche die Ansprüche von Mass Customization an einen optimalen Konfigurator aus Anbieter- wie Abnehmersicht erfüllt, noch weit ist. Deshalb müssen Unternehmen, die Mass Customization implementieren wollen, entsprechende Systeme immer noch weitgehend neu erfinden, wobei auch die Lernkurven immer wieder von Neuem beginnen.

Mythos 2: Mass Customization ist fokussiert auf Produkte

Oft wird Mass Customization mit dem Angebot individueller Produkte gleichgesetzt. Doch häufig bietet eine Individualisierung von Dienstleistungen die besseren Möglichkeiten – selbst, wenn ein Unternehmen weiterhin standardisierte Produkte anbietet. Landsend beispielsweise macht dies seit Jahren mit dem „Virtual Model“ vor. Durch das Angebot neuer Funktionen, die nur online möglich sind, werden die Kunden langsam an die neuen Möglichkeiten herangeführt, bekommen so Geschmack auf mehr und verlieren die immer noch weit verbreitete Angst vor Online-Shopping. Mass Customization heißt eben nicht, nur Produkte anzubieten. Während bei einer Hard Customization die Individualisierung auf der Fertigung fußt, wird sie bei einer Soft Customization durch Services um ein standardisiertes Produkt erreicht (siehe Kapitel 4.5). Gerade kurz- und mittelfristig kann ein individuelles Einkaufserlebnis schon große Erfolge ermöglichen. Die entsprechenden Möglichkeiten hierzu werden erst ansatzweise beachtet. Viele Unternehmen lassen sich durch eine zu starke Produktionsfokussierung von den Herausforderungen in der Kundeninteraktion ablenken – ein Grund für das Scheitern von Mass Customizern wie Xaaaz oder IdTown.

Mythos 3: Konsumenten wollen Individualisierung per se und eine unbegrenzte Auswahl

Viele Mass Customizer bauen ihr Geschäftskonzept auf das Versprechen von Individualität. Kunden würden in der heutigen Zeit eine breite Auswahl und Individualität über alles honorieren – diese Behauptung scheint ein Naturgesetz zu sein. Doch dies trifft den Kern der Sache nur halb. Kunden suchen in verstärktem Maße Leistungen, die genau auf ihre Bedürfnisse ausgerichtet sind, und sind dabei immer weniger zu Kompromissen bereit. Sie bezahlen aber nicht für Individualität per se, sondern letztendlich nur für eine Leistung, die unmittelbaren Nutzen stiftet. Mass Customization bedeutet Einschränkung und Begrenztheit. Dies scheinen aber leider etliche Anbieter zu vergessen. Dass es Kunden für drei Trillionen Billionen verschiedene Schuhe gibt, wie sie Customatix bietet, zweifeln wir stark an.

Die meisten Abnehmer wollen einfach nur schnell und risikolos zu Produkten oder Leistungen kommen, die ihren persönlichen Vorstellungen entsprechen. Deshalb laufen Anbieter ins Leere, die versuchen, in erster Linie Individualität zu verkaufen. Im Vordergrund sollte der Produktnutzen stehen, nicht der Individualisierungsnutzen. Dies stellt eine ganz entscheidende Anforderung an die Formulierung der Produktstrategie dar. GetCustom.com z.B. hat deshalb keinen Erfolg gehabt, da sich das Unternehmen als Gemischtwarenladen rund um Individualisierung präsentiert hat, nicht aber als wirklicher Helfer, individuelle Wünsche und Geschenke für die Nutzer zu erfüllen.

Mythos 4: Mass Customization heißt, individuelle Produkte und Dienstleistungen anzubieten

Die Besonderheit, die der Kunde beim Mass Customizer gegenüber einem Massenhersteller in erster Linie wahrnimmt, liegt nicht in den individuellen Produkten selbst. Der Kunde sieht vor Kaufabschluss etwas anderes: Die wesentliche Absatzleistung ist die Bereitstellung eines Leistungspotenzials, auf dessen Basis durch die Integration des Abnehmers eine individuelle Leistung konfiguriert wird.

Ein Mass Customizer bietet keine Produkte an, sondern Fähigkeiten (siehe auch Kapitel 6.3). Damit wird die Produktinnovation (Entwicklung geeigneter Produktarchitekturen und Individualisierungsmöglichkeiten) um die gleichbedeutend wichtige Dienstleistungsinnovation ergänzt, die insbesondere Mechanismen zur effizienten Integration des „externen Faktors“ Kunde bereitstellen muss. Als wesentlicher Erfolgsfaktor gilt damit, dass das Nutzungserlebnis um das Innovationserlebnis ergänzt wird. Die Idee der Kernkompetenzen gewinnt damit eine ganz neue Bedeutung.

Kern des Geschäfts eines Mass Customizers ist die Vermittlung von Kompetenz, von Fähigkeiten, die der Kunde nutzen kann, um mit Hilfe geeigneter Tools sein ganz eigenes Produkt oder die genau passende Leistung zu kreieren. Die Interaktion (während der Konfiguration, aber auch zum Beziehungsmanagement nach der Auslieferung) ergänzt das materielle Kernprodukt und kann als Bestandteil eines umfassenden Produktbündels gesehen werden. Begeisterungseigenschaften und Produkterlebnisse als (wieder-)kaufsentscheidende Produktkriterien werden zu einem hohen Maße durch den Interaktionsvorgang gebildet. Deshalb ist es wichtig, die Interaktion nicht nur als notwendigen technischen, sondern auch als kommunikativen und präferenzbildenden Vorgang zu nutzen und zu gestalten. Dies haben erst die wenigsten Unternehmen verstanden.

Mass Customization ist kein „One size fits all"-Konzept

Was ist zusammenfassend unser Fazit? Manager und Wissenschaftler sollten sich nicht allein vom schillernden Begriff Mass Customization verleiten lassen, der durch seine mythisch anmutende Vereinigungsfähigkeit scheinbar heterogener Elemente eine positiv belegte Konnotation hervorruft. Mit Hilfe moderner Interaktions-, Produktions- und Produktstrukturen sowie einer informationellen Bindung mit dem einzelnen Kunden werden bei Mass Customization höchste Varietät und Individualität bei gleichzeitig hoher Effizienz in einer Wettbewerbsstrategie vereint. Der Begriff Mass Customization konsolidiert und verleiht dem Konzept damit Kurswert. Die neue Sprache kann Leitbilder generieren und Kräfte im Unternehmen mobilisieren, die sich in Reorganisationsprozessen zur Kommunikation der Ziele als nützlich erweisen [3].

Dieses Potenzial gilt es bei der Umsetzung zu nutzen, um einen mangelnden Stellenwert im Unternehmen bzw. Rückhalt bei der Unternehmensleitung als klassische Barrieren organisatorischen Wandels zu umgehen und Mass Customization zur „Chefsache" zu machen.

Denn es dürfen keine falschen Kompromisse eingegangen werden, da für einen konsequenten Fit der Aktivitäten letztendlich die gesamte Wertschöpfungskette neu ausgerichtet werden muss. Das Mass-Customization-Konzept von Levi Strauss ist, gemessen an Alter und Bekanntheitsgrad, deshalb so (relativ) erfolglos, weil das Top-Management weder das System als wirklich neues Wertschöpfungsmodell sieht noch in letzter Konsequenz hinter der Strategie steht. Der Fokus liegt auf der Produktion und der Abwicklung einer Bestellung, nicht aber auf gegenseitigem Lernen und dem Aufbau neuer Kundenbeziehungen. Auch fehlt jede Skalierung des Konzepts in einer Dimension, die einem globalen Konzern wie Levis angemessen wäre.

Open Innovation steht erst am Anfang

Gleiches gilt auch für das in diesem Buch erstmals vorgestellte Konzept der Open Innovation. Auch wenn in der Wissenschaft die Mitwirkung von Kunden und Nutzern bei Produktinnovationen schon länger thematisiert wird und in empirischen Untersuchungen auch der Nutzwert eines solchen Vorgehens gezeigt wurde, steht Open Innovation erst ganz am Anfang. Auch hier sollen sich Manager nicht von der Faszination der Open-Source-Bewegung blenden lassen, wo tatsächlich Tausende Nutzer in Eigeninitiative und mit eigenen neuen Regeln ein Produktkonzept entwickelt haben. Doch so faszinierend der Gedanke einer Übertragbarkeit auf andere Bereiche auch sein mag, so schwierig ist seine Umsetzung. Die Entwicklung von entsprechenden Toolkits hat gerade erst begonnen. Doch wie bei Mass Customization sind die Potenziale sehr groß und erste Unternehmen tasten sich derzeit an das Thema heran. Mass Customization ist hier schon viel weiter.

9.2 Erfolg im Wettbewerb heißt anders sein

Um die Einführung von Mass Customization und Open Innovation abzuwägen, sollten die verschiedenen Vorteile und Fallstricke im Unternehmenskontext genau bewertet werden. Aufgrund der Komplexität eines umfassenden Mass-Customization-Konzepts empfiehlt sich oft eine sequentielle Vorgehensweise. Gleichermaßen sollte ein

Open-Innovation-Konzept in Pilotfeldern parallel zu den bestehenden Innovationsprozessen erprobt werden. Ein interner Innovationswettbewerb kann die Potenziale bestimmt am Besten evaluieren.

Dabei gibt es keinen one-best-way. Erfolg im Wettbewerb heißt, anders zu sein. Die Gestaltung und wettbewerbsstrategische Konkretisierung von Mass Customization und Open Innovation darf keiner prototypischen Vorgehensweise folgen, wenn sie nachhaltigen Erfolg haben soll. Ziel ist die Erlangung eines einmaligen (relativen) Positionsvorteils im Vergleich zur Konkurrenz. Jede Strategie fordert dabei andere Aktivitäten sowie eine abgestimmte Koordination der externen Schnittstellen. Um eine wirklich einmalige Position im Wettbewerb zu erlangen, muss ein Unternehmen neue Aktivitäten im Vergleich zu seinen Mitbewerbern beherrschen: „Competitive strategy is about being different“ [4, S. 64]. Allerdings ist eine einzigartige strategische Position aufgrund einer innovativen Kombination von Wertaktivitäten nicht ausreichend, wenn sie leicht von einem Wettbewerber imitiert werden kann.

Mass Customization und Open Innovation müssen Wettbewerbsvorteile schaffen, die sich auf Merkmale des gesamten Leistungssystems beziehen, die für die Kunden wichtig sind, von ihnen wahrgenommen werden und eine gewisse Dauerhaftigkeit besitzen [6]. Als Bedingung einer solchen Position betonen so gut wie alle in den letzten Jahren populär gewordenen Managementansätze (Total Quality Management, Benchmarking, Time-based Competition, Outsourcing, Reengineering, Change Management) die Bedeutung von Produktivität, Qualität und Geschwindigkeit.

Streben Sie nicht blind „best practices“ hinterher

Aber diese operationale Effektivität [4] bildet für den andauernden Erfolg eines Unternehmens nur eine notwendige, aber keine hinreichende Bedingung. Operationale Effektivität bedeutet, vergleichbare Aktivitäten besser als die Wettbewerber auszuführen, d.h. die eingesetzten Produktionsfaktoren besser zu nutzen, indem beispielsweise Produktionsfehler reduziert werden oder der Entwicklungsprozess beschleunigt wird (Etablieren von „best practices"). Die überlegene Position der japanischen Unternehmen in den 1980er Jahren, die aufgrund großer Produktivitätsvorteile preiswerte Produkte mit hoher Qualität anbieten konnten, lag genau hier begründet. Heute haben westliche Unternehmen diese Prinzipien kopiert und eine deutliche Verbesserung der operationalen Effektivität erreicht – die allerdings aufgrund der steigenden Bedeutung des Benchmarking wieder schnell zum Branchenstandard wird.

Ähnliches kann Mass Customization und Open Innovation blühen. Einfach gesagt: Wenn alle individualisieren und die Kunden in die Wertschöpfung integrieren, wird die Differenzierungswirkung leicht zu einer Muss-Option. Auch wenn bis dahin noch ein langer Weg ist, sollte eine Strategie der Kundenintegration auch heute schon einmalige Lösungen finden. Manager, die operationale Effektivität mit strategischer Ausrichtung verwechseln, erlangen lediglich einen temporären Wettbewerbsvorteil, der aber bald wieder in den Zustand einer „Muss-Bedingung" überführt wird, da die Wettbewerber aufgeholt haben [1, 2, 4].

In diesem Sinne hoffen wir, dass Sie sich durch die Beispiele erfolgreicher Kundenintegration in diesem Buch inspirieren lassen, um dann mit einer eigenen, einmaligen Lösung auf den Markt zu treten. Wir können es eigentlich gar nicht oft genug sagen: Ein Open-Innovation- oder Mass-Customization-Konzept muss genauso individuell sein, wie das Unternehmen, das es hervorbringt. Alle Autoren dieses Textes würden sich freuen, mit Ihnen in Kontakt zu treten und Ihre ganz persönliche Lösung zu diskutieren.

Literatur

[1] MILGROM, PAUL / ROBERTS, JOHN *(1995): Complementarities and fit – strategy, structure, and organizational change in manufacturing, in: Journal of Accounting and Economics, 19. Jg. (1995), H. 2, S. 179-208.*

[2] PILLER, FRANK T. *(2001): Mass Customization, 2. Aufl., Wiesbaden: Gabler 2001.*

[3] PILLER, FRANK T. / IHL, CHRISTOPH *(2002): Mass Customization ohne Mythos, in: New Management (ehem.: io management), 2002, H. 10, S. 76-84.*

[4] PORTER, MICHAEL *(1996): What is strategy?, in: Harvard Business Review, 74. Jg. (1996), H. 6, S. 61-78.*

[4] ROGOLL, TIMM / PILLER, FRANK T. *(2002): Marktstudie 2002/03: Konfigurationssysteme für Mass Customization und Variantenproduktion: Strategie, Erfolgsfaktoren und Technologie von Systemen zur Kundenintegration, München: ThinkConsult 2002 (zu beziehen über www.mass-customization.de).*

[5] SIMON, HERMANN *(1988): Management strategischer Wettbewerbsvorteile, in: Zeitschrift für Betriebswirtschaft, 58. Jg. (1988), H. 4, S. 461-480*

Abstracts – Expertenbeiträge und Fallstudien

Dieser Anhang dient dazu, Ihnen einen Überblick über den Teil des Buches zu geben, den Sie sich selbst individuell nach Ihren Wünschen zusammenstellen können. Auf den folgenden Seiten finden Sie kurze Zusammenfassungen von acht Expertenkapiteln und 19 Fallstudien. Diese gehen auf mehreren hundert Seiten noch tiefer auf spezielle Fragestellungen zum Thema Mass Customization ein. Sie können sich diese Expertenkapitel und Fallstudien auf der Verlagsseite www.symposion.de/masscustom zusammenstellen, herunterladen und ausdrucken. Als Leser dieses Buches steht Ihnen einen Gutschein im Wert von 15 Euro zur Verfügung, den Sie einlösen können. Weitere Bestellungen sind kostenpflichtig. Die CD, die diesem Buch ebenfalls beiliegt, gibt Ihnen Hilfestellung bei der Konfiguration Ihres individuellen Buches.

Expertenkapitel

Laser Sintern

Mass Customization erfordert den Einsatz neuer Fertigungstechnologien. Durch innovative Fertigungssysteme können Unikate gefertigt werden, die einerseits den individuellen Kundenwunsch komplett abbilden und andererseits die Kosteneffizienz einer vergleichbaren Massenfertigung erreichen. Ein Beispiel dieser neuartigen Fertigungstechnologien, die Mass Customization ermöglichen, sind die Lasersinteranlagen der Firma EOS.
ELKE FRITZ

Individuelle Preise

Aus geschäftstrategischer Sicht liegt der Hauptvorteil von Mass Customization weniger in dem Differenzierungsvorteil, den individuelle Produkte aus Kundensicht bieten, sondern in den Ertragsmechanismen, die sich dadurch eröffnen. Dieser Beitrag erläutert, wie Mass Customization dazu eingesetzt werden kann, den Preis eines Leistungsbündels individuell auf die Zahlungsbereitschaft des Kunden abzustimmen und somit einen maximalen Ertrag je Kunden zu realisieren.
BERND SKIERA

Konfiguratoren

Konfiguratoren stellen die wichtigste Schnittstelle zwischen dem Anbieter von kundenindividuellen Leistungen und dem Kunden dar. Der Autor dieses Beitrages stellt dar, welcher Komplexitätsumfang von einem Konfigurator bewältigt werden muss und geht im Detail auf mögliche technische Realisierungen ein.
HORST BRÜCKNER

Produktions- und Logistikstrukturen

Um Mass Customization in die operative Praxis umzusetzen, sind gewaltige Umstellungen des bisherigen Produktionsablaufs und der bestehenden Logistikstrukturen notwendig. Dieser Artikel gibt Ihnen einen Überblick darüber, wie die Logistik- und Produktionsstrukturen umzustellen sind, um dem Anspruch des Mass Customization gerecht werden zu können. Dabei wird insbesondere dargelegt, wie das Investitionsvolumen zu minimieren ist und die operativen Kosten der kundenindividuellen Fertigung gesenkt werden können.
MICHAEL SCHENK UND RALPH SEELMANN-EGGEBERT

Marktnahe Produktion

Mass Customization erhebt den Anspruch hoher Kundenorientierung. Die Autoren dieses Beitrages vertreten die Meinung, dass ein hohes Maß an Kundenorientierung insbesondere dann realisiert werden kann, wenn auch die Produktion vor Ort in unmittelbarer Kundennähe statt findet. Dazu beschreibt der Beitrag ein Konzept, das es erlaubt, sogenannte „Mini-Fabriken“ zu etablieren, die Entwicklungs-, Vertriebs- und Produktionsaufgaben übernehmen.
GUNTHER REINHART, MARTIN SCHÖNUNG UND WOLFGANG WAGNER

Produktentwicklung

Mass Customization stellt hohe Ansprüche an die Produktentwicklung. Die Anforderungen an die Entwicklungsabteilungen ändern sich dabei mit Einführung eines Mass Customization Konzeptes grundlegend. Die Autoren dieses Beitrags leiten her, wie die Produktentwicklung gestaltet werden muss, um dem Anspruch des Mass Customization gerecht zu werden. Dabei versetzen sie sich nicht nur in die Perspektive des Entwicklers, sondern berücksichtigen auch den Einfluss, den die Produktentwicklung auf den Produktpreis nehmen kann.
UDO LINDEMANN, UDO PULM, JOSEF PONN, ANDREAS GAHR UND BERNHARD FREYER

Bekleidungsindustrie

Dieses Kapitel betrachtet die Individualisierungsmöglichkeiten in der Bekleidungsbranche näher im Detail. Diese Branche besetzt in der Anwendung von Mass Customization eine Pionierrolle. Vielfältige Praxisanwendungen beweisen, dass sich rentable Geschäftsmodelle durchsetzen lassen. Der Beitrag nennt am Beispiel dieser Branche Vorteile, Umsetzung und Herausforderungen von kundenindividueller Massenproduktion.

NICOLE KORNACHER UND CHRISTOF M. STOTKO

Personalisierung

Personalisierung ist eines der besonders spannenden Konzepte des E-Commerce. Personalisierung dient beispielsweise dazu, die Differenzierung von Leistungen zu erleichtern. Durch die hierdurch erhöhte Spezifität ergeben sich für den Kunden eine höhere Attraktivität des Produktes. Auch entstehen Wechselkosten, die den Wechsel zu einem anderen Anbieter unwahrscheinlich machen. Dieser Beitrag stellt neben den ökonomischen Auswirkungen von Personalisierung auch deren theoretische Grundlagen und die Möglichkeiten dar, die sich zur Umsetzung verschiedener Personalisierungsstrategien anbieten.

KAI RIEMER

Fallstudien

Adidas – individuelle Sportschuhe

Nachdem Wettbewerber Nike bereits seit einigen Jahren auf individuelle Schuhe setzt, ist nun auch Adidas in Mass Customization eingestiegen, um den Wünschen der Kunden besser entsprechen zu können und die Marktposition auszubauen. Im Gegensatz zur eher kosmetischen Individualisierung bei Nike umfasst die Individualisierung bei Adidas allerdings auch die Passform und funktionale Aspekte. Ein ausschließlicher Vertrieb über das Internet ist deshalb nicht möglich. Eine reale Interaktion mit einem Verkäufer ist Voraussetzung. Damit steht Adidas vor neuen Anforderungen an die Gestaltung der Beziehung zwischen Hersteller und Handel. Diese Fallstudie liefert weniger Lösungen, sondern diskutiert vielmehr die Fragen und Herausforderungen, vor der Unternehmen stehen, die für ihr Mass-Customization-Konzept auf einen Multi-Channel-Ansatz angewiesen sind.
STEFFEN WIEDEMANN UND FRANK T. PILLER

CREO – Erfahrungen eines Pioniers

CREO zählt zu den Pionieren auf dem internationalen Mass-Customization-Markt. Der Gründer und Geschäftsführer von CREO, Johannes Steuerwald, schildert in dieser Fallstudie seine Erfahrungen mit Mass Customization und beschreibt die Entwicklungsgeschichte von CREO. Er geht dabei insbesondere auf die Eigenheiten des integrierten CREO-Produktionssystems ein. Das vielgerühmte und oft zitierte Beispiel von CREO konnte aber am Ende doch nicht am Markt bestehen. Warum? Neben einem drastischen Einbruch der Umsätze im amerikanischen Markt nach dem 11. September 2001 und Problemen in der (ausgelagerten) Zulieferkette lag eine Ursache auch in der Produktpolitik (Modell und Individualisierungsoption). Hier fehlte CREO leider die Zeit und Kraft, die erkannten Probleme zu überwinden und sich neu

zu positionieren. Zur Zeit der Veröffentlichung dieses Texts ruht die Geschäftstätigkeit von CREO.
JOHANNES STEUERWALD

Cmax.com – individuelle Freizeitschuhe
Allen, die sich mehr Abwechslung im Schuhschrank wünschen, bieten zwei Mass Customizer die Möglichkeit, sich selbst ihre Schuhe zu entwerfen. Bei Cmax (ehemals: Customatix) können die Kunden aus mehr als drei Trilliarden Varianten wählen. Nike dagegen, der Weltmarktführer im Sportartikelbereich, bietet weit geringere Möglichkeiten an, dafür aber die Kraft einer großen Marke und die Individualisierung verschiedener bekannter Top-Modelle. Die Fallstudie vergleicht die beiden Ansätze und diskutiert die Herausforderungen an eine ästhetische Individualisierung durch das Design. Kann der Kunde hier zum Co-Designer werden?
SILVIA MEYER, STEFFEN WIEDEMANN UND FRANK T. PILLER

DIGGIT – Lead User Ansatz für Freizeitartikel
Der Rucksack DiGGiT ist nicht nur ein innovatives Neuprodukt – auch die Entwicklung dieses Rucksackes ist neu und innovativ. DiGGiT, ein Rucksack mit integrierter Lawinenschaufel, Ski- und Snowboardtragesystem und Protektorfunktion, wurde nicht von einer Firma konzipiert – ein innovativer Anwender, (vgl. Lead User Ansatz), hatte die Idee und trieb ihre Verwirklichung voran. Anhand des DiGGiT wird gezeigt, dass das Internet nicht nur Firmen ermöglicht Kunden in den Innovationsprozess einzubinden, sondern auch Lead User können, analog zur Open Source Bewegung, gemeinsam mit Gleichgesinnten ein Produkt entwickeln und von der Interaktion mit den potenziellen Käufern profitieren [2]. Welche Voraussetzungen hierzu nötig sind, welche Methode verwendet wurde und wie die Zusammenarbeit mit den Kunden konkret für DiGGiT ablief, wird in diesem Beitrag skizziert.
JOHANN FÜLLER UND MICHAEL SCHMIDT-GABRIEL

Dolzer – Maßkonfektion

Diese Fallstudie zeigt am Beispiel des Dolzer-Online-Shops ein Best-Practice Beispiel für die Selbstkonfiguration im Internet. Sie beschreibt und diskutiert Aufbau, Differenzierungsmerkmale und Funktionsweise des Shops und Online-Konfigurators. Dolzer Maßkonfektionäre ist ein führender deutscher Hersteller von Maßkonfektion für Damen und Herren. Aus einer Vielzahl von Stoffen und Schnittvarianten kann der Kunde sein individuelles Kleidungsstück auswählen. Das Maßnehmen und die Beratung werden in einer der sechs Filialen von einem geschulten Berater übernommen. Ein seit letztem Jahr freigeschalteter Internet-Shop für maßgeschneiderte Hemden ist der erste Schritt für das Unternehmen Richtung Internet-basierter Mass Customization. Dolzer liefert ein gutes Beispiel für eine gelungene Integration von online und klassischer (offline) Interaktion mit seinen Kunden.
THOMAS R. SELKIRK

DZ BANK AG – individuelle Finanzdienstleistungen

Die Case-Study befasst sich mit den Bemühungen der DZ BANK, innovative Konzepte zu entwickeln, die auch in einem unerfreulichem Marktumfeld Erträge für Banken generieren können und gleichzeitig dem Anleger eine interessante Anlagemöglichkeit bieten. Eines dieser innovativen Bankprodukte sind individualisierte Wertpapierprodukte, sogenannte Private Label Zertifikate. Der Kern dieses neuartigen Produktes besteht darin, dass je nach Wunsch der Kreditgenossenschaft (Volks- und Raiffeisenbank) ein Wertpapierprodukt kreiert wird, in dem sich neben den vom Markt geforderten Parametern, die individuellen Ausgestaltungswünsche der jeweiligen Bank widerspiegeln. Die Fallstudie diskutiert damit eine besondere Form der Individualisierung in einem ansonsten immer noch durch Standardprodukte geprägten Markt.
MATTHIAS HOLZ

Ethicon – Lead User in der Medizintechnik

Kerntätigkeit von Unternehmen, die in dynamischen Märkten operieren, ist die Entwicklung und erfolgreiche Vermarktung innovativer Angebote. Allerdings mahnen hohe Flopraten neuer Produkte zur Vorsicht. Die Ausrichtung aller Entwicklungsanstrengungen an den Bedürfnissen der Kunden, insbesondere die Gewinnung zukunftsgerichteter Ideen aus dem Markt heraus scheint ein probates Mittel zur Verhinderung von erfolglosen Innovationsprojekten zu sein.
Die Lead User Methode hilft, das innovative Potential aktueller und potentieller Kunden zu nutzen. So können besonders fortschrittliche Kunden (sog. Lead User) identifiziert und in frühe Phasen des Innovationsprozesses eingebunden werden. Die Fallstudie der Firma ETHICON GmbH illustriert, wie auf diese Weise Ansätze für Durchbruchsinnovationen entwickelt werden können.
CHRISTIAN LÜTHJE, CHRISTOPHER LETTL UND CORNELIUS HERSTATT

GetCustom.com – Warum eine Idee gescheitert ist

Es dauerte nur ein halbes Jahr, dann hatte der Online Broker getCustom.com – das amerikanische Vorzeigeunternehmen der Mass Customization im B-to-C-Bereich – den Betrieb im Internet schon wieder eingestellt. Eine weitere, notwendige Finanzierungsrunde war wegen mangelnder Risikobereitschaft der Geldgeber gescheitert. Auf Grund der momentan schlechten Stimmung im B-to-C-Bereich und des Risikos, das von einem reinen Handelsunternehmen ausgeht, das außer Vermittlungsdiensten keine zusätzliche Wertschöpfung schafft, ließen sich die Finanzgeber von der Geschäftsidee, die getCustom.com verfolgte, schließlich nicht mehr überzeugen. Auch xaaaz.de, ein Start-up aus Hamburg mit ähnlicher Idee, musste nach einem Jahr online den Betrieb einstellen.
FRANK T. PILLER UND NICOLE KORNACHER

IC3D Jeans

Zu groß, zu klein, zu kurz, zu bunt, – wer kennt das nicht? Kaum ein Kunde findet auf Anhieb seine Traumhose, die nicht nur gut aussieht, sondern auch noch perfekt passt. Der in New York ansässige Jeanshersteller IC3D hat dieses Problem erkannt und verkauft maßgeschneiderte Jeans via Internet – in einem Konzept, das deutlich konsequenter und weitgehender ist als das oft zitierte Beispiel der Maß-Jeans von Levi Strauss. Der Kunde hat bei IC3D verschiedene Möglichkeiten, die Maße für seine Hose zu ermitteln. Er kann sich selbst vermessen, die Maße einer gut passenden Hose nehmen oder diese Hose einschicken. Auch bestehen weitaus mehr Individualisierungsmöglichkeiten im Design als bei Levi Strauss. Die Fallbeschreibung konzentriert sich in der Analyse auf die Darstellung des Distanzverkaufs nach Maß über das Internet.
NICOLE KORNACHER UND FRANK T. PILLER

Idtown.com – individuelle Uhren

IDtown, eines der Pionierunternehmen von Mass Customization im Internet, bot individuell gefertigte Uhren zum Preis einer massengefertigten Uhr an. Nach drei Jahren erfolgreicher Geschäftstätigkeit hat das Unternehmen im April 2002 seinen Betrieb vorläufig eingestellt. Im Laufe des Jahres 2003 soll IDtown mit klaren Verbesserungen wieder online gehen. Die Fallstudie analysiert die Erkenntnisse aus den ersten drei Jahren des Unternehmens und zeigt die Optimierungsmöglichkeiten des Konzepts auf. Dabei gehen wir vor allem auch auf die sechs Ebenen der Marketingpolitik für Mass Customization ein. Außerdem wird zu Beginn der Fallstudie ein ausführlicher Überblick über den Markt für individualisierbare Uhren (im Internet) im Rahmen einer Wettbewerbsanalyse gezeigt.
FRANK T. PILLER, STEFFEN WIEDEMANN UND MARKUS GEIGER

InVIDO – Möbel on demand

Einrichtungsideen im Kopf zu haben, ist eine Sache; die passenden Möbel auch zu finden, eine andere. Mal sind die Möbel zu klein, mal zu breit oder zu schmal; oft zu langweilig, zu gewöhnlich. Seit September 2000 will der ostdeutsche Möbelhersteller InVIDO mit seinem neuartigen Möbelsystem eine Antwort auf all diese „Möbelprobleme" bieten. Ein Kunde kann dabei ein Möbelstück selbst mit Hilfe eines CAD-Programms am heimischen PC entwerfen, die Konstruktionsdaten dann per Internet an die Möbelfabrik übermitteln, wo das Möbelstück innerhalb weniger Wochen zu einem günstigen Preis gefertigt wird. Dieses Fallbeispiel beleuchtet einerseits die gesamte Wertschöpfungskette des Konzepts individueller Möbel und diskutiert andererseits die Möglichkeiten und Restriktionen einer Offline-Konfigurationslösung, wie sie InVIDO gewählt hat.

NICOLE KORNACHER UND FRANK T. PILLER

KücheDirekt

Beim Kauf einer neuen Küche wird die Kompromissfähigkeit der Kunden und deren Geldbeutel oft genug auf die Probe gestellt. Entweder entscheidet man sich für ein Modell aus dem Katalog bzw. dem Mitnahmemöbelhaus, das zwar preislich vertretbar ist, aber qualitativ und funktional nicht immer den Kundenanforderungen entspricht. Oder man wendet sich an einen der exklusiven Hersteller, deren Küchen nahezu alle Wunschvorstellungen erfüllen, aber die Kosten das Budget bei weitem überschreiten. Anders ist das bei KücheDirekt. Hier bekommt der Kunde kundenindividuell gefertigte Küchenmöbel zum Massenpreis. Die Fallstudie beschreibt das hinter diesem Konzept stehende Produkt- und Prozessmodell und geht auch auf den fertigungstechnischen Enabler der Maßküche „zum IKEA-Preis" ein.

NICOLE KORNACHER UND CLEMENS SUWELACK

Levi's® Original Spin® – maßgeschneiderte Jeans

Was 1994 als Pilotprojekt für einen Nischenmarkt begann – Jeans für Frauen mit Passformproblemen – sollte ein großer Erfolg für Herren- und Damenmode werden. Ein Viertel des Umsatzes von Levi Strauss & Co. würden die Maßprodukte 2004 ausmachen, schätzten die Analysten. Doch davon ist das Konzept heute weit entfernt. Die Fallstudie analysiert die Chancen, aber auch die Herausforderungen, Mass Customization in einem auf Massenproduktion ausgerichteten Konzern einzuführen. Dem besonderen Einkaufserlebnis, das die individuelle Jeans vermitteln soll, stehen auf der Managementebene alte Denk- und Absatzstrukturen gegenüber, die eine konsequente Umsetzung des Prinzips verhindern.

Frank T. Piller

Officeshop – individuelle Büromöbel

Die Firma LEC systems GmbH & Co. KG bietet unter www.officeshop.de mit einem ausgefeilten Konfigurator die Möglichkeit, individuelle Büromöbel zusammenzustellen. Das Produktspektrum basiert auf mehreren Produktgruppen, die als modulares Baukastensystem konzipiert sind. Das Angebot richtet sich hauptsächlich an Industrie, Handel, Gewerbe und freie Berufe. Neben Büromöbeln kann man sich auch Lampen, Stühle und demnächst auch ganze Konferenzräume zusammenstellen. Das Beispiel schildert vor allem die Gestaltung des Konfigurationsvorgangs.

Nicole Kornacher, Steffen Wiedemann und Frank T. Piller

Possen.com – Multi-Channel-System

Die Geschäftsidee von possen.com ist die kundenindividuelle Massenproduktion im Textilbereich – ein Feld, in dem inzwischen viele Anbieter zu finden sind. Possen.com hat jedoch einen der konsequentesten Ansätze verwirklicht. Obwohl sich das Unternehmen rühmt, das letzte überlebende „dot.com"-Unternehmen in den Niederlanden zu sein, spielt das Internet vor allem im Hintergrund eine wichtige Rolle, nicht aber im Umgang mit den Kunden. In naher Zukunft will sich das Unternehmen auf die Verwaltung der in eigenen Scann-Shops gewonnenen Kundendaten spezialisieren, die kooperierenden Einzelhändlern und Herstellern zur Verfügung gestellt werden. Die Vision: Ein Kunde geht in einen Laden, sieht ein Kleidungsstück, das ihm gefällt, zeigt seine Possen-Kundenkarte und schon wird genau dieses Modell innerhalb weniger Tage zum Preis wie von der Stange maßgeschneidert, ohne dass auch der Händler in teueres Scanning-Equipment investieren musste.

FRANK T. PILLER

Reflect.com – individuelle Kosmetik

Eine eigene Kosmetiklinie für jede Frau – diese Vision steht hinter reflect.com, einem Tochterunternehmen von Procter&Gamble, einem der weltgrößten Massenproduzenten im Konsumgüterbereich. Die Kundinnen von reflect.com können im Internet über eine mehrstufige Konfiguration Kosmetikprodukte entwerfen, die genau auf ihre Bedürfnisse zugeschnitten sind. Der hohe Interaktionsgrad, ein Appell an Begeisterungs- und Innovationseigenschaften bei den Nutzern und der starke Kundenbindungsmechanismus haben das Unternehmen zum erfolgreichsten amerikanischen Anbieter für Kosmetikprodukte im Internet gemacht – und mit einer Multi-Channel-Strategie will der Hersteller nun auch den stationären Handel erobern. Jedoch wirft auch Mass Customization nicht die Gesetze der Markenbildung über den Haufen, wie das reflect-Management lernen musste.

FRANK T. PILLER

Sovital – Vitamine nach Maß

Die Sovital GmbH aus Karben fertigt Vitamin- und Nährstoffkapseln nach Maß. Ein spezielles Produktionsverfahren erlaubt die Kombination der verschiedenen Wirkstoffe in kleinsten Chargen. Nachdem die Kunden einmal mit Unterstützung des Unternehmens ihre optimale Vitaminkombination gefunden haben, bekommen sie diese in Form individuell hergestellter Kapseln auf Wunsch jeden Monat im Abonnement frei Haus geliefert.

Frank T. Piller und Christof M. Stotko

Streif GmbH – Bauherr als Co-Designer

Teueres Architektenhaus in echter Einzelfertigung oder bezahlbares Fertighaus aus dem Katalog: Diese Standardsituation für neue Bauherren will der Fertighaushersteller Streif beenden. Wer ein Ein- oder Zweifamilienhaus bauen möchte, kann unter www.streif.de sein Wunschhaus online selbst entwerfen. Dabei können über 12.000 Baudetails innerhalb des Modulhaus-Programms des Herstellers in die Planung einfließen. Der leicht zu bedienende Konfigurator ist ein erster Schritt, die enorme Komplexität des Kaufvorgangs „Häuserkauf“ zu reduzieren, denn die Interessenten können ganz einfach und unverbindlich verschiedenste Lösungen „durchspielen“ und bekommen diese Dank ausgereifter 3D-Graphik auch gleich visualisiert. Durch die Einbindung des Kunden in die Entwicklung und diese Art von „Selbstbedienung“ kann der Preis deutlich gesenkt werden.

Nicole Kornacher und Steffen Wiedemann

ZOOTS – kundenindividuelle Massenreinigung

Zoots Cleaners möchte den Reinigungsmarkt revolutionieren. Das Fallbeispiel dokumentiert ein innovatives Unternehmen, das es geschafft hat, durch Personalisierung der begleitenden Dienstleistungen ein innovatives Kundenbindungskonzept um eine an sich standardisierte Kernleistung aufzubauen. Die Kunden können ihre Wäsche in einem ‚Drive-through'-Fenster abgeben und abholen oder bekommen sie direkt von zu Hause abgeholt und wieder geliefert. Dazu bekommen sie nach einmaliger Registrierung spezielle Wäschebeutel mit einem Barcode, mit denen sie schnell und einfach ihre Wäsche abgeben können. Im Internet kann der Status der Wäscheorder ständig beobachtet werden. Das Unternehmen hat es durch den Aufbau einer lernenden Beziehung mit jeden einzelnen Kunden geschafft, die Kundenbindung stark zu erhöhen.

Nicole Kornacher und Steffen Wiedemann

Ihre individuelle Auswahl – Expertenkapitel und Fallstudien

Die weiter oben aufgeführten Abstracts der Expertenkapitel und Fallstudien können Sie sich auf der Internetseite des Verlags unter www.symposion.de/masscustom zusammenstellen, herunterladen und ausdrucken. Beigelegt finden Sie in diesem Buch einen Gutschein im Wert von 15 Euro, den Sie zu diesem Zweck einlösen können. Bestellungen, die über den Gutscheinbetrag von 15 Euro hinausgehen, sind kostenpflichtig.

Die CD, die diesem Buch ebenfalls beiliegt, gibt Ihnen Hilfestellung bei der Konfiguration Ihres individuellen Buches.